바다거북과
함께한 삶

2p

Meine Reise mit den Meeresschildkröten
Wie ich als Meeresbiologin für unsere Ozeane kämpfe
by Christine Figgener
Illustration by Michaela Geese
Copyright © 2023 Piper Verlag GmbH, München/Berlin.

All rights reserved. No part of this book may be used or reproduced in any manner whatever without written permission except in the case of brief quotations embodied in critical articles or reviews.

Korean Translation Copyright © 2025 by Books Hill
Korean edition is published by arragement with Piper Verlag GmbH, München/Berlin.
through BC Agency, Seoul

이 책의 한국어판 저작권은 BC에이전시를 통해
저작권사와 독점 계약한 '북스힐'에 있습니다.
저작권법에 의해 보호를 받는 저작물이므로 무단 전재와 복제를 금합니다.

# 바다거북과 함께한 삶

바다를 지키기 위한 해양 생물학자의 투쟁

크리스티네 피게너 지음 | 이지윤 옮김

 북스힐

## 바다거북과 함께한 삶
### 바다를 지키기 위한 해양 생물학자의 투쟁

초판 1쇄 인쇄 | 2025년 9월 5일
초판 1쇄 발행 | 2025년 9월 10일

지은이 | 크리스티네 피게너
옮긴이 | 이지윤
펴낸이 | 조승식
펴낸곳 | 도서출판 북스힐
등록 | 1998년 7월 28일 제22-457호
주소 | 서울시 강북구 한천로 153길 17
전화 | 02-994-0071
팩스 | 02-994-0073
인스타그램 | @bookshill_official
블로그 | blog.naver.com/booksgogo
이메일 | bookshill@bookshill.com

ISBN 979-11-5971-659-1
정가 18,000원

*잘못된 책은 구입하신 서점에서 교환해 드립니다.

# 차례

프롤로그 7

알에서 깨어나다 17

어린이들이 자라는 곳 41

어른이 된다는 것 61

당신은 당신이 먹는 것 85

길고 긴 여행 115

그들이 사랑할 때 143

고향 가는 길 169

바다거북 연구자의 삶 199

새로운 세대 231

에필로그: 미래가 오는 소리 251

감사의 말 261

## 바다거북의 신체 부위

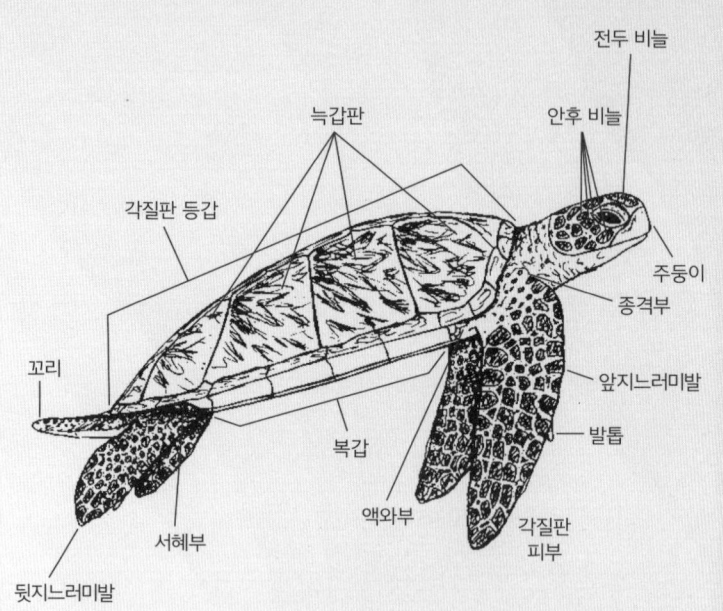

## 프롤로그

인적이 없는 밤 해변을 서성인 지 벌써 1시간이 넘었다. 올려다본 하늘에는 눈부신 별바다가 펼쳐진다. 들이마신 호흡에 짠내와 나무 썩은 내와 달콤한 꽃향기가 동시에 느껴진다. 내가 걷는 길의 한쪽 편은 빽빽한 정글이 벽을 이루고, 그 반대편에서는 카리브해의 파도가 들이친다. 자정이 지났는데도 더위는 가실 줄 모른다. 연구용 장비를 짊어진 내 등에선 땀줄기가 흐른다. 두 눈이 어둠에 익숙해지고도 한참이 지났건만, 여전히 나는 똑바로 걷지 못하고 비틀댄다. 어둠 속에서 해변을 걷는 것은 예상 불가한 장애물을 뛰어넘는 묘기의 연속이다. 거꾸로 처박힌 나무둥치와 자잘한 나뭇가지, 그리고 얕고 깊은 온갖 구덩이가 발목을 잡는다.

넘어질지언정 시선만은 해안선을 벗어나지 않는다. 그곳에서 기다란 그림자가 드리울 때마다 내 안에서 아드레날린이 솟구치는 것을 느낀다. 막상 들여다보면 얕은 나무뿌리나 줄기의 그림자이기 일쑤다. 연거푸 속다 보면 정작 내가 찾는 것이 나타난다 해도 제대로 알아볼 수 있을지 의심하게 된다.

뒤에서 미하엘이 진땀을 흘리며 따라오는 기척이 들린다. 경험이 적은 그는 자꾸만 발을 헛디딘다. 몇 번 연속으로 고꾸라질 위기를 넘긴 그가 원망스레 물었다.

"꼭 이렇게 깜깜할 때 순찰을 해야 하는 이유가 뭐죠? 손전등이라도 좀 켤까요?"

나는 말소리가 들리는 쪽으로 몸을 반쯤만 돌리며 답했다.

"바다거북들은 깜깜해야 알을 낳아요. 해변을 거닐면서 수면에 비친 달과 별의 환한 빛과 어두운 수풀 사이의 밝기 차이를 기준으로 방향을 잡거든요. 백색광을 사용하면, 거북들이 놀라서 산란을 멈출 수도 있어요."

이 정도 설명했으면 충분한 것 같아서 나는 다시 바다로 주의를 돌린다.

우리가 코스타리카에서 장수거북 보호 프로젝트에 참여한 지 어느덧 2주가 다 되어 간다. 미하엘에겐 마치 모든 것을 아는 것처럼 얘기했지만 이번 시즌 들어서 녀석의 코빼기도 보지 못한 건 나도 마찬가지다. 지난 14일간 나는 기지에 머물면서 바다거북의 생물학적, 생태학적 특성과 개체 보호를 위한 모든 이론을 섭렵했다. 정보 수집 방법은 물론, 산란을 마친 어미와 그 알을 천적으로부터 보호하기 위해 필요한 수단에 대해서도 이제는 모르는 게 없을 정도다.

하지만 지금까지는 모든 게 이론일 따름이다. 순찰 기간 동안 둥지를 틀고 산란하는 암컷을 만난 적은 한 번도 없다. 그리고 이제 훈련 기간이 끝나 간다. 담당자는 홍보 문구에 이 프로젝트가 '바다거북을 구하기 위한' 훈련이라고 그럴듯하게 포장했지만, 그 말에 홀려 참여한 자원봉사자와 내가 여태껏 한 일이라곤 차가운 파도를 맞아가며 깜깜한 해변에서 비틀댄 것뿐이다.

등을 다 적신 땀이 허리춤을 지나 다리로 흘러내린다. 긴 바지를 뚫고 종아리에 착륙한 좀모기가 여유롭게 내 피를 빨아 먹는 게 느껴졌다. 긴 양말을 착용하라는 권고를 어긴 내 잘못이다. 지금이라도 당장 기지로 돌아가 모기장으로 방어된 침대에 뛰어들고픈 마음이 간절하다. 교대 시간이 얼마나 남았지? 잠시 습기로 뿌예진 시계를 닦아 시각을 확인한다. 아직 2시간이나 더 남았다. 피로에 찌든 몸을 침대 위로 던지려면 새벽 4시가 돼야 한다.

바로 그 순간 몽롱한 정신 속에서 무의식이 말을 거는 게 느껴진다. 저기 파도 위에 넘실대는 시커먼 나무줄기는 뭐야? 자동으로 숨이 멎고 몸은 얼음이 된다. 내 뒤를 졸졸 따라오던 미하엘이 내 등을 들이박는다.

"뭐예요?"

그가 묻는다.

"저기, 바다거북이 있는 것 같아요."

내가 속삭였다. 정말로 그 나무줄기는 점점 해변 쪽으로 헤엄쳐 들어오는 중이다. 몇 발자국 다가가자 형체가 정확히 보인다. 얕은 물살 속에서 거대한 바다거북의 검은 실루엣이 드러났다. 따라오는 파도를 뒤로하고 뭍으로 올라오는 반들반들한 등갑 위로 달빛이 은

색으로 부서진다. 땅에 발을 디딘 거북은 연신 고개를 갸웃대며 방향을 가늠한다.

내 심장은 거칠게 뛰고 생각은 빠르게 내달린다. 훈련 때 배운 모든 것을 단숨에 기억해 내려고 머리를 쥐어짠다. 온갖 지식들이 회오리치는 가운데 수업에서 신신당부했던 한 가지가 선명하게 떠올랐다.

'바다거북은 경계심이 많아서, 주변이 안전하지 않다고 느끼면 물속으로 돌아간다. 특히 산란의 초기 단계일수록.'

그러니 우리가 제일 먼저 해야 할 일은 뒷걸음질이다. 나는 미하엘의 소매를 끌고 해변 안으로 몇 미터 더 들어가 나무 그림자 아래에 몸을 숨겼다. 그리고 암컷이 둥지를 짓기 위해 땅을 파기 전까지는 절대 다가가지 말아야 한다고 그에게 속삭였다.

요란스러운 파도 소리 사이로 긴 몸체가 모래를 긁는 소리와 힘겹게 해변을 오르느라 낑낑대는 신음이 들린다. 그리고 어느 순간 음색은 모래가 다른 물체에 부딪히는 소리로 바뀐다. 나는 천천히 몸을 일으켜 어둠 속을 기어서 다가갔다. 짐작대로 암컷은 적당한 위치를 찾아내어 둥지 짓는 데 필요한 만반의 준비를 마친 참이다. 이후 30분간 나는 몇 번이고 녀석에게 살금살금 다가가 산란이 얼마나 진행되었는지를 살폈다. 거북이 산란을 중단할 수도 있다는 걱정으로 노심초사하느라 기다리는 몇 분이 영원 같다.

하지만 이 기다림의 시간은 내게도 필요하다. 긴장을 다스리고 연구 장비를 설치해야 하기 때문이다. 나는 배낭에서 기록지를 꺼내어 날짜와 시간을 기입했다. 그리고 적색광 손전등으로 수풀 가장자리를 비추어 흰색 반사판을 찾았다.

　나무에 달린 반사판에는 숫자 25가 적혀 있다. 우리는 지난 2주간 북쪽에서부터 남쪽으로 거리를 표시했다. 그 결과 해변 나무에는 50미터 간격으로 1번부터 160번까지 번호표가 달려 있다. 그것이 방향을 파악하고 정보를 모으는 데 도움을 줄 것이다. 그 나무는 우리와 거북의 왼쪽에 있으므로 거북은 24번 혹은 24번과 25번 사이에 둥지를 튼 것이 분명하다. 나는 이 사항을 자세히 기록했다. 통계를 위해서도 필요하지만 나중에 부화가 성공했는지를 파악하기 위해 둥지를 다시 찾는 데도 이 모든 정보가 필요하기 때문이다.

　마침내 거구의 거북이 안정을 찾은 듯 뒷지느러미로 굴을 파기 시작했다. 우리 둘은 조심스레 기어서 거북의 후미로 다가갔다. 이제야 비로소 손전등으로 거북을 비춰 볼 수 있다. 단, 등과 꼬리에 적색광만 허락된다. 암컷은 산란 직전까지 예민하지만 첫 알을 낳은 직후부터는 일종의 트랜스 상태에 빠진다. 지금부터는 주변을 크게 의식하지 않는다는 뜻이다.

　'몸집이 이렇게 크다니 정말 엄청나군.'

　나는 모래 바닥에 엎드려 손전등 불빛으로 거북의 등을 훑으면서 생각했다. 머리부터 꼬리까지가 170센티미터. 내 키보다 크다! 몸무게는 300~600킬로그램 정도 되어 보인다. 책에서 배운 장수거북의 평균 몸집과 비교하면 유난히 큰 편은 아니다. 머리로는 알지만 막상 실물을 보니 압도되는 기분을 피할 수 없다. 나는 큰 몸체에 비해 가냘픈 뒷지느러미가 낯선 육지에서 서투르게 움직이는 모습을 홀린 듯 지켜보았다. 거북은 지느러미를 마치 손처럼 사용해 반쯤 완성된 둥지의 모래를 퍼내고 있다. 굉장해!

미하엘과 나는 경건한 마음으로 뒷지느러미가 분주히 일하는 모습을 말없이 관찰했다. 지느러미는 번갈아 가며 미끄러져 내려가 알들의 방이 될 공간을 깊게 파낸다. 반대편 가장자리의 모래를 지느러미 끝으로 긁어낸다. 그러다 등갑에 모래가 쌓이면 몸통을 구부렸다가 힘차게 털어서 둥지 바깥으로 날려 보낸다. 넋을 잃고 바라보다가는 깜빡 잠이 들 수도 있을 만한 무한 반복 작업이다. 하지만 아드레날린이 폭발할 지경인 나는 결코 잠들지 않았다.

몇 분이나 미동도 없이 둥지 파는 광경을 지켜보던 나는 문득 암컷이 지느러미를 바꿀 때마다 금속으로 된 무언가가 반짝인다는 사실을 알아채고선 안도했다. 이미 녀석은 개체 확인이 완료된 상태다. 덕분에 이론으로만 배웠던 표식법을 당장 실행할 필요가 없게 되었다. 나는 방수 처리가 된 자료집을 미하엘에게 넘기고 라텍스 장갑을 낀다. 그리고 거북과 거북의 꼬리를 건드리지 않도록 조심스레 손가락을 뻗어 금속 표에서 모래를 털어 냈다.

"V1858과 V1357."

미하엘이 쌍을 이룬 숫자와 알파벳 조합을 확실하게 기록했는지 두 번 체크한다. 이로써 중요한 데이터 둘을 확보했다. 지금까지는 상황이 꽤 순조롭다는 생각에 마음이 편안해진다.

이제는 시선을 돌려 주변을 관찰한다. 둥지를 자연 상태에서 유지할 것인지, 아니면 알들을 옮길 것인지를 결정할 책임이 내게 있기 때문이다. 알을 옮긴다면 해변 근처 안전한 장소에 숨길지, 아니면 몇 킬로미터 떨어진 우리의 인공 부화장으로 데려갈지를 선택해야 한다. 우리는 지금 파도의 끄트머리로부터 40미터 떨어지고 식생 경계선으로부터는 3미터 떨어진 곳에 서 있다. 암컷이 땅을 파는 동안 나무뿌리에 부딪히거나 물에 휩쓸릴 가능성은 없어 보인다. 게다가 인가로부터도 멀리 떨어져 있다. 여러 모로 알들을 자연 상태 그대로 두어도 안전하다는 확신이 든다.

나는 배낭에서 줄자를 꺼내면서 미하엘에게 앞으로의 상황에 대해 설명했다.

"지느러미로 가장자리를 조금씩 긁으면서도 더 이상 모래를 퍼내지 않는다면 둥지가 완성되었다는 뜻이에요. 그런 다음 녀석이 지느러미를 바깥으로 빼내고 꼬리로 둥지를 덮을 거예요. 알을 낳기 시작한다는 신호죠."

그때부터 미하엘은 정신을 똑바로 차려야 한다. 꼬리 안쪽의 배설강에서 알이 몇 개 떨어지는지를 세는 것이 그의 임무다.

오래 기다릴 것도 없다. 1분여 뒤 암컷은 지느러미를 둥지 바깥으로 빼고 꼬리 위에 앉는 모양새를 취한다. 미하엘은 조심스레 왼손을 지느러미 아래로 넣어 난실이 보이도록 위로 들어 올린다. 어미가 힘을 주는 낌새가 보이더니 당구공만 한 하얀 알 두 개가 둥지로 떨어진다.

미하엘이 열심히 개수를 세는 동안 나는 배낭에서 우리가 가진 것 중 제일 비싼 연구 장비를 꺼냈다. 체내에 삽입된 마이크로칩으로 거북에 대한 정보를 수집하는 무선 개체 식별 장치 PIT-Tag 스캐너다. 반갑게도 스캐너를 어깨에서 내려놓기가 무섭게 짧은 '삐' 소리와 함께 화면에 숫자 하나가 뜬다. 기록지에 기입할 소중한 정보가 하나 더 생겼다!

나는 어깨 너머로 미하엘을 돌아보며 묻는다.

"녀석이 벌써 가짜 알을 낳기 시작했나요?"

그는 고개를 끄덕였고 내 눈에도 아까보다 작은 알들이 보인다. 탁구공만 한 것부터 완두콩처럼 작은 것까지, 크기는 가지각색이다. 그것들은 '껍질 있는 무정란shelled albumen globes'이라는 영어 이름을 가진, 단백질 덩어리인 흰자로만 이뤄진 알들이다. 아마도 새끼 거북들이 수월하게 부화하도록 돕는 일시적인 역할을 하는 것으로 짐작된다. 진짜 알들이 부화하는 동안 가짜 알은 점점 가스를 밖으로 내보내면서 쪼그라들어 진짜 알들에게 공간을 양보할 것이다. 우리는 마지막 가짜 알이 둥지로 떨어지는 것을 지켜봤다.

산란을 마친 어미는 꼬리 위로 빼 놓았던 지느러미 한쪽을 둥지로 집어넣어 알을 누르기 시작한다. 그런 다음 그 지느러미는 밖으로 빼고, 다른 지느러미로 모래를 둥지에 쓸어 담고선 다시 모래와 알을 함께 꾹꾹 누른다. 지금이 둥지를 확인하는 표식을 남기기에 최적의 타이밍이다. 알들이 완전히 덮이고 둥지 가장자리가 모래로 가득 찰 때까지 녀석은 이 동작을 계속한다.

우리는 이 거구의 숙녀를 한 번 더 계측한다. 머리와 꼬리를 뺀 등갑의 길이와 너비를 줄자로 잰다. 계측을 위해선 두 사람이 필요하다. 장수거북은 길이뿐 아니라 너비도 사람의 양팔 폭을 넘어서기 때문에 혼자 재려면 다리를 최대한 벌리고 등갑 위로 몸을 숙이는 묘기를 부려야 한다. 다음에 그럴 기회가 있을지도 모르겠으나 오늘 밤엔 동행이 있으므로 무리할 필요가 없다. 암컷은 둥지가 눈에 띄지 않도록 위장에 들어갔고, 나는 커다란 앞지느러미에 걸려 넘어지지 않도록 조심하며 등갑에 줄자를 댄다. 과연 녀석의 등갑은 162센티미터나 된다. 이곳 카리브해에 서식하는 장수거북의 평균 등갑 길이인 155센티미터를 넘어선다. 알도 무려 96개나 낳았다.

상세 계측 정보를 기입한 것으로 우리의 임무는 끝이 났다. 우리는 장비를 챙기고 한 발 떨어져서 산란을 마무리하는 암컷의 지느러미를 관찰한다. 내 몸의 긴장이 서서히 풀리고 이제는 아드레날린이 아니라 엔도르핀이 솟구치고 있다. 드디어 장수거북의 산란을 보았다. 정말 굉장해!

암컷이 둥지를 숨기고 흔적을 지우느라 푸덕대며 모래를 퍼내는 소리를 들으며 나는 잠시 상념에 잠겼다. 어렸을 때는 내가 중미에 살면서 바다거북을 연구하고 보호하게 되리라곤 상상도 하지 못했다. 하지만 지금 나는 여기, 세상의 다른 끝에서 별이 쏟아지는 하늘 아래에 앉아 보통 사람들은 평생 가도 보기 힘들 진풍경을 두 눈으로 목도하고 있다. 거대한 바다 생물이 내 눈앞에서 산란을 마쳤고 여전히 그 실루엣이 어둠 속에서 어른대고 있다. 자신의 볼을 꼬집어 본다. 그래, 꿈이 아니구나. 바다에서 불어오는 산들바람이 내 살결을 어루만진다. 거북이 산란할 때 배설강에서 함께 흘러나온 체액의 비릿한 냄새가 바람에 실려 와 내 코끝을 스친다.

돌이켜보니 바로 그 순간, 바다거북과 함께하는 나의 모험이 시작되었다.

## 납작등바다거북

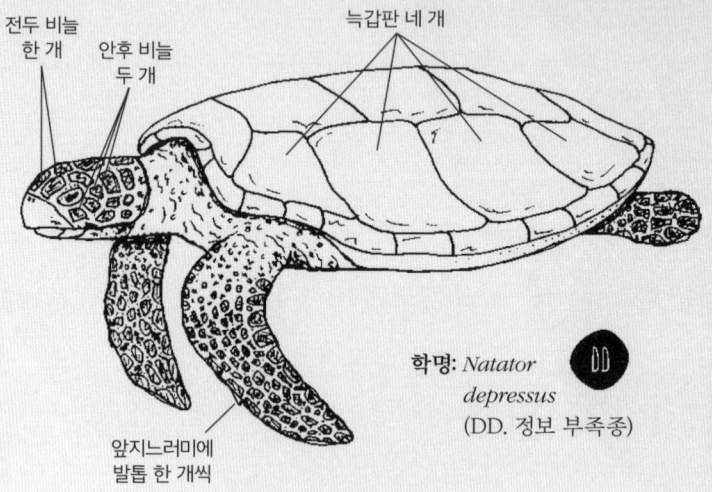

전두 비늘 한 개
안후 비늘 두 개
늑갑판 네 개
앞지느러미에 발톱 한 개씩

**학명:** *Natator depressus*
(DD. 정보 부족종)

- 위험도 등급IUCN: 정보 부족
- 등갑 길이: 75~99cm
- 무게: 70~90kg
- 주식: 부드러운 무척추동물
- 생식 연령: 15~25세
- 이주 간격: 2~3년
- 산란 간격: 15일
- 산란기별 산란 횟수: 3~4회
- 산란별 알의 개수: 55개
- 부화 기간: 50~55일
- 특이 사항: 호주 북부와 파푸아뉴기니 남쪽 수역에서만 발견된다. 몸집에 비해 큰 알을 낳는다. 등갑이 평평해 '납작등' 바다거북이라 불린다.

## 알에서 깨어나다

코스타리카의 해는 일찍 솟는다. 이른 아침부터 중천을 찍은 해가 검은 모래 위에서 삽질 중인 내 정수리를 뜨겁게 달군다. 굵은 땀방울이 얼굴을 타고 내려오다가 눈 안으로 스며든다. 나는 오스티오날Ostional 야생 동물 보호 구역에서 장수거북 보호 프로젝트를 이끄는 해양 생물학자다. 프로젝트 이름은 인근 국립공원 이름과 장수거북의 피부색을 합쳐 '바울라스와 검둥이들Baulas y Negras'로 지었다.

지금 나는 동료들과 함께 5×7미터 크기의 구덩이 안에 들어가 부단히 삽질 중이다. 열사병에 걸리지 않으려고 한두 시간 전에 티셔츠를 벗어 던졌더니 흐르던 땀이 배꼽에 가서 고였다. 며칠째 강행군으로 등에 남은 감각이라곤 고통뿐이다. 두 손은 물집이 터져서 피범벅이다. 어젯밤에는 해변 순찰 당번을 맡느라 3시간밖에 자지 못했다. 하지만 내 하루는 이제 시작이다. 구덩이 파는 일이 마침내 끝나면, 바다와 맞닿은 모래사장에서 젖은 모래를 몇 킬로그램씩 등에 지고 구덩이로 날라야 한다. 거대한 구덩이에 쏟아 붓기 전, 모래를 일일이 체에 쳐 불순물을 거르는 것도 보통일은 아니다. 아니, 세상에 이보다 더한 중노동은 없을 것이다. 그런데 나는 여기서 왜 이러고 있는 걸까?

지구상에 살아남은 바다거북은 모두 일곱 종이다. 그 모두가 '레드 리스트'라 불리는 멸종 위기 동물 목록에 등재된 상태다. 매부리바다거북과 켐프바다거북은 종 전체가 '위급'으로 분류된다. 푸른바다거북은 그보다 한 단계 아래인 '위기' 등급이며 장수거북과 올리브바다거북, 붉은바다거북은 '취약' 등급에 해당한다. 납작등바다거북은 개체의 보전 상황을 평가할 만한 충분한 자료가 확보되지 않아 '정보 부족'으로 분류된다. 종 전체도 위기에 놓여 있지만 개체군별로 자세히 들여다보면 상황은 더욱 심각하다. 지난 50년간 많은 개체군에서 급격한 개체 수 감소가 있었다. 일부 개체군과 종은 상황이 매우 위급해 향후 몇 년 후에 살아남아 있으리란 보장이 없을 정도다.

우리 프로젝트가 오스티오날에서 중점적으로 보호하는 동태평양 장수거북도 그런 개체군에 속한다. 최근 집계에 따르면 멕시코에서 콜롬비아에 이르는 해안에서 둥지를 트는 암컷 동태평양 장수거북의 수는 300마리 남짓에 불과하다. 예전에 비해 확연히 그 규모가 줄었다. 학자들은 인간들이 지금 개입하지 않는다면 10년 안에 장수거북은 동태평양에서 아예 자취를 감출 것이라고 예상한다.

나와 내 동료들은 지금 장수거북이 지구상에서 사라지지 않도록 개입하는 역할을 이행 중이다. 현재 오스티오날에는 장수거북 암컷 아홉 마리가 둥지를 틀었다. 이 추세대로라면 앞으로 매년 그 수가 줄어들 것이다. 그래서 이 지역에서 최대한 많은 새끼가 태어나도록, 그리해 장수거북의 다음 세대가 보장될 수 있도록 지원하는 것이 이 프로젝트의 목적이다. 구체적으로는 일단 암컷들이 방해받지 않고 모래 위에 산란할 수 있도록 매일 밤 해안을 순찰한다. 가끔은 암컷의 꼬리에 알을 받을 봉지를 달고 암컷이 그 봉지에 알을 낳으면 알을 안전한 장소로 옮겨서 무사히 부화되도록 보호하는 일도 한다.

이렇게 하는 이유는 바다거북의 알을 훔치는 사람이 많기 때문이다. 현지어로는 '후에베로huevero', 즉 달걀 장수라고 부르는 밀렵꾼들이다. 도둑이 사람만은 아니다. 너구리, 코요테, 스컹크, 독수리, 게 등 야생에도 알을 노리는 천적들이 많다. 그리고 불행히도 최근 몇 년 새 그 수가 급증하고 있다. 맹수들의 자연 서식지가 파괴되면서 너구리 같은 중간 포식자의 개체 수가 조절되지 않은 탓이다. 더불어 집에서 키우는 개들이 주변을 멋대로 돌아다니며 둥지를 파헤치고 알을 먹는 것도 골칫거리다.

하지만 그보다 더 큰 문제는 지구 온난화로 인해 해수면이 상승하면서 해변 모래사장에 발생하는 주기적인 침식이다. 쉽게 말해 모래가 계속 쓸려 나가고 있다. 그러면 암컷이 파 놓은 둥지 위로 파도가 덮치고 심지어는 알들이 물속에 잠겨 버리기도 한다. 몇 주 사이에 해변 한 구역 전체가 통째로 물에 쓸려 나가서 모래 위에서 부화 중이던 둥지가 흔적도 없이 사라지는 경우도 빈번하다.

그래서 암컷이 낳은 알들을 인공 부화장으로 옮겨 보호하는 프로젝트가 이 지역 여러 곳에서 동시다발적으로 진행되고 있다. 현지에서 '비베로스viveros'라고 부르는 부화장에서는 부화에 성공할 확률이 자연 상태보다 훨씬 높다. 우리 역시 최대한 많은 바다거북이 부화하도록 돕기 위해 매년 산란기를 앞두고선 똑같은 매뉴얼에 따라 부화장을 짓는다. 일단은 해안에 커다란 구덩이를 파고 그 안을 깨끗한 모래로 채운다. 그다음 방해꾼들을 차단하기 위해 구덩이 주위에 울타리를 치고 그늘막을 설치한다. 마지막으로 하루 24시간, 주 7일 내내 사람들이 돌아가며 그 구덩이를 지킨다.

부화장을 꾸리는 작업은 암컷이 해변으로 올라와 첫 둥지를 짓기 전에 끝내는 게 정석이다. 그래서 우리는 몇 주 전부터 구슬땀을 흘려 가며 모래를 퍼 날랐다. 하지만 안타깝게도 바로 어젯밤 암컷 한 마리가 선수를 쳤고 우리는 시간에 덜미 짚힌 신세가 되었다. 장수거북의 번식 주기를 고려하면 그 암컷은 열흘 후에 다음번 알을 낳을 것이므로 그때까지는 부화장이 완성돼야만 한다.

부화장을 짓는 과정 중 가장 힘들고 오래 걸리는 것이 바로 구덩이를 파고 그 안을 채울 모래를 체에 거르는 작업이다. 그 일이 끝나면 구덩이 둘레를 따라 다시 120센티미터 깊이의 구멍을 판 다음, '진딧물 퇴치 망'이란 이름의 방충망을 두 겹으로 설치한다. 지상 150센티미터 높이로 방충망을 치고 그 위를 철조망으로 한 번 더 덮어 산란장 전체를 안전하게 감싸는 방식이다. 지붕은 대나무 차양과 위장용 그물로 덮어서 전체 면적의 절반 이상에 그늘이 지도록 한다. 모랫바닥에는 굵은 로프를 사용해 가로와 세로 각각 1미터씩 구획을 짓고 그 안에 바둑판 모양으로 둥지를 배열해 산란장 내 밀도를 균일하게 유지한다.

평소에는 이런 일을 볕이 너무 뜨겁지 않은 이른 아침에 한두 시간, 그리고 한낮의 열기가 수그러드는 늦은 오후에 한두 시간 정도로 나눠서 한다. 밤에는 해안 순찰을 한다. 내가 몇 년 전에 책임을 맡았던 어떤 프로젝트에서는 산란장을 동시에 두 개나 만들었다. 크기도 지금 것의 두세 배는 되는 대형이었다. 나는 이런 식의 육체노동을 좋아하는 사람이 아니다. 하지만 알을 지키고 가능한 한 많은 새끼 바다거북을 세상으로 내보기 위해서는 꼭 필요한 일이므로 싫다고 피할 수가 없다.

야생 둥지에서 산란한 알이 부화에 성공할 확률은 50~60% 정도다. 부화장으로 옮겨져 인간들의 추가적인 도움을 받으면 평균 부화율이 70%에서 많게는 90%까지 올라간다. 인공 둥지에 설치된 토끼장 울타리와 방충망으로 만든 원통형 바구니가 그런 도움에 속한다. 우리는 토끼장 울타리를 둥지 바닥 면에 20~30센티미터 깊이로 묻어서 알을 먹으려고 둥지를 파헤치는 게들의 접근을 물리친다. 방충망은 파리가 둥지에 알을 낳지 못하도록 막는다. 파리 구더기는 알을 파고들어 가 부화 중인 새끼 거북을 갉아먹기 때문이다.

그러나 새끼들이 알에서 깨어나면 울타리와 방충망은 보호막이 아니라 물로 들어가는 길을 막는 장애물이 된다. 우리가 실시간으로 부화장을 지켜보는 이유가 거기에 있다. 우리는 20분에 한 번씩 둥지를 확인해서 알에서 깨어난 새끼들이 보이면 즉시 바구니에서 꺼내 축축한 모래로 채워진 어두운 상자로 옮긴다. 그때가 한낮이라면 밤이 될 때까지, 혹은 비가 와서 날이 선선해질 때까지 기다렸다가 새끼들을 방사한다. 밤에는 몇 마리씩 모아서 함께 놓아준다.

부화가 끝나도 우리의 일은 끝나지 않는다. 둥지를 하나씩 파서 잔여물을 조사해야 한다. 얼마나 많은 알이 부화했고, 우리가 취한 인위적인 조치가 부화를 성공시키는 데 어떤 도움을 주었는지 확인하기 위해서다. 이 작업을 통해 우리는 얼마나 많은 새끼가 부화했고 또 부화하지 않았는지를 알 수 있다. 그런 다음 부화되지 않은 채 남은 알들은 깨서 그 이유를 밝혀낸다. 배아가 발육을 시작했는지, 아니면 세균이나 박테리아 감염으로 아예 발달이 중단되었는지 등을 확인한다. 이는 우리의 전략을 평가하고 개선하는 데 매우 중요한 자료가 된다.

하지만 둥지 발굴 작업이 유쾌할 리는 없다. 보통은 새끼가 큰 무리를 지어 둥지를 떠난 지 24시간에서 48시간 이내에 작업에 들어가지만 그때 이미 남은 알의 대부분은 반쯤 썩은 상태다. 그래서 라텍스 장갑을 낀다 한들 손과 옷에 끔찍한 냄새가 배는 것을 피할 수 없다. 대학 졸업 논문을 쓰던 시절에는 하루에 20개도 넘는 둥지를 발굴 조사한 적이 있다. 그때는 향수를 뿌린 손수건으로 입을 막아 냄새를 중화했는데, 당시에는 그럭저럭 도움이 되었으나 그 이후로는 그 향마저 역해지는 부작용이 있었다.

해변 여기저기에 그늘막을 설치하는 것은 둥지가 햇볕에 달아올라서 알이 익는 것을 막기 위해서다. 바다거북 새끼가 발달하는 데 있어서 온도는 중요한 요인이다. 기온이 장시간 섭씨 24도 이하로 내려가거나 36도 이상으로 올라가는 것은 태아의 발달에 치명적이다. 인간이 해변을 개발하면서 야생 숲이 드리우던 그늘이 많이 사라진 데다가, 지구 온난화로 전반적인 기온이 상승하면서 바다거북이 산란하는 많은 해변의 온도가 치명적인 한계점에 이르렀다. 다만 아직은 차광막을 치면 알들이 문제없이 부화할 수 있는 수준으로 온도를 조절할 수 있다. 이렇게 우리는 매 산란기마다 수천 마리의 새끼 바다거북들이 크고 먼 바다로 나갈 수 있을 때까지 지키고 보호한다.

부화기의 온도가 중요한 이유가 하나 더 있다. 호르몬에 의해 성별이 가름되는 인간이나 여타 많은 동물들과 달리, 바다거북의 생물학적 성별은 부화 기간의 3분의 2가 지났을 무렵의 모래 온도에 의해 좌우된다. 성별이 정해지는 시기와 외부 기온에 가장 민감한 시기가 맞물린 결과다. 그때 더우면 암컷이 더 많이 나오고 추우면 수컷이 더 많이 나온다. '핫한 여자들, 쿨한 남자들hot chicks, cool dudes'이란 영어 표현은 온도에 따른 암수 변화의 특징을 설명하는 데에도 안성맞춤이다. 이러한 온도 의존성 성 결정TSD, temperature-dependent sex determination은 몇몇 파충류와 어류에서만 나타나는 성향이다. 이 과정이 구체적으로 어떻게 진행되는지 완전히 규명된 바는 없다. 다만, 온도가 상승하면 활성화되는 방향화 효소가 주된 역할을 하리라 추측된다. 이 방향화 효소는 남성 호르몬인 테스토스테론을 여성 호르몬인 에스트로겐으로 바꾼다. 100% 수컷이던 둥지와 100% 암컷이던 둥지의 온도는 2.5도가량 차이가 난다. 태아의 성비가 정확히 반반이 되는, 이른바 '주축 온도pivotal temperature'는 섭씨 29도이다.

지구 온난화와 그로 인한 지표면 온도 상승으로 인해 지난 10년간 수컷에 비해 월등히 많은 암컷이 부화했다. 일부 지역에선 암수 성비가 9 대 1에 이른다. 나는 이러한 변화가 무척 염려스럽다. 아직은 그 결과가 명확하게 보이지 않지만, 향후 몇 년 안에 수컷 부족으로 인해 이미 위태로운 바다거북 개체 수가 또 다시 크게 줄어들 위험이 있기 때문이다.

'바올라스와 검둥이들' 프로젝트를 마친 지 1년이 지나고, 나는 지금 다시 오스티오날 해변에 서 있다. 이번에는 영국 BBC 방송사의 다큐멘터리 촬영을 위해 부화장을 설치했다. 촬영팀은 올리브바다거북의 둥지 내부를 카메라에 담겠다는 목표를 세웠다. 우리 과학자들에게도 부화기는 베일에 싸인 시간이다. 둥지와 알 안에서 어떤 일이 일어나는지에 관해서는 우리도 모르는 게 많다. 알과 그 안에서 자라는 태아를 관찰하고 연구하는 데 제약이 많기 때문이다. 그런데 다큐멘터리 제작팀이 그 비밀을 조금이라도 밝혀 보겠노라 나선 것이다. 그들은 방송 사상 최초로 바다거북의 부화 장면을 카메라에 담기 위해 인공 부화장을 짓고, 오스티오날 인근 바다거북에 관한 전반적인 지식을 얻기 위해 우리에게 자문을 구했다.

지금 우리가 선 해변은 이른바 아리바다arribada 현상으로 유명한 곳이다. 아리바다는 '도착하다'라는 뜻의 스페인어다. 매달 달의 주기가 새로 시작되기 일주일 전이면 동시에 산란기를 맞은 올리브바다거북 수천 마리가 이곳에 '도착'한다. 짧게는 3일, 길게는 10일 동안 이곳에서 한꺼번에 둥지를 짓는 암컷의 수는 최대 50만 마리에 이른다. 어느 밤 갑자기 누군가 호루라기라도 분 것처럼 수천 마리의 거북들이 나란히 혹은 엎치락뒤치락하며 올라오는 광경을 떠올려 보라. 총 길이가 2킬로미터나 되는 긴 해변이지만 파도를 타고 도착하는 바다거북의 수가 워낙 많은지라 늦게 도착한 암컷들은 둥지 지을 빈 공간을 찾지 못해 아우성이다. 모래사장은 땅을 파는 중이거나 혹은 벌써 알을 낳기 시작한 바다거북들로 빼곡하다. 자칫 경계를 늦추면 모래는 물론 날아온 알이 얼굴을 때릴 수도 있다. 이때 해변을 걸으려면 바다거북을 피하느라 걸음마다 위기의 연속이다. 별 생각 없이 바닥에 내려놓은 배낭이 어딘가로 사라져 버리는 경우도 심심찮다. 어깨끈에 몸이 엉킨 암컷이 가방을 질질 끌고 무리 사이로 사라지면 다시 찾을 길이 없기 때문이다. 그렇게 우리의 장비 여럿이 해변이나 바닷속으로 끌려들어 갔다. 주변은 온통 낳은 알을 모래에 숨기느라 무거운 등갑을 현란하게 움직이는 거북들의 신음으로 가득하다. 같은 시즌이라도 태양이 무자비하게 내리쬐는 낮에는 산란하러 뭍으로 올라오는 암컷이 거의 없다. 하지만 해가 지고 밀물 때가 되면 며칠 내내 진풍경이 펼쳐진다. 다음 날 동이 틀 때까지.

이 바다거북의 산란을 처음부터 끝까지 본 사람은 많지 않다. 하지만 보는 순간 숨을 멎게 만드는 아리바다의 광경만큼은 이미 많은 다큐멘터리 영화나 고화질 잡지를 통해 소개되었다. BBC와 디스커버리 채널이 공동으로 제작한 〈아름다운 바다 The Blue Planet〉를 통해 대중에게 잘 알려진 아리바다의 배경이 여기 오스티오날이다. 전 세계에서 이런 현상이 일어나는 해변은 열 손 가락에 꼽힐 정도다. 그중 두 곳이 인도고 나머지는 모두 중미의 해변이다. 그리고 오스티오날은 지구상 최대 규모의 아리바다가 기록된 해변 두 곳 중 하나다.

오스티오날에 도착한 지 일주일 만에 우리는 올리브바다거북의 둥지 다섯 개를 인공 부화장으로 옮겨 왔다. 둥지 외벽에 강화 유리창을 설치해 내부를 촬영할 수 있고, 미세 온도계로 둥지별 온도를 체크할 수 있도록 설비한 촬영용 부화장이었다. 더불어 둥지에서 흘러나오는 소리를 청취하기 위해 마이크도 설치했다. 촬영이 임박하자 다른 누구보다 내가 제일 신이 났다. 나는 학자이기 전에 둘째가라면 서러울 바다거북 애호가이니까. 하물며 BBC 측은 바다거북 산란지의 다양한 면을 조사하기 위해 다방면의 관련 학자들로 자문단을 구성했다. 그중 두 명의 학자가 이 대담한 시도를 대중에게 효과적으로 설명하기 위해 이곳에 동행했다.

 마침내 모든 준비가 끝났다. 부화장이 완성되었고 촬영팀도 도착했다. 그들의 체류 기간은 아리바다의 광경을 포착하고 밀착 촬영하게 될 둥지 다섯 개를 채집할 가능성이 가장 높은 시기에 맞춰서 계획되었다. 하지만 만사가 그렇듯 이번 계획도 뜻대로 흘러가진 않았다. 몇 날 밤을 기다렸으나 허탕을 친 것이다. 결국 우리는 오스티오날에 며칠 전부터 와 있던 암컷 한 마리의 알들을 수집해 촬영을 진행하기로 결정했다. 정해진 기간을 지키려면 어쩔 수 없었다.

 그래서 우리는 다음 날 밤 촬영 대상이 될 암컷을 물색하러 나섰다. 해안선을 따라 두어 시간 동안 해변을 이리저리 서성인 끝에 결국 파도에 두둥실 밀려오는 검은 '돌덩이'를 발견했다. 즉시 나는 몇 킬로미터 떨어져 기다리던 촬영팀을 향해 불빛으로 신호를 보냈다. 선잠이 들었던 팀원들이 장비들을 빠르게 챙기느라 허겁지겁하는 소리가 들렸다. 마침내 트럭이 내가 비추는 불빛을 향해 다가왔다. 15분 만에 제작자와 감독 두 명, 카메라맨 두 명, 음향 보조 한 명, 해설을 맡은 학자 두 명과 현지 보조 인력 세 명이 숨을 죽이고 서서 바다거북이 다가오는 광경을 주시했다. 알을 채집하는 과정을 촬영할 만반의 준비가 끝났다.

　알을 채집하기 가장 좋은 타이밍은 어미가 배설강에 힘을 주고 있을 때이다. 그때 특수 제작한 봉지를 후미에 달면 알이 모래에 떨어지기 전에 낚아챌 수 있다. 이를 위해서는 먼저 사람이 거북 뒤에 엎드려서 배설강 아래에 봉지를 조심스럽게 고정해야 한다. 봉지는 튼튼하면서도 용적이 크게 제작되었다. 종에 따라 알을 200개 넘게 낳는 거북도 있으니 한 둥지에 낳은 알을 모두 모으면 몇 킬로그램씩 될 때도 있다. 바다거북의 알들은 언뜻 약해 보이지만 배설강에서부터 둥지 바닥까지 45~75센티미터를 떨어져도 멀쩡하다. 이는 다른 파충류와 마찬가지인데, 바다거북의 알도 유연하고 두툼한 양피지 같은 껍질로 둘러싸여 있어 충격에 강하기 때문이다. 그뿐만 아니라 알에는 액체와 기체가 드나들 수 있는 미세한 구멍이 있다. 이를 통해 발달 중인 배아는 외부로부터 원활하게 산소를 공급받는다. 껍질은 내부 유기질층과 외부 무기질층, 두 겹으로 이루어진다. 유기질층은 섬유질이고 무기질층은 결정 형태의 탄산칼슘인 아라고나이트나 방해석이다. 이 멋진 포장재는 배아를 위한 포근한 보금자리 역할을 한다.

　암컷이 알을 모두 낳은 것 같은 낌새를 보인다. 우리는 봉지를 조심스럽게 둥지 바깥으로 빼낸다. 사람이 용의주도하게 알을 꺼내 갔다는 사실을 전혀 눈치 채지 못한 거북은 알이 아직 거기에 있다고 믿고선 모래로 둥지를 덮는다. 특히 이 과정에서는 동물에게 불필요한 스트레스를 주지 않도록 만전을 기해야 한다. 도자기 가게에 들어간 코끼리처럼 부산을 떨거나 거친 손놀림으로 배설강을 만지면 알을 낳던 어미가 겁에 질려 도망을 가는 수가 있다. 무조건 피해야 할 최악의 시나리오다. 그래서 우리는 새로운 사람들과 알을 채집할 때는 사전에 철저하게 연습하고 주의해야 할 사항에 대해 자세히 설명한다. 이번 촬영팀과 해설자, 전문가들도 모두 사전 교육을 받은 상태였다.

　알을 전부 봉지에 담은 다음에는 최대한 흔들리지 않도록 조심스럽게 부화장으로 옮기는 게 관건이다. 배설강에서 나온 알이 산소와 접촉함과 동시에 배아의 발달은 시작된다. 마치 어머니의 자궁에서 난자와 정자가 만난 상태로 난관에서 세포 분열이 중단되었다가 산소가 공급되면 재개되는 것과 같다고 생각하면 쉽다. 산란 후 세포 덩어리는 난황에서 영양을 공급받으며 차츰 새끼 바다거북으로 성장한다. 둥지 이동은 산란 후 6시간에서 12시간 사이에 완료하는 것이 가장 좋다. 발달 과정상 배아가 알 껍질 내부 상단에 풀처럼 붙어서 자리를 고정하는 것이 그 무렵이기 때문이다. 배아가 자리를 고정한 다음 알의 위치가 바뀌면, 즉 아래위가 뒤집히면 배아가 질식할 수도 있다. 더불어 알이 흔들리지 않도록 애쓰느라 봉지를 너무 꽉 붙잡고 있어서도 안 된다. 우리의 체온인 36도는 발달 중인 배아에겐 너무 높은 온도이기 때문이다. 그래서 우리는 팔이 몸에 닿지 않게 쭉 뻗어 든 자세에서 알 봉지가 흔들리거나 떨어지지 않도록 조심스레 움직여야 한다. 몇 킬로미터를 이런 자세로 걸어가는 것은 그 누구에게도 결코 쉬운 일이 아닐 것이다.

　배아가 완전한 새끼 거북으로 발달하는 속도는 부화기 모래 온도에 따라 달라진다. 가령 둥지가 그늘 아래 있거나 장기간 비가 내려 모래가 섭씨 25도가량으로 차가울 때는 부화에 65일에서 75일가량 소요된다. 반대로 둥지가 직사광선 아래 있고 비가 거의 오지 않아 모래의 온도가 35도까지 올라간다면 부화기간이 줄어들어서 심지어는 45일 만에 새끼가 태어나는 경우도 있다.

흥미롭게도 부화기가 짧았던 새끼들은 몸집이 작고 민첩한 반면, 길었던 새끼들은 몸집이 크고 움직임이 둔할 때가 많다. 이는 난황에서 공급된 각각의 구성 요소들이 한 마리의 거북으로 변신하는 데 걸린 기간이 달라서 생기는 현상이다. 짧은 기간 동안에 재빨리 발달한 거북은 작지만 민첩하고, 긴 기간 동안 느긋하게 발달한 거북은 행동마저 느긋한 귀염둥이가 된다. 이 차이는 녀석들의 생존을 가르는 중요한 요인으로 작용한다. 이를테면 등으로 누웠다가 배면으로 뒤집는 능력이 발달 속도에 따라 달라진다. 또한 둥지를 떠난지 2시간 내에 똑바로 일어나 해안선까지 기어가는 능력이 갖춰진 새끼들은 살아서 바다로 들어갈 확률이 높다. 물에 들어간 후에는 빨리 헤엄칠 수 있어야 수중 포식자의 손아귀에서 벗어나기 유리하다.

다행히 올리브바다거북은 탁구공만 한 크기의 알을 100개 정도만 낳으므로 다 합쳐 봐야 무게가 3킬로그램 남짓이라 장수거북 둥지를 옮길 때만큼 힘들지는 않다. 보통 몸집이 작은 종은 알도 작고 새끼도 작다. 그런데 예외적으로 납작등바다거북은 몸집은 장수거북의 3분의 1인데 알 크기는 엇비슷하다. 반면 개체 하나하나의 몸집은 알의 크기와 별 상관이 없다. 덩치가 큰 암컷이 알을 더 많이 낳을 수는 있지만 반드시 더 큰 알을 낳는 것은 아니다.

더 큰 알을 낳고 더 큰 후손을 얻기 위해서는 더 적은 수의 후손을 낳는 희생을 감수해야 한다. 진화론적 관점에서 특정 유전 형질이 적합한지 아닌지는 그 형질이 후손의 개체 수에 미치는 영향에 따라 결정된다. 후손의 전체 수를 늘리고 개체 하나하나의 생존 확률을 높이는 형질일수록 더 잘 유지되고 더 널리 전파된다. 이러한 경향을 '다윈 적응도'라고 한다.

같은 환경 아래에서 적응도가 높은 개체는 낮은 개체보다 더 많은 '생존 후손'을 퍼뜨린다. 하지만 바다거북의 경우에서 보듯 어떤 적응이 다른 적응보다 항상 더 낫다고는 할 수 없다. 많은 알을 낳으면 많은 새끼를 낳을 수 있다. 큰 알을 낳으면 알의 개수는 줄어들지만 새끼 몸집이 커지므로 생존 확률이 높아진다. 상반되는 두 가지 조건 모두가 후손의 생존에 도움이 된다. 최적의 알 크기 이론은 크기와 개수라는 두 조건이 이루는 균형에 대한 것이다. 자연은 알의 개수가 적어서 발생할 수 있는 손해를 알 크기가 상쇄하는 지점을 택해 다윈 적응도를 높인다. 간단히 말하자면, 거북들은 가능한 한 가장 큰 알을 가장 많이 낳도록 적응했다는 뜻이다.

바다거북의 생식 전략은 질보다는 양이다. 어미 바다거북은 적은 수의 새끼를 낳아 직접 보살피기보다는 각 주기마다 해변의 여러 지점, 심지어는 여러 해변에 걸쳐 여러 개의 둥지를 짓고 둥지마다 수백 개씩 알을 낳는 편을 택한다. 파충류의 생식은 보통 다 그런 식이다. 하지만 최소한 부화한 새끼들이 물에 들어가는 갈 때까지는 돌보는 어미 악어와 달리, 어미 바다거북은 산란을 하고 나면 뒤도 돌아보지 않고 떠나 버린다. 그 결과 둥지 대부분이 인간이나 동물 천적에 의해 약탈당하거나 바닷물에 휩쓸려 부화도 되기 전에 사라지기 십상이다.

그래서 우리가 있다. 부화장에 도착한 우리는 자연 상태의 올리브바다거북 둥지와 형태와 면적이 동일한 굴을 팠다. 사전에 둥지를 만들어 놓을 수는 없다. 둥지 안쪽 모래가 건조해지면 알과 그 안에서 성장하는 배아에 이롭지 않다. 굴을 팔 때에는 알이 머무는 방, 즉 '난실'의 크기는 물론 둥지의 깊이도 어미가 판 것과 정확하게 맞춰야 한다. 작은 차이만 생겨도 부화할 때 온도가 달라진다.

난실의 크기와 둥지의 깊이는 각 종의 지느러미 길이에 따라 다르다. 몸집이 큰 종일수록 둥지를 깊게 판다. 바다거북 중 가장 작은 종에 해당하는 올리브바다거북의 둥지는 깊이가 45센티미터 남짓인데 반해, 거구인 장수거북의 둥지는 깊이가 평균 75센티미터 깊이에 달한다. 장수거북은 유일하게 부츠 모양으로 둥지를 파는 종이다. 나머지 바다거북들의 둥지는 주로 뒤집어진 전구 모양이다. 둥지 모양이 어떠하든 바닥면에는 한 둥지 분량의 알이 넉넉히 들어갈 정도로 큼지막한 난실이 놓인다. 산란을 마친 어미는 모래를 덮어 난실로 들어가는 통로를 막아 버린다. 그래도 기체가 드나들고 갓 태어난 새끼들이 꼼지락거리기에 충분해야 하니 난실은 커야 한다.

촬영을 위해 제일 서둘러 해치워야 할 일은 난실 하나하나를 카메라로 들여다볼 수 있도록 강화 유리창이 달린 둥지를 파는 것이다. 하지만 둥지를 마련한 다음, 장갑 낀 손으로 알을 하나씩 놓는 것도 쉬운 일은 아니다. 가지런히 쌓은 알 사이에 온도 감지 센서를 장착하고 마지막으로 어미가 하듯이 모래로 둥지를 덮었다. 이런 식으로 첫 번째 둥지를 부화장으로 옮기면 곧장 다음 둥지 작업에 들어갔다. 그렇게 이틀 밤새 둥지 다섯 개를 완성했다. 모든 이동을 마치고 나면 이후 몇 주간은 센서를 통해 둥지의 온도를 관찰하며 부화가 일어나길 기다렸다.

부화장에 둥지를 옮겨 놓은 다음에도 우리는 혹시나 아리바다를 렌즈에 담을 기회가 오진 않을까 하는 미련을 버리지 못했다. 그래서 일주일이 넘도록 밤바다를 찍었다. 그날 밤도 우리는 다 함께 해변에 앉아 있었다. 명목상으로는 등에 위성 수신기를 달 거북 한 마리를 찾는 중이었다. 모래 위에서 자다가 깨기를 거듭하며 얼마나 기다렸을까. 언뜻 암흑 속에서 모래가 생명을 입은 것처럼 꿈틀대는 것이 보였다. 드디어 암컷 바다거북 수천 마리가 산란을 결정했다는 신호였다. 오스티오날에서 올리브바다거북이 집단으로 산란하는 날은 매달 며칠 정도로 정해져 있다. 따라서 부화도 며칠 사이 한꺼번에 일어난다. 수백만 마리의 새끼 올리브바다거북이 거의 동시에 알을 깨고 나와서 바다로 달려간다는 뜻이다. 그러므로 그 시기에 해변을 걷는 사람은 거북 새끼를 밟을지 모른다는 걱정으로 전전긍긍하며 발걸음을 옮겨야 할 정도다.

엉겁결에 아리바다를 맞이한 카메라맨은 흥분으로 넋이 반쯤 나간 것 같았다. 그는 눈앞에 펼쳐진 믿을 수 없는 장면을 하나도 놓치고 싶지 않은 듯, 분주하게 움직였다. 점잖게만 보였던 반백의 영국인 해설자는 카키색 바지가 물에 젖는 것도 아랑곳 않고 모래 위를 무릎으로 기어다니며 기쁨의 환호성을 질렀다. 희미한 적색광 손전등에 의지해 바다거북들을 들여다보느라 코가 거의 바닥에 닿을 지경이었다. 아리바다를 하염없이 기다려야 했던 지난 며칠 동안 촬영팀의 분위기는 바닥으로 가라앉아 있었다. 그래서 마침내 산란을 하러 온 바다거북 떼를 만났을 때의 환희는 이루 말할 수 없이 컸다.

하지만 자연의 섭리가 우리에게 협조적이라고 보긴 어려웠다. 촬영팀의 대부분이 철수한 후에야 아리바다가 일어났기 때문이다. 하필이면 크리스마스가 코앞이라 그 누구도 촬영 기간을 연장하자는 얘기를 꺼내지 못했다. 결국 카메라맨 한 명이 우리와 남아 기지를 지키기로 하고 나머지는 모두 본국으로 돌아간 상태였다. 그런데 크리스마스이브 밤에 올리브바다거북들이 대량 번식을 시작하도록 동기화synchronize되었다. 그로부터 닷새간 카메라맨은 추격전을 벌이는 개처럼 그 일대를 뛰어다녔다. 밤낮으로 촬영하느라 잠은 거의 자지 못했지만 그렇게 그는 아리바다의 장관을 카메라에 담는 데 성공했다. 영상은 본국에 넘어갔고 그들이 분량을 검토하는 동안 우리는 부화 중인 둥지에 집중할 수 있었다.

촬영팀 전체가 오스티오날로 복귀한 것은 알들이 부화장에 온 지 14일째 되던 날이었다. 이번엔 둥지에서 알이 부화하는 과정을 촬영하는 게 목표였다. 그간 둥지의 온도를 지속적으로 관찰한 바에 따르면 부화기에는 온도가 계속 상승 곡선을 그린다. 건기가 시작되어 외부 온도가 오른 것과 더불어, 발달 중인 바다거북의 신진대사가 증가하면서 열을 발산하기 때문이다. 그러므로 지금 관찰되는 온도 상승 또한 알 안에서 무언가 일어나는 중이라는 긍정적인 신호로 해석된다. 아직까지 강화 유리창을 통해서는 아무런 움직임도 포착되지 않았다. 둥그런 모래 요람에 앉은 알들은 고요하다. 하지만 우리에겐 새끼 바다거북이 내는 소리를 연구해 온 음향 전문가가 있다. 그가 강화 유리에 난 작은 구멍으로 조심스레 전 방향 마이크를 밀어 넣어 태아의 소리에 귀를 기울인다.

보통은 거북은 소리를 내지 않으므로 제대로 듣지도 못하리라고 짐작한다. 그러나 학계에 알려진 바에 따르면 거북들은 100~1,000헤르츠 사이의 주파수를 감지한다. 인간의 말소리는 80~12,000헤르츠 사이로, 저음을 기준으로 할 때 남성의 평균적인 목소리는 125헤르츠, 여성은 220헤르츠가량이다. 거북들이 사람의 목소리를 들을 수 있고 특히 저음은 꽤 잘 듣는다는 뜻이다. 단, 그들의 청력은 물의 밀도에 최적화되어 있기 때문에 육지에서는 기능이 약할 것으로 추측된다.

지난 몇 년 동안 수중 거북들, 즉 민물 거북과 바다거북의 집단행동에 대한 다양한 연구가 이뤄져 왔다. 특히 많은 학자들이 오랫동안 풀지 못해 수수께끼로 남아 있던 부화 과정에 대한 연구가 봇물 터지듯 쏟아졌다. 알 속에서 발달을 마친 새끼들은 어떤 식으로든 서로 부화할 시기를 조정한다. 비슷한 시점에 알을 깨고 나온 무리들은 떼를 지어 해변에서 물로 들어간다. 관련된 모든 유기체가 득을 보는 이러한 상호 반응을 '원시 협동'이라고 부른다. 상생과도 유사한 이 원시적 집단행동은 특히 바다거북에게서 두드러지게 나타난다. 바다거북 새끼가 홀로 난실에서 빠져나오려면 엄청난 에너지를 소진해야 한다. 하지만 다른 지느러미들과 힘을 모으면 모두가 한결 수월하게 둥지 위로 올라올 수 있다. 바다거북에게 협동은 생존하기에 유리한 행동 방식이다. 다른 한편으로는 개별 개체들은 무리를 지음으로써 보호받는다. 천적들이 삼킬 수 있는 새끼의 수가 한정적이므로 무리를 지어 바다로 기어간다면 몇 마리가 잡아먹히는 동안 나머지는 입수에 성공할 수 있다.

생물학자라고 해서 이런 협동이 어떤 방식으로 진행되며 개별 개체가 서로 어떻게 연동되는지를 모두 알진 못한다. 다만, 2012년 아마존에 서식하는 민물 거북의 일종인 아라우거북의 집단 부화에 관한 연구를 근거로 아마도 거북들이 소리를 통해 부화 시점을 엇비슷하게 맞춘다고 추정할 수 있다. 언젠가 아라우거북 연구자가 바다거북 심포지엄에 방문해 거북들이 부화할 때 내는 소리를 들려준 적이 있다. 당시 청중석에 앉아 있던 나는 스피커에서 흘러나온 소리에 귀를 의심하지 않을 수 없었다. 알들은 재잘대고 딸꾹거리고 쿵쾅댔으며 고양이처럼 울고 닭처럼 꼬꼬댁거렸다. 거북은 침묵하는 것이 아니었다. 거북은 수다쟁이였다! 이제는 바다거북 연구자들이 소리를 수집하고 공개해야 할 차례이다.

그 임무를 위해 나의 동료 린지 매케나 잭슨 Lindsay McKenna Jackson이 바다거북 둥지에 마이크를 대고 있다. 처음엔 하루 종일 아무것도 들리지 않았다. 그러다 어느 순간 재잘대는 소리가 크고 또렷하게 들려왔다. 나는 그때 난생처음으로 바다거북이 내는 소리를 들었다. 그래서 흥분한 와중에도 숨을 멈추고 귀를 기울였다. 실제로 그 소리를 들은 지 며칠이 지나지 않아 첫 새끼가 부화했다.

강화 유리창을 통해 우리는 부화 과정을 밀접하게 경험할 수 있었다. 나는 눈앞에 펼쳐진 광경에 완전히 매료되었다. 처음엔 알이 움직이는가 싶더니 작고 뾰족한 삼각형이 불쑥 솟아나온다. 껍질에서 머리가 빠져나올 수 있도록 구멍을 내는 알 이빨, 즉 난치다. 이후 몇 시간에 걸쳐 앙증맞은 머리가 점점 더 많이 모습을 드러내더니 차츰 몸통까지 밖으로 나온다. 새끼는 느리지만 확실하게 몸부림을 치며 알에서 빠져나오기 시작했다. 이미 앞지느러미의 관절 힘으로 구멍을 넓히고선 구멍 밖으로 지느러미 4개를 모두 빼낸 새끼들도 있다. 그다음에는 몸통이 1밀리미터씩 천천히 빠져나온다. 안간힘을 쓰던 새끼들은 틈틈이 휴식을 취한다. 그리고 마침내 알에서 전신을 꺼내는 데 성공한 녀석들은 탈진한 듯 껍질 위에 너부러져 한참을 쉰다.

이후 몇 시간 동안 새끼들은 난황낭에 남은 난황을 배꼽으로 흡수하고 배면의 구멍을 건조시켜서 닫는다. 난황낭은 부화 직후 며칠 혹은 몇 주간 새끼에게 필요한 에너지를 공급하는 영양원이다. 새끼들이 둥지에서 바다까지 기어가고 망망대해에서 거친 파도를 견디게 하는 힘이 모두 그 안에 있다.

그러므로 새끼 거북들을 며칠씩 상자 혹은 수조에 잡아 두었다가 관광객에게 1달러를 받고 놓아주게 하는 일부 아시아 관광지의 상술은 바다거북이 생존하는 데 역효과만 낼 뿐이다. 수조에서 방사를 기다리는 동안 새끼들은 소중한 에너지를 미리 소모하고 집단의 보호도 받을 수 없다. 보호라는 미명에 속아 절대 이런 관광 상품에 주머니를 열어선 안 되는 이유다. 이러한 상술은 밤이나 비 오는 날을 기다렸다가 둥지에서 부화한 새끼 전체를 방사하는 보호 단체의 노력과는 전혀 성격이 다르다.

알을 깨고 나왔다고 부화가 끝난 것은 아니다. 지표면으로 올라가는 일이 남았다. 종과 둥지의 깊이에 따라 다르긴 하지만 새끼 거북은 대략 사흘에서 닷새 정도에 걸쳐 땅 위로 올라간다. 사람들은 새끼들이 모래 산을 등산하듯 힘겹게 올라가리라 짐작하지만 둥지의 구조와 알의 부피 차이를 활용한 실제 과정은 그리 고되지 않다. 새끼가 알을 깨고 나오는 과정에서 알 속에 들어 있던 액체는 모두 바닥으로 스며든다. 파닥거리는 작은 지느러미 수백 개가 빈 알 껍질을 바닥에 납작하게 눌러 버린다. 그렇게 난실을 채웠던 알의 부피가 종전의 3분의 2로 줄어들면 둥지 위를 덮고 있던 모래가 서서히 무너져 내린다. 새끼들은 지느러미로 모래를 쓸어내려 배면 아래로 밀어 넣는다. 새끼 거북들은 마치 엘리베이터를 탄 것처럼 모래 둔덕을 타고 조금씩 지표면으로 올라온다.

당연히 그들은 자신들이 밤과 낮 중 언제 지표에 도달할지 예측하지 못한다. 새끼들이 이글거리는 한낮의 해변을 걸어가지 않도록 막는 것은 지혜로운 자연의 섭리다. 주변 기온이 너무 높으면 새끼 거북은 온몸이 마비된다. 그렇게 지표 아래에서 잠시 기절했던 새끼들은 밤이 되거나 소나기로 더위가 식으면 다시 깨어나 둥지를 기어오른다. 그래서 소나기가 한차례 지나간 다음에는 한 번에 수백 혹은 수천 마리의 새끼들이 동시에 땅위로 나타나 바다를 향해 기어가는 장관이 펼쳐진다.

우리가 관찰 중인 둥지의 새끼들은 아직 난황을 흡수하느라 여념이 없다. 그런데 그 광경을 관찰하는 동안 모래가 무너지기 시작했다. 모래더미는 점차 강화 유리창을 가렸고 결국 시야를 완전히 막았다. 이제는 새끼들이 땅위로 올라오길 기다리는 수밖에 없다. 하지만 낮 동안은 아무 일도 일어나지 않을 것이다. 둥지 안의 온도가 점차 올라가 극한에 다다른 것이 온도계로 확인되었기 때문이다. 초조해진 촬영팀이 걱정을 늘어놓기 시작했다. 나와 내 동료들은 이정도 기온 상승은 정상이라고 설명하면서 진정시키려고 애썼지만 끝내 그들은 이성을 잃고 둥지 하나를 열었다. 당연히 모든 게 정상이었다. 새끼들은 지표에 도달하기 직전이었고 걱정과 달리 모두들 활달해 보였다. 새끼들이 무사하다는 걸 확인한 촬영팀은 그제야 잠자코 앉아 나머지 둥지가 열리기를 기다렸다.

  인간은 동물의 부화에 개입해선 안 된다. 불필요하게 둥지에 손을 대서도 안 된다. 둥지 바닥에서 지표에 다다르려 애쓰는 과정에서 새끼들은 근육을 쓰고 접혔던 폐를 완전히 펼친다. 마치 우리가 태어났을 때 악을 쓰고 우는 것과 같은 효과다. 그때 너무 많은 도움을 주는 것은 생존에 오히려 역효과를 미친다. 둥지에서 겪어야 할 것들을 겪어야 더 위험한 바깥세상을 견뎌 낼 수 있다. 그러므로 둥지에서 나온 새끼 거북들을 도울 수 있는 최선의 방법은 둥지 앞을 정리하고, 바다까지 가는 길에 놓인 장애물을 치우고, 구덩이나 게가 뚫어 놓은 구멍을 막고, 새들이 달려들지 못하게 쫓아내는 것이다. 접촉은 불가피할 때만, 장갑 낀 손으로 매우 조심스럽게 해야 한다. 그러지 않으면 우리 피부에 묻은 박테리아나 다양한 화학 물질(로션, 선크림, 모기 기피제, 담배의 니코틴 등)이 새끼들을 해칠 수 있다.

  또한 새끼들은 부화 후 자력으로 입수하는 과정에서 해변의 특성을 기억에 각인한다. 성체가 되어 같은 곳으로 돌아와 산란하기 위해서다. 각인이 어떻게 이뤄지는지에 관해서는 정확히 알려진 바가 없지만 물에 들어가기까지 길에서 한 경험이 주효하게 작용하리라 짐작할 뿐이다. 그래서 우리는 새끼 거북들에게 방향을 알려 주는 기준점들이 그대로 유지되어 새끼가 성체가 된 후 길을 되짚어 올 수 있기를, 망망대해에서 길을 잃고 떠돌아다니지 않기를 바란다.

텍사스 바다거북 보호 활동인 '켐프 리들리의 헤드스타트 프로젝트Kemp Ridley's Headstart Project'에도 이런 측면이 반영되었다. 1978년부터 이 프로젝트는 종 보호를 위해 켐프바다거북의 모든 알을 인공 부화장에서 부화시켰다. 그리고 태어난 새끼들의 원만한 출발을 돕고 생존 확률을 높이기 위해 천적들이 한 입에 꿀꺽할 수 없는 크기가 될 때까지 새끼들을 수조에서 키운 다음 멕시코만에 방사했다. 하지만 초기에는 새끼들에게 해변을 각인할 만한 단서를 하나도 남기지 못한 것이 문제로 지적되었다. 전문가들은 곧장 절차를 수정해 갓 태어난 새끼들이 해변을 거쳐서 물에 들어가길 기다렸다가 자원봉사자들이 뜰채로 잡아 수조로 옮기는 방식으로 바꾸었다. 암컷은 물론 수컷에게도 짝짓기와 산란을 할 지리적 목표점을 각인할 기회를 보장한 것이다.

우리 부화장의 새끼들도 혼자서는 바다로 직행할 수 없다. 모든 둥지의 마지막 새끼가 부화를 마치면 우리는 해변이 끝나고 숲이 시작되는 지점의 적당한 장소를 골라 방사할 것이다. 새끼들이 무리를 지어 바다로 달려가는 동안, 새나 게에게 잡아먹히지 않도록 우리가 그 곁을 지킬 것이다. 이제 모래의 요람에서 두 달을 보낸 우리의 작은 바다거북들은 부모의 도움 없이, 대신 형제자매들을 의지하며 물가에 도착했다. 이제 바다에서 그들의 위대한 여정이 시작된다.

# 매부리바다거북

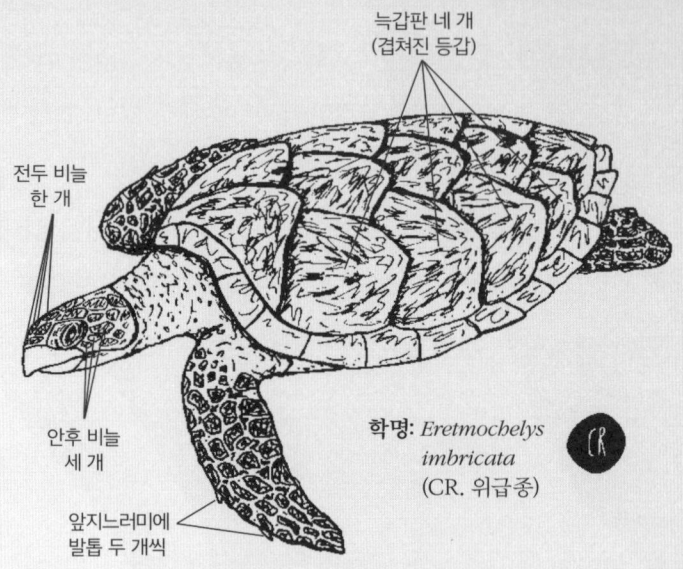

**학명:** *Eretmochelys imbricata* (CR. 위급종)

- 위험도 등급(IUCN): 위급
- 등갑 길이: 75~90cm
- 무게: 45~70kg
- 주식: 부드러운 무척추동물과 바다해파리
- 생식 연령: 20~25세
- 이주 간격: 2~3년
- 산란 간격: 14일
- 산란기별 산란 횟수: 3~4회
- 산란별 알의 개수: 150개
- 부화 기간: 55~65일
- 특이 사항: 등갑의 얼룩무늬가 아름다워 '대모갑'으로 불린다. 주둥이가 매부리를 닮아 '매부리' 바다거북이라는 이름이 붙었다.

## 어린이들이 자라는 곳

나는 해변을 따라 나란히 놓인 나무 데크 위를 씩씩하게 걷고 있다. 내 곁에서 이른 아침 햇살 아래 반짝이는 바다는 그 유명한 홍해다. 걷는 내내 사람은 단 한 명도 마주치지 않았다. 평소엔 항상 붐비는 다이버 선착장도 아직은 잠잠하다. 다이버들을 위해 산소통을 수레에 실어 나르는 불쌍한 당나귀만이 잠에서 깨어 여물을 기다리고 있다. 드디어 물가에 다다랐다. 나는 데크 가장자리에 앉아 거울처럼 선명한 수면을 바라보며 깊게 숨을 들이마신다. 이제 막 수평선 위로 떠오른 해가 데크를 따뜻하게 데운다. 나는 오리발을 끼고 머리카락을 쓸어서 정리한 다음 다이빙 마스크를 쓴다. 정보 수집용 장비들이 들어 있는 네트 망은 납이 달린 벨트에 고정한다. 그리고 서서히 데크에서 미끄러져 물속으로 들어간다. 기분 좋게 데워진 물이 피부에 닿자 이른 아침의 피로마저 사르르 녹아 버린다. 한 번 더 다이빙 마스크와 스노클이 잘 씌워졌는지를 확인한 다음, 조용하지만 힘차게 발장구를 치며 모래톱을 따라 헤엄친다.

  이른 아침 햇살은 수면을 통과해 바다 바닥과 산호초에 찰랑거리고 반짝이는 선들을 남긴다. 천 마리는 됨직한 물고기들이 나를 에워싼다. 가재들은 더듬이를 잔뜩 세우고 돌 틈을 조심스레 오간다. 화려한 크리스마스트리 벌레는 구멍 밖으로 몸을 연신 뻗었다 웅크리고 불가사리들은 모래 바닥에서 밀리미터 단위로 느긋하게 움직인다.

  모래톱의 하루는 동이 트기 전부터 시작된다. 모두 저마다의 일과를 준비하느라 분주하다. 청줄청소놀래기는 지느러미를 총동원해 손님 시중을 드느라 바쁘다. 덩치 큰 물고기들이 아직은 모래톱 주변을 서성이며 서비스를 받지만 이내 먹이를 찾으러 심해로 사라질 것을 알기 때문이다. 나는 스노클을 통해 깊은 숨을 들이마신 뒤 환상의 세계가 펼쳐지는 심해로 깊이 들어간다. 산호초 주위를 활기차게 오가는 알록달록한 작은 물고기들이 내 시선을 잡아끈다. 보이지 않는 해류를 따라 이리저리 몸을 흔들며 움직이는 모습이 마치 산호초 바로 위에서 제자리 춤을 추는 것처럼 보인다. 나는 잠시 수면 위로 떠올라 숨을 들이마시고선 다시 물속으로 들어간다.

  현재 나는 대학생이고 생애 첫 현장 연구를 위해 이집트에 와 있다. 이곳에서 나의 아침은 항상 이렇게 시작된다. 멀리 떨어지지 않은 흰 돌에 검은색으로 숫자 8이 적힌 청소 구역에 도착한다. 허리춤에 단 네트 망에서 방수 기록지와 볼펜, 줄자를 꺼낸 뒤 줄자는 청소 구역에 옆에 조심스레 내려놓는다. 그러고선 곧장 관찰 구역으로 간다. 이제 막 청줄청소놀래기 두 마리가 세신 손님을 받은 참이다. 나는 손님 물고기들의 크기와 한 마리를 세신하는 데에 걸린 시간을 기록지에 적는다. 이 정보는 내가 연구를 위해 수집한 다른 구역의 정보들에 추가되어 혼자 일하는 청줄청소놀래기의 작업 특성과 비교될 것이다. 매일 두 차례, 나는 물고기들이 가장 활발하게 움직이는 일출 직후와 일몰 직전에 이 모래톱 인근에 흩어진 20개의 지점을 돌면서 청줄청소놀래기의 움직임을 관찰하고 기록한다.

발랄하게 움직이는 한 쌍의 청소부를 집중해서 들여다보는 동안 언뜻 시야 바깥에서 움직임이 느껴진다. 몸을 돌리니 내 바로 옆에 불쑥 솟은 커다란 산호초 사이에서 바다거북 한 마리가 헤엄을 치고 있다. 녀석은 뾰족한 부리로 산호초를 헤집으며 먹이를 찾는 중이다. 내가 조심스레 다가가도 바다거북은 아랑곳도 하지 않은 채 산호초만 들쑤시더니 마침내 벌레 한 마리를 발견하고 노련하게 잡아챈 다음 만족스레 먹어치운다. 순간 나는 믿을 수 없을 만큼 행복하다고 느꼈다. 야생에서 바다거북을 본 것은 처음이다. 이제껏 책과 텔레비전, 혹은 뒤셀도르프의 아쿠아리움을 통해서만 보았다. 나는 녀석의 움직임 하나하나를 홀린 듯이 기억으로 빨아들였다.

육지 거북이나 민물 거북과 마찬가지로 녀석에게도 등갑이 있다. 차이가 있다면 이 녀석의 등갑은 좀 더 납작하고 가장자리에 톱니가 나 있다는 점이다. 녀석에겐 발 대신 지느러미가 네 개 있고 등갑 아래로는 꼬리가 불쑥 솟았다. 머리는 생각보다 작고 갸름하다. 입은 매의 부리처럼 생겼다. 귓바퀴는 잘 보이지 않는다. 대신 약간 튀어나온 두 눈이 먹이를 찾아 부단히 번득인다. 두 눈 사이엔 콧구멍이 있다. 등갑을 포함한 온몸은 비늘로 덮여 있다. 이런 형태론적 특색은 파충류의 특징에 해당한다. 도마뱀과 뱀, 악어와 함께 바다거북도 파충류에 속한다. 비늘이 난 등갑을 라틴어로 스쿠타scuta, 복수로 스쿠툼scutum이라고 부르는데 로마군의 제식 방패 명칭에서 유래했다. 독일어에서 거북을 일컫는 '실트크로테Schildkröte'란 단어에도 '방패Schild'가 들어간다.

피부의 비늘은 우리의 손톱이나 머리카락과 비슷한 케라틴이 주성분이다. 하지만 인간의 알파 케라틴에 비해 새의 부리나 파충류의 비늘을 구성하는 베타 케라틴은 더 단단하고 견고하다. '내' 바다거북의 앞지느러미 끄트머리에는 발톱이 두 개씩, 뒷지느러미에는 한 개씩 보인다. 이는 서로 다른 종을 판별하는 단서가 되는 중요한 특징이다. 지금 내 눈앞에서 식사 중인 녀석은 어린 매부리바다거북이다. 지금까지는 몰랐지만 발톱을 보고 나니 분명히 알겠다.

녀석을 살피면서 나이를 가늠해 본다. 바다거북의 나이는 외양에서 거의 드러나지 않기 때문에 측정이 쉽지 않다. 등갑의 비늘에는 나이테가 보이지 않는다. 개나 말에게 하듯 입을 벌려서 이빨의 마모 상태로 나이를 추정할 수도 없다. 바다거북에겐 이빨이 없기 때문이다. 이빨 대신 비늘로 뒤덮인 턱이 주둥이 역할을 한다. 바다거북의 나이를 대략적으로나마 추정할 수 있는 유일한 방법으로 알려진 것은 '뼈나이결정법skeletochronology'이다. 어깨에서 팔꿈치로 이어지는 상완골humerus을 자세히 들여다보면 나무 밑동처럼 관절에서 나이테를 찾을 수 있다. 하지만 바다거북이 죽었을 때만 관찰이 가능하므로 살아 있는 개체의 나이를 계산하는 데 적절한 방식은 아니다.

대신 학자들은 등갑의 길이로 크기 등급을 분류한다. 이 방식으로 우리는 적어도 거북의 발달 단계 정도는 추정할 수 있게 되었다. 지금 내 앞에 보이는 거북이 이제 막 부화된 녀석인지 어린이인지, 혹은 청소년이거나 청년인지, 아니면 성체인지를 등갑 길이로 알 수 있다. 아주 정확하다고 할 수는 없으나 제법 도움이 된다. 나의 바다거북은 등갑 길이가 50센티미터 정도 된다. 이만큼 코앞에 있으면 제법 커 보이지만 성체는 등갑이 80센티미터까지 자란다. 아마도 이 녀석은 청소년이나 성체가 되기 직전의 청년 매부리바다거북인 것 같으니 내가 비교적 어린 바다거북들이 모인 구역에 와 있는지도 모르겠다.

나는 녀석이 네 지느러미를 정확하게 움직여서 등갑을 짊어진 몸을 오른쪽, 왼쪽 혹은 앞뒤로 조종하는 모습에 감탄을 거듭했다. 큰 덩치에도 불구하고 물살을 헤치는 몸놀림이 우아하기 그지없다. 이리저리 움직이다가도 흥미로운 무언가를 발견하면 제자리에 멈춰서 마치 칼과 핀셋을 노련하게 돌려쓰는 기술자처럼 주둥이를 놀린다. 그렇게 한 번에 하나씩 벌레를 잡아먹는다.

바다거북은 육지에서 태어나지만 출생 이후 생의 대부분을 바다에서 보낸다. 그중에서도 먹이가 풍부한 대양에 잘 적응돼 있다. 비늘로 뒤덮인 그들의 등갑은 유선형이며 뼈 구조는 부분적으로 축소되었다. 육중한 뼈판을 지닌 다른 거북 종과 달리, 바다거북은 기본 골격이 가벼워 헤엄치기에 유리하다. 손가락과 발가락 관절은 점점 길어지고 외피가 뼈비늘로 덮여서 결국 물살을 헤집기에 좋은 큼지막한 지느러미가 되었다. 뒷지느러미보다 길게 발달한 앞지느러미 한 쌍은 거대한 가슴 근육과 함께 바다거북의 주된 동력원이다. 양쪽 지느러미를 동시에 앞뒤로 흔드는 녀석들의 힘찬 영법은 마치 새들의 비행을 연상케 한다.

대부분의 해양 생물에게 염도가 높은 생활 환경은 극복해야 할 도전 과제다. 삼투압 현상에 의해 끊임없이 체내 수분이 밖으로 빠져나가기 때문이다. 파충류의 전형적인 특성인 비늘 덕분에 바다거북의 피부를 통해 빠져나가는 물의 양은 줄어들었지만 그럼에도 체내 수분은 꾸준히 보충되어야 한다. 그래서 바다거북은 머릿속 뇌 바로 옆에 신장과 유사한 기능의 분비샘 두 개를 갖고 있다. 분비샘에선 몸에 들어온 과다한 염분을 걸러서 끈끈한 형태의 눈물로 만든 다음 염류샘salt gland을 통해 배출한다. 수중에선 이 과정이 거의 보이지 않지만 육지에선 바다거북이 마치 눈물을 흘리는 것처럼 보인다. 사람들은 바다거북의 눈물과 산란을 연결해 여러 이야기들을 만들어 냈다.

놀랍게도 고래나 돌고래와 마찬가지로 바다거북에게도 폐가 있으며, 그래서 주기적으로 수면 위로 올라와 호흡해야 한다는 사실을 대개 잘 모른다. 수면 위로 올라오지 못하면 녀석들은 익사 혹은 질식사할 수도 있다. 우리 인간이 무의식적으로 호흡하는 반면, 바다거북은 의식적으로 호흡을 조절한다. 즉, 언제 숨을 쉬러 물 위로 올라갈지를 녀석들이 정한다는 뜻이다. 한참 먹이를 찾는 중이라 방해받고 싶지 않을 때는 호흡을 잠시 미룰 수도 있으므로 매우 실용적이다. 눈앞의 바다거북은 바로 지금이 그때라고 여긴 듯, 물 위로 고개를 쭉 빼 들었다. 녀석은 콧구멍으로 묵은 숨을 불어 낸 다음 재빨리 숨을 한 번 들이마시고선 고개를 다시 물 안으로 집어넣는다. 곧이어 먹이 사냥이 재개된다. 이 영역을 샅샅이 뒤져서 더 이상 남은 먹이가 없다는 걸 확인한 녀석은 유유히 지느러미를 움직여 모래톱 너머 더 깊은 바다로 헤엄쳐 간다. 나는 마법에라도 걸린 양 우두커니 서서 눈 깜짝할 새 사라지는 녀석의 뒷모습을 바라봤다. 녀석이 사라진 뒤에야 무의식적으로 숨을 너무 참았다는 걸 깨닫는다. 이 만남을 기억에 새기면서 몇 번이고 숨을 크게 들이마셨다.

청소 구역으로 돌아가는 마음에 미련이 남아, 오전 내내 흥분이 가시지 않았다. 함께 연구 실습 중인 학생들에게 말하고 싶어서 아침 식사 시간까지 기다리기 힘들었다. 학부 학생으로는 드물게 나는 열대 수중 생태학 실습 과정에 참여하는 기회를 얻어 이집트에서 작지만 나만의 연구 프로젝트를 수행 중이다. 그렇다 보니 함께 여행 온 대부분의 다른 학생들은 본격적인 전공 과정에 들어간 석사 학생들이다. 그래서 내 눈엔 나보다 훨씬 똑똑하고 노련해 보인다. 이전까지 나는 독자적으로 정보를 수집해 본 적도, 나만의 연구 프로젝트를 수행해 본 적도 없었다. 그래서 시작할 땐 부담이 적지 않았다. 하지만 어느새 완벽하게 적응했고, 지금은 온전히 행복하다. 몇 시간씩 물속에서 지정된 구역을 돌아보고 청소줄놀래기가 작업하는 모습을 지켜보는 게 너무 좋다. 이집트로의 연구 여행은 어린 시절 내가 항상 꿈꿔 왔던 바로 그것, 아니 그 이상이다.

나는 광산과 화학 공장으로 대표되는 루르 공업 지대의 작은 도시에서 자랐다. 그래서 부모님이 나와 두 여동생들을 데리고 떠나는 휴가를 낙으로 어린 시절을 보냈다. 대부분은 독일 내에서 움직였으므로 카리브해보다는 북해가 목적지일 때가 많았지만 적어도 삭막한 회색 공장에서는 벗어날 수 있었다.

내가 생각이라는 것을 하게 된 후부터 내 소원은 오직 두 가지였다. 해양 연구자가 되는 것과 먼 나라로 이주하는 것. 나는 장래 희망에 대한 질문을 받을 때면 한 치의 망설임도 없이 그렇게 말했다. 당연히 대부분의 어른들이 내 말을 비웃었다. 그들은 삶에는 현실적인 문제들이 끼어들기 마련이라 그런 꿈은 실현되기 어렵다는 사실을 내게 알려 주지 못해 안달했다. 비록 나는 그들이 하는 말을 정확하게 이해하지는 못했지만 그들이 내 꿈에 반대한다는 것만은 확실히 전해졌다. 덕분에 나는 엄청나게 분노했고 반항적으로 굴었다.

분명 나는 평범한 아이가 아니었다. 건방지면서도 수줍어하는 특이한 조합의 성격을 가진 데다가 만사와 만인에 대해 나만의 의견이 있었다. 이런 나를 두고 초등학교 담임 선생님은 '구멍이 숭숭 뚫린 숟가락으로 지혜를 떠먹었다'고 평가했다. 내 의견에 제대로 된 근거가 없다는 뜻으로 나를 깎아내리는 말이었다. 그러나 혹평과 달리, 나는 책을 많이 읽어서 아는 게 많았다. 끊임없는 질문과 코멘트로 교육 담당자들을 미치기 직전까지 몰고 가곤 했지만 아마도 내 덕분에 그들은 자기 지식의 한계점을 돌아보게 되지 않았을까.

나는 책과 그를 통해 경험할 수 있었던 모험의 세계에 매료되었다. 그중 몇몇은 기억에 깊이 남았다. 예컨대 아버지 책장에서 몰래 훔쳐 온 오스트리아 해양 생물학자 한스 하스Hans Haas의 《닿지 못한 깊이In unberührte Tiefen》와 《상어Der Hai》를 감명 깊게 읽었고, 청소년 도서관 재고 판매전에서 50페니히를 주고 사 온 영국 동물행동학자 제인 구달Jane Goodall의 《인간의 그늘에서In The Shadow of Man》도 인상적이었다. 이러한 자전적 이야기들은 내게 다른 세계로 통하는 문을 열어 주었다. 작가들은 종종 자신이 직접 경험한 바를 토대로 이야기를 풀어 나갔기에 그들처럼 흥미진진한 삶이, 여행과 모험과 동물들로 가득한 인생이 실재한다는 것을 깨달을 수 있었다.

그 무렵 나는 벌써 아프리카의 원시림을 배회하고 산호초 바다에서 잠수하는 나를 마음속에 그리고 있었다. 당연히 그때는 여자 혼자 먼 곳으로 떠난다는 것의 의미나 그를 위한 자금을 조달하는 문제 따위를 고민하진 않았다. 아버지는 나를 응원하면서도 학자가 되기엔 내가 좀 산만한 것 같다는 의견을 냈다. 10초도 가만히 있지 못하는 내가 동물 한 마리를 몇 시간씩 잠자코 지켜봐야 하는 일을 어떻게 해내겠느냐고도 하셨다. 아마도 아버지는 내가 몇 시간씩 가만히 앉아 책을 읽기도 한다는 사실은 잊어버린 것 같았다.

몇 년 후 나는 내 장래 희망에 이름이 있고, 그 이름은 '해양 생물학자'이며, 대학에 간 다음 기회를 얻으면 희망과 꿈을 이룰 수 있다는 사실을 알게 되었다. 그때부터 나는 그 목표를 위해 할 수 있는 모든 것을 했다. 같은 반 친구들이 엔 싱크나 백스트리트 보이즈의 포스터를 모으고 잡지 기사를 오릴 때, 나는 학교 도서관은 물론 지역 청소년 도서관과 시립 도서관을 종횡무진하며 돌고래와 고래에 대한 모든 책과 잡지를 섭렵했다. 당시 내 마음은 온통 고래에 꽂혀 있었다. 기사와 책의 내용들을 복사해 모은 스크랩북을 몇 권이나 만들었다. 텔레비전에서 방영한 고래와 돌고래에 대한 다큐멘터리는 하나도 빠짐없이 가정용 비디오테이프에 녹화해 소장했다. 그랬기에 졸업을 위한 필수 과정인 학교 실습을 뮌스터의 돌고래 수족관에서 하겠다는 내 결정에 아무도 놀라지 않았다. 그러나 안타깝게도 학교가 허락하지 않아 실습은 성사되지 못했고, 나는 하는 수 없이 여름 방학에 자원봉사자 실습생으로 수족관에 들어갔다. 가을 방학과 겨울 방학에도, 이듬해 여름 방학에도 실습을 자원했다. 그렇게 나는 장기 실습생이 되었다.

실습을 시작하던 해에 나는 수족관 실습생 중 최연소자였지만 아무도 그 사실을 알아채지 못했다. 나는 다른 모두와 다름없이 열심히 일했고 똑같은 의무와 특권을 누렸다. 지금은 돌고래를 수족관에 가둬 두는 것을 반대하게 되었지만, 13살 당시에는 이 매력적인 동물을 코앞에서 대면한 것만으로도 엄청난 흥분을 느꼈고 장래를 위한 동기 부여가 되었다.

바다사자와 돌고래를 그 특성에 맞게 돌보는 일에는 학계와의 활발한 정보 교환이 필수였다. 남미의 수중 포유류를 보호하는 단체도 수족관과 긴밀하게 연결돼 있었다. 그래서 돌고래 수족관에는 학사 혹은 박사 논문을 위해 연구 중인 뮌스터 대학교의 동물생리학과 행동생태학 학생들이 무리를 이루어 상주했다. 그뿐만 아니라 돌고래 생태학자 두 명이 뮌스터와 뉘른베르크에 설립한 자연 보호 단체 '야큐 파차 Yaqu Pacha' 소속 실습생들도 있었다.

나는 궁금한 게 생기면 그들을 붙들고 끈질기게 질문했고, 얻어낸 답을 스펀지처럼 흡수했다. 그곳에서 나를 성가시게 여긴 사람은 아무도 없었다. 바다사자는 몇 살까지 살 수 있어요? 음파 탐지는 정확하게 어떻게 작동하죠? 종이 다른 돌고래 둘이서 서로 소통할 수 있나요? 질문의 물줄기는 끊어지는 법이 없었고 내 싱싱한 뇌는 새로운 지식들로 가득 채워졌다. 독일에서 가장 행복했던 시절이었다.

이후 몇 년간 나는 대학 공부에 도움이 되리라 짐작되는 방향으로 여러 가지 결정을 내렸다. 제2외국어로 라틴어를 선택했고 고등학교 1년을 미국에서 보내는 교환 학생을 신청했다. 학계 공식 언어가 영어였으므로 영어 실력을 늘리고 싶었다. 하지만 이제 와 고백컨대, 영어가 필요하다는 생각만 했지 특별히 의욕이 넘치진 않았던 탓에 수업 시간 중엔 친구를 한 명도 사귀지 못했다. 매일 아침 마지못해 학교로 가서 수업 시간 대부분을 몽상으로 보냈다. 하교 직후 던져 놓은 책가방은 다음 날 아침 등교해서야 다시 열었다. 숙제는 하다 말다 하다가 마침내 아예 안 하는 지경에 이르렀고 하위권 성적을 만족스레 받아들였다.

그런 내 모습에 부모님과 선생님은 분통을 터뜨렸다. 그저 방만하다는 꾸중을 넘어 '쓰레기 같은 게으름뱅이'라는 욕설까지 들었다. 하지만 나는 결코 게을렀던 게 아니다! 그저 학교에서 제공하는 과정들이 내 흥미에 맞지 않았을 뿐이다. 그럼에도 불구하고 나는 고등학교 졸업 무렵에는 평균 정도의 성적을 받았고, 내가 희망한 대학의 생물학과에 들어가는 데는 그 정도로 충분했다.

학창 시절 내내 나는 내 방에서 미래의 내 모습을 꿈꿨다. 하늘은 항상 어둡고 동물이나 나무를 찾기도 어려운 루르 공업 지대에서 머나먼 어딘가를 꿈꾸는 것이 부질없게 느껴질 때도 많았다. 하지만 내겐 계획이 있었다. 그래서 고등학교를 졸업한 후 튀빙겐 대학 생물학과에 진학했다. 그곳에서 학사를 마친 후 함부르크 대학으로 학적을 옮겨 해양 생물학을 전공하겠다는 게 본래의 계획이었다.

부푼 꿈을 안고 진학한 대학의 학사 과정이 마무리 단계에 이를 때쯤 나는 이집트로 연구 여행을 오는 기회를 얻었다. 튀빙겐에서 보낸 대학 시절은 전혀 즐겁지 않았다. 전공에는 화학부터 미생물학, 식물학까지 방대한 분야가 포함돼 있었다. 예외적인 경우 몇 번을 제외하고선 재미가 하나도 없었다. 대부분이 무턱대고 외워야 하는 내용들이었다. 나는 생물학자가 되고자 한 결정에 심각한 회의를 느꼈다. 전공 과목 대부분에 흥미를 느끼지 못했으니 당연히 시험은 엉망이었고 학사 과정을 간신히 통과했다. 학업을 포기할까 고민할 정도로 유년 시절의 꿈은 물거품처럼 사라진 듯 보였다.

그때 기적적으로 하늘에서 동아줄이 내려왔다. 수강 중인 수업에서 이집트 연구 여행의 기회를 잡은 것이다. 여기서는 불필요한 지식을 머릿속에 욱여넣던 교실 수업과는 정반대의 상황이 펼쳐지고 있다. 나는 흥미로운 연구 주제를 두고 그간 배운 것들을 활용한다. 연구 프로젝트를 계획해서 수행하며, 편견 없이 정보를 수집하고 평가하는 법을 연습한다.

그리고 과분하게도 나는 그간 꿈꿔 왔던 무대 위에 서는 영광을 누리고 있다. 홍해라니. 열대의 바닷속에서 알록달록한 산호초 사이를 헤엄치는 동안 어린 시절 나의 영웅과 함께 수영하는 기분이 든다. 내 곁으로 다가온 한스 하스와 자크 쿠스토 Jacques Cousteau는 자기들의 세계를 보라며 손짓한다. 내가 그리던 세계는 가까스로 본래의 모습을 되찾았고, 나는 해양 생물학자가 되려는 꿈을 그대로 품기로 결심한다. 이집트에서 보낸 나날들은 그 자체로 꿈이었다. 그래서 나는 함부르크에서 공부를 계속해야겠다고 마음먹었다.

내 삶은 이제 막 시작인데 벌써 롤러코스터를 타는 기분이 든다. 때로는 완행 열차를 탄 듯 한 자리에 머물러 있는 것만 같은 기분이 들 때도 있었다. 그러다 어느 순간 열차는 숨 멎을 듯한 속도로 계곡과 협곡을 휘젓는 고속 철도로 바뀐다. 잠시 정상에 멈춘 듯싶었으나 다시 바닥으로 곤두박질친다. 지금의 나는 삶을 힘들지만 흥미진진하고 동시에 아름다운 것으로 받아들이려 한다.

바다거북도 살면서 힘겨운 여정을 견뎌 내야 한다. 알에서 조그마한 새끼로 부화하자마자 기어서 물가에 이르고, 큰 파도를 헤치며 망망대해로 헤엄쳐 나아가야 한다. 얼마 전까지만 해도 우리는 바다거북의 첫 1년에 대해 아는 바가 터무니없이 적었다. 말하자면 그 시간은 '잃어버린 시절'로 여겨졌다. 작은 몸집 때문에 새끼 바다거북들은 천적들의 먹잇감이 되기 쉽고, 그래서 부화한 후 몇 시간을 견디지 못하고 잡아먹히는 경우가 부지기수다. 나는 만새기 한 마리의 위장 안에 45마리는 넘는 새끼 바다거북이 들어 있는 것을 내 두 눈으로 본 적도 있다. 대략적인 통계에 따르면 부화된 천 마리 중 단 한 마리의 새끼만이 살아남는다고 한다. 우울한 확률이 아닐 수 없다.

그래서 학자들은 바다거북이 유년기를 보내는 공간에 대해 좀 더 많은 정보를 알아내고자 하는 원대한 목표를 갖고 있다. 그곳은 어디이며 새끼 바다거북들은 얼마나 오랫동안 그곳에서 지낼까? 이를 파악하는 건 쉬운 일이 아니다. 주거지 정보를 알기 위해서는 등갑에 위성 수신기를 달아야 하는데 새끼 바다거북의 체중은 10~40그램에 불과하다. 아침으로 먹는 빵 한 조각 정도 무게의 작은 등갑에 기계를 부착하는 작업은 무척이나 까다롭다. 간신히 부착에 성공한

다손 치더라도 거북의 급성장을 이기지 못하고 떨어지기 일쑤다. 그렇다고 초강력 접착제를 쓸 수는 없다. 접착제가 등갑의 정상적인 성장을 방해해 기형을 유발할 수도 있다.

케이트 맨스필드Kate Mansfield 박사는 이 모든 난관을 헤치며 연구를 지속해 왔다. 그녀는 조류 연구에 쓰이는 초소형 태양광 탐지기를 변용해 바다거북에 특화된 탐지기를 발명했다. 부착할 때는 1차로 네일숍에서 쓰는 아크릴 매니큐어로 고정하고, 2차로 네오프렌과 실리콘을 섞어 만든 접착제를 사용했다. 그렇게 부착된 탐지기는 급성장하는 어린 바다거북 등에서 제법 오랫동안 유지되면서도 성장 자체를 방해하지는 않았다. 이런 방식으로 수집된 정보를 분석해 보니 새끼들은 바다에 부유하는 갈색 해조류의 일종인 모자반을 은신처로 삼고 있었다. 모자반은 새끼들을 안전하게 숨겨 줄 뿐 아니라 망망대해의 차가운 바닷물을 막아 주는 차단벽 역할도 한다.

물론 바다거북이 거기서 은신하는 유일한 생물은 아니다. 몇 킬로미터씩 되는 해조류는 척박한 바다에서 생명이 움트는 소중한 터전이다. 작은 물고기와 게들은 해초를 양탄자 삼아 살아가며, 어리고 배고픈 바다거북에게 해초는 24시간 영업하는 뷔페와 다름없다. 그곳에서 바다거북들은 빨리, 그리고 비교적 안전하게 성장한다. 처음에는 몸집의 폭이 넓어지고 그다음으로는 길이가 길어진다. 폭이 먼저 넓어지는 것은 자연의 법칙이다. 천적들이 한 입에 꿀꺽 할 수 없도록 그들의 주둥이 크기보다 몸집이 커지기 위해 최대한 빨리 등갑의 폭부터 키우는 것이다. 이런 전략을 '형태적 방어'라고 부른다.

하지만 우리는 어린 바다거북들이 첫 1년 동안 실제로 얼마나 빨리 성장하는지, 그리고 깊은 바다에서 사는 기간이 얼마나 되는지에 관해서는 여전히 정확하게 알지 못한다. 종마다 그 기간에 대한 추정치가 다른데 짧게는 1년에서 길게는 10년 정도로 어림잡는다. 장수거북과 올리브바다거북의 경우는 청소년기는 물론 성년기까지 여생 전부를 심해에서 보낸다. 다른 종의 바다거북들은 접시 크기 정도가 되면 근해로 주거지를 옮긴다. 천적들이 한 입에 꿀꺽 삼키기 힘든 크기, 즉 '사이즈가 곧 피난처'인 상태에 도달하면 먹을 것이 많은 곳으로 이사한다.

새로운 먹이 환경에서 그들은 풍부한 영양소를 공급받아 성장에 박차를 가한다. 대부분의 종은 해마다 평균 3~5센티미터씩 자란다. 하지만 수중 영양분이 풍부한 근해로 이사한 초기에는 해마다 20센티미터까지 자랄 때도 있다. 몸집이 1센티미터씩 커질 때마다 생존 확률이 올라가므로 어린 바다거북들에게 성장은 가장 중요한 과제다. 연구에 따르면, 특별히 영양소가 풍부한 지역을 찾은 바다거북들은 그곳을 떠나지 않고 몇 년씩 머물 때가 많다고 한다.

해안 근처의 '유치원'은 바다거북의 산란지보다 온대 지역에 좀 더 가까운 곳일 때가 많다. 거기서 새끼들은 풍부한 영양소를 공급받는다. 하지만 전혀 다른 측면에서 문제에 부딪힐 때도 있다. 냉혈의 바다거북은 학계의 분류에 따르면 변온 동물이다. 이 말은 즉, 그들의 체온이 신진대사를 통해 일정하게 유지되는 게 아니라 외부 기온에 따라 변한다는 뜻이다. 그래서 바다거북들은 수온이 20도가 넘는 열대 혹은 아열대 기후를 거처로 삼는다. 기온이 10도 이하로 떨어지면 체온을 유지하는 데 어려움을 겪으며, 기온이 급강하할 경우에는 돌연 기절해 심하면 동사에 이른다. 갑자기 한파가 들이닥치면 사지가 마비되어 헤엄을 치지 못하고 무기력하게 수면에 둥둥 떠 있을 수밖에 없다.

지난 몇 년간 텍사스 해안에서는 예상치 못한 한파로 새끼 바다거북이 집단으로 기절하는 상황이 빈발하고 있다. 푸른바다거북이 주로 유년기를 보내는 이 지역에서 적게는 수백 마리, 많게는 수천 마리의 바다거북들이 추위에 기절하는데 심지어 2021년에는 한 번에 1만 2천 마리가 동시에 수면 위로 떠오르기도 했다. 기절한 바다거북들은 여러 구조 센터로 보내져서 서서히 해동 치료를 받은 뒤 방사되었다. 하지만 그들 모두가 살아남을 수는 없었다. 이 사건 전만해도 텍사스에 사는 사람들 중 다수가 주변 해안에 바다거북이 살고 있다는 사실조차 몰랐기에, 구조된 숫자가 알려지자 모두들 믿을 수 없다는 반응을 보였다. 전 지구적 기후 변화의 결과로 앞으로는 극단적인 기후 현상이 점점 더 빈번하게 일어날 것으로 예상된다. 이런 사건들이 더 자주 발생할 것이라는 뜻이다.

해수의 온도는 바다거북의 먹이에도 영향을 미친다. 성체가 된 후로는 해초를 주식으로 먹는 푸른바다거북은 식물 영양소를 소화하기 위해 박테리아를 외부로부터 공급받는다. 푸른바다거북의 장에서 식물성 단백질을 분해하는 이 박테리아는 따뜻한 온도에서 활발하게 작용한다. 그런데 최근 들어 푸른바다거북의 먹이가 사는 지역에 따라 다르다는 연구 결과가 발표되었다. 그에 따르면 수온이 낮은 곳에 사는 푸른바다거북은 성체가 된 후로도 동물성 단백질을 더 많이 섭취하는 경향을 보였다. 수온이 낮은 환경에서 박테리아가 활성화되지 않을 경우 동물성 먹이를 많이 먹어 단백질을 섭취한다는 뜻이다. 채식을 하는 다른 종들도 유아기에는 수온이 낮은 심해에 머물면서 동물성 단백질을 충분히 섭취한다. 빨리 성장하기 위해서다. 또한 성체가 될 때까지는 계속 서식지를 옮기면서 먹이 환경을 바꾼다. 아마도 성장기 동안에도 발달 단계에 따라 필요한 영양소가 다르기 때문이라 짐작된다.

신기하게도 바다거북은 죽을 때까지 성장을 멈추지 않는다. 성체가 되면 그 속도는 급격하게 줄어들지만 종에 따라 매년 적게는 몇 밀리미터씩, 많게는 몇 센티미터씩 길이가 늘어난다. 생식할 준비를 마친 성체는 대부분 일정한 먹이 환경에서 여생을 보낸다. 짝짓기를 하고 알을 낳은 뒤에도 다시 원래의 자리로 돌아간다.

이집트에서 더 없이 아름다운 몇 주를 보낸 후, 특히 난생 처음 야생의 바다거북과 조우한 후부터 나는 유년 시절의 꿈을 현실로 만들 수 있으리라는 자신감에 부풀어 올랐다. 하지만 독일에서 새로운 난관이 나를 기다리고 있었다. 함부르크 대학이 더 이상 디플로마 과정에서 편입을 받지 않겠다고 결정한 것이다. 나는 독일의 모든 대학에서 종전의 6년제 디플로마 과정을 4년제 학부와 2년제 석사로 분리하는 과도기에 대학을 다닌 마지막 디플로마 졸업생이었다.

잠시 혼란에 빠졌던 나는 곧 수족관 실습을 함께 했던 지인들과 멘토들에게 조언을 구했다. 그들의 의견을 종합하면 행동생물학과 동물생태학에 초점을 맞춘 대학을 다시 물색하는 게 최선일 듯했다. 하지만 학부 과정에서 내가 배운 지식들을 어디에 적용할지는 전적으로 내가 결정할 문제였다. 문득 '왜 곧장 해양 생물학을 하면 안 되는 거지?'라는 의문이 들었다. 그로부터 몇 달 뒤 나는 뷔르츠부르크에 집을 구했다. 이후 내 인생을 규정한 그 결정 뒤에는 행복한 우연이 뒤따랐다.

새로운 대학에서의 첫날, 나는 한 교수님과 면담을 약속하고 사무실 앞에서 기다리는 중이었다. 그때 내 눈에 커다란 게시판이 들어왔다. 검은 게시판은 수천 개의 너덜거리는 메모지로 떨어지기 일보 직전이었다. 나는 시간을 때울 겸, 메모 하나하나를 읽기 시작했다. 룸메이트를 구하거나 중고 책을 판다는 글 외에도 직원이나 자원봉사자를 구하는 광고도 있었다. 그중에서도 초록색 야자수 로고를 달고 끄트머리에서 달랑거리던 팸플릿이 내 시선을 사로잡았다.

'코스타리카와 장수거북이라……. 그런데 장수거북이 대체 뭐지?'

호기심에 팸플릿 글귀를 좀 더 자세히 읽어 내려갔다.

'독일의 '트로피카 베르데 협회Tropica Verde e.V'가 코스타리카의 자매단체 ANAI와 함께 바다거북 프로젝트를 진행할 연구 보조를 찾습니다. ANAI는 멸종 위기에 처한 장수거북을 보호하고 있습니다. 4개월 의무 근무 기간을 채울 시, 임금과 숙박이 제공됩니다.'

배 안쪽이 간질거렸다. 그간 내가 찾던, 엄청나게 흥미로운 바로 그 모험의 기회가 내 눈앞에 서 있었다. 하지만 기쁨도 잠시, 문구 아래 적힌 숫자에 눈길이 멈췄다. 팸플릿은 작년에 발행된 것으로 2월부터 근무할 직원을 찾고 있었고, 내가 그걸 보았을 때는 이미 4월이었다. 잔뜩 실망했지만 그래도 나는 노트에 이메일 주소를 적었고 당장 그날 저녁에 추가 채용 계획을 문의하는 메일을 보냈다. 답장은 며칠 뒤에 왔다.

'있습니다. 우리는 매 산란기마다 직원이 필요합니다.'

배 안쪽에서 다시 나비가 날갯짓을 시작했다. 코스타리카에 이력서를 보내고 난 뒤부터는 날갯짓이 너무 심해 간지러움을 견딜 수 없을 정도였다. 그로부터 불과 두어 달 뒤 나의 코스타리카행이 확정되었다. 이듬해엔 정말로 코스타리카로 떠났다. 바다거북을 연구하기 위해.

# 장수거북

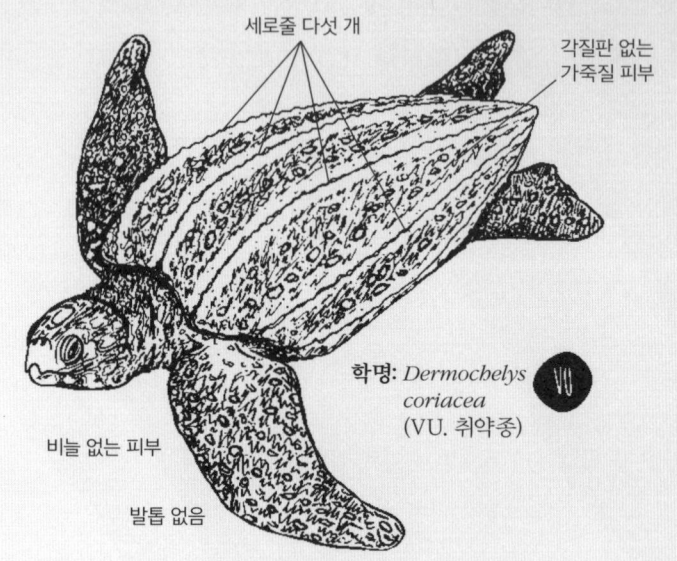

학명: *Dermochelys coriacea* (VU. 취약종)

- 위험도 등급(IUCN): 취약
- 등갑 길이: 120~175cm
- 무게: 300~600kg
- 주식: 해파리
- 생식 연령: 15~25세
- 이주 간격: 2~3년
- 산란 간격: 10일
- 산란기별 산란 횟수: 6~9회
- 산란별 알의 개수: 80개(동태평양 장수거북의 경우는 60개)
- 부화 기간: 55~65일
- 특이 사항: 등갑이 부드럽고 피부에 비늘이 없는 유일한 종이다. 바다거북 중 가장 깊은 곳까지 잠수한다. 북반구에서 남반구까지 넓은 수역에 분포한다.

## 어른이 된다는 것

코스타리카는 해양 생물학자들의 성지다. 다양한 종과 공존할 수 있으니 비단 해양 생물학자가 아니더라도 자연을 사랑하는 사람이라면 누구나 낙원으로 여길 만한 곳이다. 약 51,100제곱킬로미터의 면적 안에서 고온 다습부터 저온 건조까지 다양한 기후가 나타난다. '홀드리지 생물기후대 분류법'에 따르면 이 나라 안에 무려 16개의 기후대가 존재한다. 이렇게 다양한 기후 안에서 전 세계 생물종의 5%가 살고 있다. 뜨거운 화산부터 서늘한 안개 숲까지, 무성한 열대 우림부터 가냘픈 열대 건조림까지, 무성한 코코넛 야자수와 에메랄드빛 바다가 맞닿은 모래 해변부터 외진 곳에 홀로 흐르는 강과 폭포까지. 이 열대의 나라는 참으로 다채로운 풍경을 품고 있다. 양쪽에 해안을 끼고 있는 코스타리카는 특히 해양 생물학을 연구하기에 더 없이 훌륭한 환경이다. 육지의 동쪽은 카리브해에 닿고, 서쪽 해변에는 태평양의 파도가 넘실댄다. 양쪽 해변에는 상상도 할 수 없을 만큼 다양한 해양 생물들이 살고 있다. 혹등고래가 짝짓기와 출산을 위해 이곳을 찾고, 만새기와 상어 같은 큰 물고기들은 살이 통통하게 오른 먹잇감을 찾아 이곳에 머문다. 자연히 해안에 사는 주민들은 어업에 종사하게 되었고 지금까지도 여전히 전통적 방식의 어업으로 생계를 유지하는 가구가 많다. 그런데 해양 생태계가 위협을 받으면서 그들의 생활도 형편이 어려워지는 판국이다.

이 나라의 주 수입원은 바나나와 파인애플, 설탕과 커피, 의약품과 의료기기, 컴퓨터 칩 그리고 관광이다. 코스타리카는 자연을 훼손하지 않는 여행 산업과 지속 가능한 관광업이 실현 가능하다는 사실을 증명한 모범 사례로 꼽힌다. 물론 일부 지역에는 1년 평균 숙박객이 300만 명에 달하는 거대한 리조트도 있다. 하지만 몇몇 리조트 타운을 제외한 대부분의 다른 지역에서는 사람들이 동물과 자연을 방해하지 않고 조용히 관찰하는 관광이 주류를 이룬다. 진흙투성이 정글과 텅 빈 해변을 홀로 혹은 몇몇이서만 걷다 보면 어느새 원숭이의 울음과 앵무새의 노래, 개구리와 풀벌레의 이중주가 한데 어우러진 콘서트가 펼쳐진다. 코스타리카에 다녀간 사람들은 갑자기 눈앞에 나타난 동물들과 예상치 못하게 조우한 짜릿한 순간들을 평생의 추억으로 남긴다.

그리고 이곳에는 바다거북이 있다. 지구상에 남은 바다거북 7종 중 5종이 코스타리카의 바다와 해변에서 먹이를 찾고 짝짓기를 하고 산란을 한다. 1963년부터 이곳 해안에선 푸른바다거북 암컷의 포획이 금지되었다. 그리고 코스타리카가 워싱턴 협약CITES에 가입한

2002년부터는 모든 바다거북에 대한 사냥과 섭취, 가공이 법으로 금지되었다. 바다거북의 고기와 다른 신체 부위는 물론 알의 포획도 금지한 이 법을 위반할 경우 1년부터 3년까지의 징역형에 처해질 수 있다. 하지만 안타깝게도 현실 속에서 이 법이 항상 적용되는 것은 아니다. 정말 유감스럽게도 이 나라 여러 지역에서 여전히 바다거북을 사냥하고 알을 채집하는 행위가 관습으로 횡행한다. 현재 바다거북은 공식적으로 모든 종이 멸종 위기종이다. 그래서 20년 전부터 이 신비롭고 카리스마 있는 동물을 보호하고 연구하기 위해 여러 프로젝트가 진행되어 왔고, 전 세계에서 수천 명의 자원봉사자들이 동참하고 있다.

지금 막 내가 합류한 코스타리카의 단체, ANAI도 그런 프로젝트 중 하나를 수행 중이다. ANAI의 본부는 카리브 해안에 인접한 조그마한 마을, 그란도카Grandoca에 있다. 미국에 교환 학생으로 간 것에 이어 두 번째로 나는 멀고 낯선 나라에 혼자 장기 체류하게 되었다. 동행이나 살펴 줄 사람 없이 완전히 혼자 온 것은 이번이 처음이다. 미국에서 1년을 살 때에는 그래도 내 편이 되어 줄 기관이 있었고, 생활을 돌봐 주던 홈스테이 가족도 있었다. 하지만 이곳에서는 완전히 홀로서기를 해야 한다. 현지 단체는 물론 이 나라 전체에 아는 사람이라곤 한 명도 없다. 나에게 미지의 세계로 떠난 이번 여행은 처음부터 끝까지 완전한 어른이 되기 위한 성인식이나 다름없다.

14시간의 비행 후 코스타리카에 도착한 나는 호스텔에서 짧은 밤을 뜬 눈으로 지새웠다. 그리고 아침 일찍 택시를 타고 버스 터미널에 도착했다. 그곳에서 영국인 동료 레이첼과 현지 직원 호세를 만났다. 나는 피곤으로 찌든 몸과 흥분으로 들뜬 정신을 겨우 챙겨서 그들과 함께 시외버스에 올라탔다. 버스가 출발하자 창문을 열고 풍경을 바라본다. 문득 '쥬라기 공원을 코스타리카에서 찍었나?' 하는 생각이 든다. 거대한 양치류 식물의 잎은 도로까지 늘어져 있고 무성한 나무숲 사이로 작은 폭포가 흘러내린다. 이끼와 공생 식물들로 뒤덮인 나무줄기가 터널을 이루고 그 사이를 버스가 맹렬한 속도로 통과한다. 처음 얼마간은 죽을 만큼 무서웠지만 동행들이 안심시켜 준 덕분에 점차 창문 밖 풍경을 온전히 즐기게 되었다. 이제 나는 새로운 것이 보일 때마다 흥분을 주체하지 못하며 떠들어 대고, 자꾸만 옆자리에 앉은 프랑스인에게 말을 걸거나 내가 본 것을 설명했다. 다행히 그는 자의와 무관하게 나의 흥분을 공유하게 되었음에도 친절하게 장단을 맞추어 주었다.

우리가 탄 버스는 오르막을 끊임없이 올라 마침내 구름을 뚫고 만다. 갑자기 사방에 안개가 자욱해졌다. 기온이 내려갔다는 뜻이다. 나무 끝에선 물방울이 떨어진다. 가파르고 꼬불꼬불한 도로는 끝이 보이지 않고 버스는 속도를 늦추지 않는다. 창밖에 펼쳐진 녹색의 향연을 하염없이 바라보자니 정신이 몽롱해지고 그간 피로가 한꺼번에 몰아닥쳤다. 내 머리는 낯선 나라에서, 그것도 버스에서, 하물며 온갖 귀중품이 든 배낭을 안은 채 잠드는 건 결코 바람직하지 않다고 생각한다. 하지만 무거운 눈꺼풀이 걱정을 덮었다.

내 옆자리엔 믿을 만한 사람이 앉았고 버스 안엔 전문 소매치기가 없는 것이 천만다행이었다. 몇 시간이 지났을까, 시끌벅적한 소리가 졸음을 쫓는다. 몸은 땀으로 흠뻑 젖었지만 소지품은 모두 그대로다. 버스가 카후이타Cahuita에 정차하자 승객이 절반쯤 내린다. 그새 날씨가 완전히 달라져 이제는 덥고 습했다. 나는 호세와 레이첼이 앉은 뒷자리로 고개를 돌려 얼마나 더 가야 할지를 물었다. 호세는 2시간쯤 더 가야 한다고 알려 주었다.

    30분쯤 후 버스는 다시 한번 정차했다. 푸에르토 비에호Puerto Viejo는 얼핏 봐도 관광지다. 남은 승객의 대부분이 내렸다. 버스는 이제 국경도시인 식사올라Sixaola로 향한다. 지금까지 달린 도로는 간혹 대충 때워 놓은 구멍이 나타나긴 해도 아스팔트였다. 하지만 이제부터는 완전한 자갈길이다. 거대한 웅덩이를 지그재그로 피하느라 버스는 느릿느릿 달렸지만, 그런데도 붉은 진흙이 쉴 새 없이 튀어서 차체는 페인트칠을 새로 한 듯 붉은색이 되었다.

    내 창밖 풍경은 아직도 청록의 향연이다. 하지만 산길이 시작되면서 식생의 변화가 눈에 들어왔다. 나무들은 더 크고 더 다양해졌고, 거기서 갈라져 나온 줄기들은 마치 체스판을 확대해 놓은 것처럼 촘촘하다. 나무 덩굴과 그 위를 덮은 공생 식물들은 엎치락뒤치락하며 바닥까지 늘어져 있다. 도로를 따라 나란히 늘어선 전봇대는 썩을 대로 썩어서 무너지기 일보 직전이다. 전선에 걸린 동물 한 마리가 스치듯 보인다. 혹시, 나무늘보? 아쉽게도 친절한 프랑스인은 푸에르토 비에호에서 내려 옆자리는 비어 있었다. 나의 동행들은 곯아떨어진 것 같고, 그 외에 승객이라곤 현지인 여성과 그녀의 어린 딸뿐이었다. 전선에 걸린 것이 나무늘보가 맞는지를 확인해 줄 사람이 없으니 나는 다시 창밖으로 고개를 돌렸다.

    버스는 큰 반원을 그리며 내리막을 탔다. 산을 내려가니 열대의 짙은 녹음이 연해진다. 그리고 수평선에 닿을 듯 끝없이 펼쳐진 바나나 농장이 나타난다. 그 오른편에는 경계선이 보인다. 플랜테이션의 서쪽 가장자리와 거대한 강이 맞닿아 생긴 경계다. 그 뒤편으로는 저 멀리에 우뚝 선 탈라망카산맥이 보인다. 그로부터 1시간을 더 달리는 동안 바나나 농장과 긴 나무다리 위에 세워진 원두막 외엔 다른 풍경이 보이지 않았다.

지루함을 견디며 얼마를 더 갔을까? 마침내 오른편 구석에 판자 하나가 보였다. 판자 위 화살표는 그란도카까지 10킬로미터가 남았음을 알린다. 얼마 뒤 호세가 큰 소리로 휘파람을 불자 버스가 갑자기 도로 한복판에 섰다. 마침내 우리의 종착지에 다다른 것 같다. 나는 의자 아래에서 작은 배낭을 꺼내 가슴팍에 메고 버스에서 내려 주위를 둘러본다. 사방이 바나나나무다. 그래서 저 끝에 보이는 강당 건물이 흡사 신기루 같다. 우리는 짐칸에서 큰 배낭을 내려 등에 멘 다음, 버스가 출발하면서 내뿜은 매연이 사라져 앞이 제대로 보일 때까지 그 자리에 가만히 서서 기다렸다. 마침내 시야가 확보되자 우리를 기다리던 작은 버스 한 대가 보였다. 한때는 검은색이었을 것으로 짐작되나 긁히고 파인 자국 위에 임시방편으로 덧칠해 놓은 얼룩 때문에 이제는 병든 얼룩말처럼 보이는 버스다. 버스 옆엔 곱슬머리 단발을 한 현지인이 ANAI라고 적힌 팻말을 들고 서 있다. 그 모습을 보고 우리는 누가 먼저랄 것도 없이 웃음을 터뜨렸다. 그녀와 호세는 잘 아는 사이였으므로 팻말은 분명 장난이었다.

짐을 다 실은 뒤 우리는 다시 그란도카 마을로 출발했다. 24시간 걸린 대장정의 마지막 구간이다. 작은 버스는 바나나 플랜테이션의 가장자리를 돌아 자갈길을 달린다. 길이 너무 울퉁불퉁해서 과연 도로가 맞을까 하는 의심이 든다. 운전 중이던 카르멘은 우리의 표정을 읽고 밝은 표정으로 농담을 던졌다.

"코스타리카 전통 마사지를 즐기세요!"

레이첼과 나는 어색한 웃음으로 화답하지만 기분이 썩 좋진 않다. 그리고 우리가 건너야 할 '다리'가 사실은 두 방둑 사이에 판자 두 개를 걸쳐 놓은 것에 불과하다는 것을 알게 된 순간 기분이 바닥으로 가라앉았다. 바퀴가 판자 위를 오르는 느낌이 들었고 나는 차라리 두 눈을 감는 편을 택했다.

몇 킬로미터 더 가자 단조롭던 바나나 플랜테이션이 드디어 끝을 보였다. 다시 울창한 열대 우림이다. 작은 버스를 타고 자갈길을 달린 지 30분 만이다. 길 양쪽으로 판자로 지은 가정집들이 나타난다. 대부분의 집들은 긴 나무다리 위에 올라가 있다. 아니면 적어도 지반을 높인 다음 그 위에 집을 세웠다. 하천이 자주 범람하기 때문이라는 설명을 듣는다. 집이 많지는 않다. 마트나 식당은 없다. 코스타리카 맥주 상표가 붙은 바가 두 곳 있을 뿐이다. 버스는 바다와 맞닿은 길 끝에 우리를 내려 줬다. 거기서부터는 걸어서만 들어갈 수 있는 길이다. 도로와 해변 사이는 열대 우림으로 막혀 있으므로 우리는 바다와 평행하게 난 작은 길을 따라 걸었다. 몇백 미터쯤 지나자 고동색 바탕에 노란 글씨로 ANAI라고 적힌 팻말이 보인다. 그 왼쪽으로 꺾어 숲으로 향하는 작은 길로 접어든다. 이제 진짜 거의 다 왔다.

마침내 불을 밝힌 나무 집 두 채가 보였다. 하나는 희미한 초록색 이층집이고 다른 하나는 사람 키만 한 나무다리 위에 세워진, 한때는 노란색이었을 것으로 짐작되는 집이다. 벗겨진 칠 사이로 흰개미가 뚫어 놓은 구멍이 낭자했다. 작은 창문에 유리 대신 모기장이 쳐져 있다. 문을 세어 보니 방은 얼추 7개인 것 같고, 각 방마다 2층 침대가 보였다. 나무 집 뒤에는 방충망으로 지붕을 엮어 세워 놓은 간이 건물이 있다. 각각 화장실과 샤워장, 조리실이다.

'오, 이 정도면 호화롭네.'

맨땅에 구덩이를 파 화장실을 해결하는 비박 캠프를 상상했던 나는 그보다 나은 컨디션에 만족한다. 여기서 푹신한 매트리스 침대와 물이 콸콸 나오는 수도꼭지, 비가 새지 않는 튼튼한 지붕을 기대하는 건 사치로 보인다. 하지만 레이첼은 얼굴이 점점 창백해졌다.

"여기선 하루도 못 버틸 것 같아."

사람마다 기대치는 다르다.

조리실에는 우리를 맞이하려 몇몇이 모였다. 방금 막 완성된 두 개의 다른 프로젝트 팀이다. 현지 보조 다섯, 해외에서 들어온 보조 다섯, 자원봉사자 다섯, 생물학자 둘, 그리고 이번 산란기에 수집한 정보로 석사 논문을 쓸 예정인 대학원생 한 명이다. 거기에 ANAI를 대표해 앞으로 며칠간 훈련을 이끌 활동가 세 명이 더해진다. 새로운 동료 둘이 앞으로 몇 달 간 내 방이 될 공간으로 나를 안내했다. 캐나다에서 온 줄리아와 아일랜드에서 온 마리다. 우리는 말을 나누기가 무섭게 친구가 됐다. 나는 배낭을 구석에 세워 놓고 제일 먼저 모기장부터 쳤다. 여행 안내서에서 본 대로 모기장 가장자리는 말아서 매트리스 아래에 꼼꼼하게 밀어 넣는다. 전갈을 비롯한 각종 곤충들이 내 침대 위를 기어 다니지 않도록 하려는 조치다. 저녁 식사 후 모두 일찌감치 침대에 누웠다. 이튿날은 아침 일찍부터 출동이다.

　나의 밤은 안녕하지 못했다. 배정받은 2층에 누워 잠을 이루려고 안간힘을 써 본다. 몸과 마음은 피곤해서 죽기 직전인데 머릿속만 회전목마를 탄 것처럼 진정되지 않는다. 최근 며칠간 너무 많은 자극을 받고 너무 적게 잔 탓에 뇌가 속도를 늦추지 못하는 걸까. 마치 술에 취한 듯한 기분이었다. 나는 먼 나라로 떠나 이국적인 동물을 연구하고 싶다던 꿈을 마침내 실현했다. 어느 정도의 쾌감은 예상했었다. 하지만 환희 때문에 잠을 이루지 못하는 게 아니다. 사방에 진동하는 나무 썩은 내와 매트리스에서 은은하게 풍기는 곰팡내, 창밖에 펼쳐진 한밤의 콘서트와 룸메이트들의 쌕쌕대는 숨소리, 모든 게 너무 낯설었다. 생애 처음으로 집이 그립다. 이리저리 자세를 바꾸어 본다. 몸을 돌릴 때마다 침대 몸체가 걱정스러울 만큼 삐거덕거리고 2층 침대의 썩은 나무 기둥도 나지막이 신음을 낸다.

　갑자기 문이 열리고 검은 형체가 방으로 쑥 들어온다. 나는 놀란 나머지 자리에서 벌떡 일어났다. 그 정체가 낮에 인사를 나눈 현지 보조 직원인 루이스라는 것을 알아보고서야 간신히 비명을 참았다. 그는 아무 말 없이 내 침대 옆으로 다가오더니 손에 든 망치로 침대 다리에 못질을 한다. 내 옆 침대에도. 침대를 벽에 고정한 그는 어리둥절한 내겐 인사 한 마디 없이 방을 나갔다. 내가 침대에서 발버둥을 치는 통에 옆방 사람들이 자는 데 방해가 된 된 모양이다. 그가 얼마나 힘들었을지 짐작할 수 있었다. 그의 해결책은 효과가 좋았다. 이제 벽과 하나가 된 2층 침대는 내가 아무리 뒤척여도 흔들리지 않는다. 하지만 나는 여전히 잠을 이루지 못한다. 어찌 됐건 이 밤도 언젠가는 끝이 나겠지.

　드디어 5시 20분이다. 이제 막 솟아오른 태양의 빛줄기가 우리 방 창문으로 파고든다. 사과나무에 앉아 짖던 원숭이 한 마리가 창가에 풀쩍 내려앉는다. 전날 다른 사람들이 경고해 주지 않았더라면 나는 깜짝 놀란 나머지 비명을 지르다 피를 토했을지도 모른다. 강렬한 햇살과 원숭이 모닝콜로 편안치 못했던 밤도 끝이 났다. 나는 침대에서 일어나 해변에서 예정된 오리엔테이션에 참석할 채비를 했다.

　그날 아침 나는 첫 대형 실수를 저질렀다. 때는 2월로, 그제까지 내가 살았던 독일은 한겨울이었다. 내 피부가 자외선에 약하다는 것 정도는 알았지만 당장은 별다른 문제가 없어 보였다. 더군다나 이른 아침부터 선크림을 바르는 건 말이 안 된다고 생각해서 선크림을 건너뛰었고, 그 결과 반나절 만에 새까맣게 타 버렸다. 물집이 생길 정도로 화상이 심각했다. 며칠 동안 알로에 베라와 카카오 버터를 온몸에 들이부은 뒤에야 비로소 피부가 진정되었다. 나는 그렇게 첫날부터 적도의 강렬한 태양광을 존중하는 법을 배웠다. 그 이후로 나는 선크림과 물병 없이는 아무 데도 가지 않는다. 몇 시간짜리 등산을 하든, 5분을 걸어 바로 옆 골목 가게를 가든 선크림과 물병은 항상 나와 함께한다. 그날 내게 어떤 일이 일어날지는 아무도 모르는 법이니까. 그래도 시작은 즐거웠다. 해변까지 가는 길을 둘러보느라 분주했고 마침내 내가 일할 곳을 확인할 수 있어 기뻤다.

　모두 해변 입구에 모였다. 아직 잠에서 덜 깬 듯한 얼굴들도 보이지만 어쨌든 우리는 다 함께 출발한다. 모래는 검고 파도는 높다. 카리브해라고 하면 나는 언제나 에메랄드빛 바다와 하얀 모래사장, 그리고 코코넛 야자수를 떠올렸다. 야자수는 상상했던 대로지만 현실의 바다와 모래는 내 머릿속 이미지와 많이 다르다. 그렇다 해도 나를 둘러싼 야생의 아름다움에는 탄복하지 않을 수 없었다. 우리는 북쪽으로 걸었다. 생물학자인 캐롤리나는 10킬로미터 남짓인 해변에는 50미터마다 번호를 매긴 표지판이 세워져 있다고 설명한다. 정보 수집을 돕기 위해서다. 최북단에서부터 시작된 번호는 160번으로 끝이 난다.

첫 날 아침 우리는 57번 표지판이 서 있는 기지까지 걸었다. 신입들에게 해변을 익힐 기회를 주는 것이다. 그래야 깜깜한 밤중에도 바다거북을 찾아낼 수 있다. 더불어 우리는 지난 산란기에 설치한 표지판이 잘 남아 있는지도 점검했다. 표지판이 유실한 지점이 발견되면 즉각 거리를 측정해 표지판을 다시 세워야 한다. 그래서 우리 손에는 60미터짜리 줄자, 흑백 페인트 한 통씩과 형광 테이프가 들린다. 하지만 우리의 수는 작업에 필요한 인원보다 훨씬 많았다. 자연스럽게 우리는 달팽이처럼 느릿느릿 해변을 걸으며 무리 지어 즐거운 대화를 나눴다.

훈련은 다음 날에도 계속됐다. 대부분의 정보가 스페인어라서 나로서는 이해하기 쉽지 않았다. 영어 번역본과 파워포인트 그래픽으로 내용을 대강 짐작하고 넘어갔다. 우리가 주로 보호해야 할 대상은 산란기를 맞은 장수거북이다. 하지만 푸른바다거북과 매부리바다거북도 일부 포함된다. 바다거북들은 어두움을 보호막으로 삼아 이곳 해변에 알을 낳으러 올라오고, 우리는 암컷과 알을 야생 상태에서 보호하기 위해 최선을 다해야 했다. 거기에 개체군의 전체 규모,

산란된 알의 개수, 우리 프로젝트의 전반적인 성과 등에 관한 정보를 수집하는 업무가 추가된다.

당시에는 몰랐던 사실이지만, 바다거북의 생애 주기 중 가장 많은 정보가 수집된 기간이 바로 암컷의 산란기다. 수컷이나 다른 생애 주기에 대해 연구된 바와 비교하자면 과잉으로 보일 정도로 정보가 풍부하다. 생의 대부분을 바다에서 보내는 바다거북을 연구하기란 쉬운 일이 아니다. 가령 2차 성징이 나타나기 전 수컷 바다거북을 관찰하고 정보와 표본을 수집하려면 비용 문제와 여러 다른 난관을 극복해야 한다. 해안에서 멀리 떨어진 새끼 거북의 보금자리에서부터, 연안이지만 접근이 쉽지는 않은 유아기 거주지를 거쳐 발달 단계에 따라 시시각각 변하는 먹이 지역을 따라 끊임없이 보트를 타고 옮겨 다녀야만 한다. 게다가 그 장소에 도착해서도 그물이나 다른 낚시 도구로 바다거북을 건져 올리거나 연구자가 직접 물로 들어가 바다거북과 눈높이를 맞추어야 연구가 가능하다.

수중 연구는 보통 일이 아니다. 보트, 연료, 잠수 장비 등은 말도 못하게 비싸다. 하지만 산란기를 맞은 암컷은 제 발로 해변으로 기어 온다. 추적을 위해 보트를 타고 쫓아다니지 않아도, 비싼 장비를 갖추고 물속으로 들어가지 않아도 가까이서 관찰이 가능하다. 이런 이유로 지난 60년간 바다거북의 암컷과 둥지, 알과 새끼에 관한 자료는 넘치도록 수집되었다. 반면 바다거북의 유년기와 청소년기, 그리고 부화 직후 바다로 들어가서는 평생을 뭍으로 나오지 않는 수컷의 생애에 대한 데이터는 턱없이 부족하다. 단, 호누Honu라고 불리는 하와이 푸른바다거북만은 예외다. 호누는 다른 종들과 달리 해변으로 올라와 일광욕을 한다.

　장수거북은 물론이고 산란기를 맞은 바다거북을 한 번도 본 적이 없는 나로서는 아직 배워야할 것이 많았다. 우리는 바다거북의 생물학 및 생태학적 특징과 각 보호 조치의 이유와 방법에 관한 강의를 들은 뒤 실습에 들어갔다. 종이 상자와 수박을 바다거북이라고 치고 금속 표식을 부착하거나 마이크로칩을 주사하는 방법을 익혔다. 현장에서 바다거북을 만나면 앞지느러미 혹은 뒷지느러미에 금속 표식을 부착하고 어깨에는 쌀알 크기의 마이크로칩을 주사해야 한다. 모래로 만든 바다거북 구조물로 개체의 크기를 측정하는 법도 연습했다.

　바다거북을 만나면 정면에서 허둥지둥 대지 말고 일단 시야에서 벗어나 꼬리 쪽에 자리를 잡아야 한다. 공식 가이드라인은 바다거북의 곁에서 부득이하게 불빛을 비추어야 한다면 가장 방해가 적은 적색광만 쓸 것을 권한다. 태양광 스펙트럼에서 파장이 가장 긴 적외선은 물에 제일 먼저 흡수되어 수심 10미터 이상을 투과하지 못하기 때문에 바다 생물들 중 대다수는 적색광을 거의 인지할 수 없다. 수심 10미터 이상에 사는 생물들은 소수의 예외를 제외하고선 아예 적색광을 보지 못한다. 우리 입장에서도 백색광에 적응했다가 암흑에서 한참 아무것도 보지 못하고 헤매는 것보다는 붉은 빛과 어둠 사이를 오가는 쪽이 훨씬 편하다.

　알을 보호하기 위한 우리의 노력이 성공을 거두려면 무엇보다 인공 부화장을 잘 지어야 한다. 바다거북 둥지는 종에 따라 모양과 깊이가 다르다. 하지만 어떤 구조와 형태이든 한 배에서 낳은 알을 넉넉히 품기에 충분한 크기여야 한다. 우리는 해변에서 각 종에 맞는 둥지 파는 법을 연습했다. 자연 상태와 완벽하게 일치하는 둥지를 지어야 한다는 부담을 안고 온몸에 모래를 뒤집어써 가며 연습한다. 둥지가 너무 작거나 크면, 혹은 너무 깊거나 얕으면 알들이 폐사한다. 그렇기에 우리 모두는 그란도카에서 산란하는 바다거북 3종 각각에게 맞춘 3종류의 둥지를 팔 수 있어야 한다.

내게 푸른바다거북과 매부리바다거북의 둥지는 비교적 쉽게 느껴졌다. 하지만 난실을 크게 파야 하는 장수거북 둥지는 완성 전에 자꾸 무너져 내렸다. 저 멀리 떨어져서 내가 하는 모습을 지켜보던 안드레이가 결국 도와주려고 다가온다. 그는 내가 판 둥지 안쪽으로 손으로 만져 보더니 냉정하게 평가했다.

"처음부터 잘못됐어!"

그러고선 튼튼한 둥지를 파려면 어떻게 시작해야 하는지, 전체 구조를 무너뜨리지 않으면서 조심스레 어떻게 모래를 퍼내는지를 몸소 시범으로 보인다. 나는 감탄하며 그 능숙한 손놀림을 지켜본다. 직접 보니 크게 어렵지 않을 것 같다. 다시 내 차례가 돌아오고 나는 배운 대로 굴을 팠다. 이번에는 무너지지 않는 장수거북 둥지를 팔 수 있었다.

밤에는 노련한 현지 직원들과 동행해 야간 순찰 훈련을 했다. 첫날 밤 해변에 나가 보니 내 두 손도 보이지 않을 만큼 깜깜했다. 순찰은 고사하고 내 파트너인 루이스를 쫓아가기 급급했다. 그녀의 왼쪽 어깨에 달린 코스타리카 국기에서 흰색 줄 두 개가 반짝이지 않았더라면 아예 쫓아갈 수도 없었을 것이다. 나무 기둥에 계속 몸을 들이받으며 생각했다. 이렇게 깜깜한데 바다거북을 어떻게 찾지? 혹시 나만 안 보이는 건가? 잠깐 두려웠다. 하지만 이튿날 다른 직원들과 대화를 나누면서 야맹증이 나만의 문제는 아니라는 사실을 깨닫고 안심했다. 생물학자인 캐롤리나는 우리 모두를 다독여 줬다.

"눈과 뇌가 어둠에 적응하는 데까지 하루 이틀은 걸릴 거예요. 곧 밤에도 더 잘 보게 될 테니 기다려 봐요."

그녀의 말은 옳았다.

두 번째 밤부터는 완전한 암흑이 아니다. 내 눈에도 주변이 보이기 시작했다. 하지만 안도도 잠시, 세 번째 순찰에서 다시 난관이 찾아왔다.

"오늘은 당신이 앞장서는 걸로."

안드레이가 특유의 짧고 무뚝뚝한 말투로 지시했다. 뭐라고? 나는 아직 준비가 덜 됐어! 하지만 그는 변명을 받아들이지 않았고 순찰조의 다른 네 명은 아기 오리들처럼 내 뒤를 쪼르륵 따라 걷기 시작한다. 해변이나 물속에서 크고 검은 형체가 보일 때마다 나는 그 자리에 멈춰서 그 정체를 밝히려고 애썼다. 그때마다 안드레이는 신이 난 사람처럼 뒤에서 큰 목소리로 외쳤다.

"그건 바다거북이 아니에요!"

나를 놀리는 재미가 쏠쏠해 보인다. 두 번째 휴식 시간에 그가 내게 다가와 물었다.

"왜 이렇게 천천히 가죠? 다섯 걸음에 한 번씩 멈추던데?"

나는 어깨를 으쓱하며 본심을 털어놓았다.

"바다거북을 놓칠까 봐 너무너무 걱정이 돼요."

안드레이가 웃음을 터뜨린다. 나는 짜증이 나서 그를 노려봤다.

뭐가 그렇게 우스운 걸까. 안드레이는 눈물까지 흘려 가며 마음껏 웃은 후에 진지하게 대답했다.

"눈이 제대로 보이는 한 바다거북을 놓치는 게 더 어려울걸요."

그는 나를 안심시키려 했지만 그 말을 듣고서도 내 걱정은 완전히 가시지 않았다.

안드레이의 말을 완전히 이해한 것은 시간이 한참 지난 뒤였다. 그가 말한 대로 장수거북을 못 보고 지나치기란 정말로 어려운 일이다. 혹 바다거북을 놓쳤더라도 녀석이 남긴 흔적은 멀리서도, 어둠 속에서도 잘 보인다. 해변에서 녀석이 지나간 자리는 발밑으로 느껴진다. 그날 나는 그저 경험이 부족했을 뿐이다. 그래서 실수를 저질러서 나쁜 결과를 불러올까 하는 두려움에 사로잡혀 있었다. 하지만 다행히도 그란도카에서 지내는 몇 달 새에 경험은 쌓이고 두려움은 사라졌다.

교육을 성공적으로 마친 지 두어 주 후부터 나는 혼자서 순찰을 나갈 수 있게 되었다. 그간 장수거북 둥지를 여럿 보았고, 지시에 따라 바다거북 지느러미에 직접 금속 표식을 달고 마이크로칩을 주입하는 연습도 했다. 일주일 중 엿새는 하루에 5시간씩 해변을 따라 밤 순찰을 돌았다. 오전에는 해변의 부화장을 관리하고 새로운 자원봉사자들을 교육하느라 바빴다. 오후에는 팀원 모두가 담당을 나누어 해변에 나뒹구는 플라스틱과 나뭇가지들을 치웠다. 일주일에 하루는 온전한 휴무였다. 정해진 일과에 서서히 적응하자 하루하루가 순조롭게 흘렀다. 나는 크게 고민할 것 없이 프로젝트의 흐름을 따라가는 일상이 그 어느 때보다 편하게 느껴졌다. 삼시 세끼가 꼬박꼬박

제공되었고 초콜릿을 못 먹는 점 빼곤 아쉬울 게 없었다. 별이 빼곡히 수놓인 하늘 아래를 걸으면서 부서지는 파도 소리를 듣는 밤 순찰은 내게 명상의 시간이나 다름없었다. 이전까지는 그렇게 오랫동안 홀로 걸으며 신과 세상에 대해 고민해 본 적이 없었다.

특히 코스타리카에서 보낸 첫 4개월 동안 세상이 소년과 소녀를, 더 나아가 남성과 여성을 대우하는 방식과 그들이 행동하는 방식의 차이에 대해 많은 고민을 했다. 비록 원래 내가 이곳에 온 목적은 바다거북이었지만 지나칠 수 없는 주제였다. 언제 어디서나, 당연히 나와 내 업무에도 영향을 미치는 문제이기 때문이다.

코스타리카의 시골 마을 대부분이 그러하듯 그란도카에서도 남녀의 역할이 정해져 있다. 남성들은 밖에서 소위 '밥벌이'를 하고 여성들은 아이들과 함께 집에 머물면서 청소와 요리를 비롯한 살림을 돌본다. 50년 전, 내 부모님의 어린 시절에는 독일도 그러했다. 문제는 이 낡은 방식이 바다거북 보호 프로젝트에까지 영향을 미친다는 데 있다. 현지 인력들은 대표부터 보조 직원까지 거의 모두가 남성이다. 코스타리카인 여성은 보조 직원 한 명이고, 여성 생물학자 캐롤리나는 스페인어를 쓰지만 칠레 출신이다. 이외에 코스타리카인 여성들은 조리사와 청소부뿐이다.

시골에서도 대학 진학이 점점 흔해진다고는 하지만 이곳 카리브해 인근 지역에서 대학에 가는 젊은이들은 소수에 불과하다. 대부분이 어린 나이에 바나나 플랜테이션 등에서 일을 시작한다. 하물며 여성이 대학에 진학하는 경우는 극히 드물다. 여성에겐 교육이 중요치 않다는 인식이 지배적이기 때문이다. 그들 중 대부분은 학부모들에게 매달 일정 금액을 지원하는 기발한 정부 보조금 제도 덕분에 학업을 마칠 수 있었다. 그래도 여전히 내 귀에는 '여자는 똑똑할 필요 없어. 예쁘기만 하면 너를 돌봐 줄 남자를 만날 수 있는데.' 같은 말들이 너무 자주 들렸다. 이런 전제는 여성이 재정적으로 독립하고 주체적으로 살아가는 데 결코 도움이 되지 않는다. 누구와 어떻게 인생을 꾸려 갈 것인가를 고민하고 자신만의 결정을 내리는 데도 도움이 되지 않는다.

이런 문화 속에서 젊은 남성들은 여성들의 사랑과 안정을 향한 욕구와 남성에 대한 순종적 성향을 악용해 너무 어린 여성에게 성관계를 강요할 때가 많다. 그 결과는 10대의 임신으로 이어진다. 젊은 여성에게 치명적인 악순환의 고리가 만들어지는 과정이다. 아이는 있고 직업 능력은 없는 여성은 배우자에게 경제적으로 완전히 의존하게 되므로 상대가 자신을 거칠게 대하더라도 벗어날 길이 없다.

나는 성인이 되기까지 부모님과 독일 사회와 각각 자립적 삶을 꾸린 이모들로부터 이와는 정반대의 가치를 보고 배웠다. 물론 독일에도 성차별이 있다. 단, 여성을 비하하는 태도와 행동이 노골적으로 드러나지는 않는다. 젊은 세대로 내려갈수록 성차별에 대한 부정적 인식도 강하다. 어렸을 때 나는 그저 내가 어리기 때문에 어른들이 내 말에 귀 기울이지 않는다고 생각했다. 나이가 들고 나서는 그저 내 개인적인 문제라고 여겼다. 어른이 되어서 내가 받은 반응 중 일부는 내가 여자라는 것과 관련이 있다는 사실을 깨달았을 때 나는 참담함을 느꼈다.

앞서도 말했지만 나는 다람쥐처럼 나무에 올라가고 이틀이 멀다

하고 바지를 찢어 먹는 활동적인 아이었다. 적극적이고 용감해서 수영장에 가면 3미터 혹은 5미터 높이의 다이빙대에 올라가 거침없이 점프했다. 체육 시간에 팀을 나눌 때면 항상 1등으로 선발되고 웬만한 남자아이들보다 더 빨리 달릴 수 있다는 데 자부심을 느꼈다. 하지만 사춘기 무렵이 되자 상황이 바뀌었다. 남자아이들은 더 이상 나와 시합을 하려 하지 않았고 여자아이들은 내가 여성스럽지 않다고 생각했다. 아이들이 내 얘길 할 때면 '선머슴'이란 단어가 자주 들렸다. 이런 변화는 혼란스러웠고 내면에 불안을 일으켰다. 납득되지 않는 이유로 나는 이도저도 아닌 존재가 되었고 사회로부터 정상을 벗어난 소녀로 취급되었다.

하지만 한 여선생님 덕분에 그것이 내 개인의 문제가 아니라는 사실을 깨달을 수 있었다. 여학생이 손을 들어 정답을 말하면 선생님은 고개만 살짝 끄덕였다. 하지만 곧이어 남학생이 손을 들어 같은 답을 말하면 분명한 칭찬의 표시로 어깨를 두드렸다. 이러한 차별에 나는 화가 났다. 동시에 한 소녀로서 내가 가진 의견에 사회가 어떤 가치를 매기는지 돌아보게 되었다. 이 깨달음은 나를 절망으로 이끌었다. 이미 성별이 정해진 상황에서 이 세상을 어떻게 살아야 할지, 이런 환경에서 꿈을 가지는 것이 무슨 의미가 있을지 회의를 느끼게 되었다.

당시엔 일반적이던 금발 여성에 대한 농담을 일삼던 아버지와도 갈등을 겪었다. 아버지 덕분에 나는 사람들이 금발 여성을 멍청하다고 생각한다는 사실을 너무 일찍 알았다. 그것이 내 생각과 행동에, 심지어 성인이 된 이후에도 얼마나 큰 영향을 미쳤는지는 이루 말할 수 없을 정도다. 대학에 가서도 금발이기 때문에 제대로 된 대우를 받지 못할까 봐 전전긍긍했다. 그 걱정이 내 외모에도 영향을 주었다. 예를 들어, 나는 석사 졸업을 판가름하는 구두 시험장에 가면서 터틀넥 스웨터를 입고 두꺼운 안경을 썼다. 세미나에서 발표를 맡으면 혹시라도 금발이라 답변을 못한다는 소리를 듣지 않으려고 예상 질문지를 뽑아 몇 날 며칠이고 철저하게 준비했다.

코스타리카에서 나는 성차별과 마초 문화를 극단적으로 경험했다. 이런 일에 어울리지 않아 보인다는 얘기를 첫 주부터 들었다. 코스타리카인 동료 중 몇몇은 내가 언제 짐을 싸서 돌아가는지를 두고 내기를 하는 듯했다. 심지어 남성 상사들은 자고로 남자들은 여자들의 말을 따르기 싫어하는 법이니 내가 태도와 명령을 부드럽게 고쳐야 한다고 나를 설득하려 했다. 그들의 노력은 때론 노골적으로 때론 은근하게, 하지만 몇 년이나 계속되었다. 나는 그들에게 인정받으려면 어쨌거나 처음에는 그들의 생각을 따라야 한다고 생각했다. 그래서 첫 해에는 나를 숨기고 내 본성을 울타리에 가두려 애썼다. 하지만 그런 식으로는 오래가지 못했고 결국 나는 스스로를 믿지 못하게 되었다. 그때 나는 내가 나의 보스가 되기로 결심함으로써 상황을 돌파했다. 무엇보다 남성 상사들에게는 의지하지 않기로 마음먹었다.

가끔 나는 궁금해진다. 바다거북들도 어른이 되는 과정에서 감정의 변화를 경험할까, 우리 인간들처럼 정서적 기복이 심할까. 아마도 그렇지 않아 보인다. 일반적으로 바다거북은 우리 인간보다 더 천천히, 더 긴 시간에 걸쳐 어른이 되기 때문이다. 종에 따라 다르지만 바다거북이 생식할 만큼 성숙하는 데는 짧게는 15년, 길게는 45년이 걸린다. 하지만 그들 또한 그동안 길고 험난한 여정을 거쳐야 하며 때론 그 과정에서 실패를 겪을 수도 있다.

긴 여행과 여러 성장 단계를 거친 후 일정한 크기에 도달한 바다거북들은 인간들의 2차 성징과 유사한 신체적 변화를 맞이한다. 하지만 등갑이 길어지는 것 외에 다른 2차 성징은 수컷에게서만 드러난다. 수컷들은 꼬리가 길어지는 게 육안으로 관찰된다. 또한 지느러미에 달린 발톱들도 길고 단단해지며 배 껍질, 즉 복갑은 가볍게 안쪽으로 구부러진다. 그 밖에 암컷과 수컷 간 외양상 차이는 크지 않다. 크기도 엇비슷하고 암수 중 어느 한쪽이 화려해지거나 알록달록해지는 것도 아니다.

그래서 우리는 사춘기 이전에는 암수를 구분하지 못한다. 새끼 혹은 유년기 바다거북의 성별을 100% 확신하기 위해서는 말 그대로 '속을 뜯어 봐야' 안다. 그러려면 바다거북을 죽인 다음 해부하거나 배꼽에 카메라 두 개를 넣는 내시경술로 내부의 고환이나 난소를 확인해야 한다. 하지만 이런 성별 판정은 너무 잔인하고 침략적이기 때문에 몇 년 전부터는 혈중 테스토스테론이나 안티뮬러리안 호르몬 농도를 분석해 성별을 구분하는 연구법이 도입되었다. 그 결과가 희망적이라서 조만간 이 분석 방식이 성별을 구분하는 표준으로 자리 잡으리라 기대한다.

비록 겉으로 드러나는 바는 적으나 사춘기 바다거북의 신체 내부에선 몇 가지 변화가 일어난다. 수컷은 고환에서 생식 호르몬인 테스토스테론이 다량으로 분비되어, 꼬리가 길어지고 복갑이 휘어지는 등의 2차 성징과 고환에서 정자를 생성하는 정세관의 성숙을 촉진한다. 암컷은 호르몬 분비가 급증하면서 난소와 나팔관의 구조 및 크기가 변한다. 아직 어리거나 사춘기가 진행 중인 암컷에 비해 성숙을 마친 암컷의 난소는 겹겹의 스트로마로 단단하게 고정된다. 스트로마는 기관을 지탱하기 위해 형성된 결합 조직이다. 또한 난소 끄트머리에 매달린 꼬불꼬불한 나팔관이 직경 1.5센티미터 이상으로 자란다. 성체가 된 암컷의 나팔관은 자그마치 4미터에서 6미터에 달할 정도로 매우 길다. 또한 난소에서는 노란 구형의 난포가 성숙해 배란을 준비한다.

새끼 바다거북과 성체는 몸집 차이가 엄청나다. 새끼는 자라면서 크기와 무게가 무려 열 배나 늘어난다. 새끼가 살아남아 성체가 될 확률에 대해 학자들은 대부분 비관적으로 전망한다. 하지만 일단 성체가 되고 나면 상황은 달라진다. 성체 바다거북들은 상대적으로 생명을 유지하기가 수월하다는 것이 학계의 대체적인 판단이다. 거대한 몸집이 그 까닭이다. 완전한 성체 거북을 잡아먹을 천적은 흔치 않다. 기껏해야 상어나 재규어 정도다. 그러므로 바다거북 성체의 생명을 위협하는 적수는 우리 인간이라고 보는 게 현실적이다.

인간의 생활 방식은 매년 수백만 마리의 바다거북을 죽음으로 몰아넣는다. 온갖 위험을 극복하며 야생에는 천적이 없을 정도로 거구가 된 소중한 성체 바다거북마저도 인간 때문에 목숨을 잃는다. 그리고 성체 한 마리가 죽을 때마다 종 전체가 겪어야 할 비극의 규모는 기하급수적으로 늘어난다.

우리가 이곳 해변에서 보호하려고 애쓰는 암컷들은 생식기까지 살아남은 극소수의 챔피언들이다. 녀석들은 이 모든 예측불가의 상황에도 불구하고 제 몸에 각인된 산란 프로그램을 성실하게 수행한다. 나는 그 모습을 관찰하며 녀석들에 대해 점점 더 많은 것을 배운다.

    코스타리카에서의 첫 체류가 막바지에 다다랐을 무렵, 자원봉사자 두 명과 해변 야간 순찰을 돌다가 장수거북 세 마리를 한꺼번에 발견한 적이 있다. 녀석들은 거의 몸을 포갠 상태로 엎치락뒤치락하며 저마다의 산란에 집중하고 있었다. 그 모습에 나는 온몸이 짜릿해지는 것을 느꼈다. 나는 자원봉사자들을 배치해 그중 두 마리가 낳은 알을 채집하도록 지시했다. 둥지 위치가 좋지 않아 반드시 다른 곳으로 옮겨야 할 것으로 보였다. 그날 나는 정보를 기록하고 표식을 달고 둥지를 옮기고 틈틈이 자원봉사자들에게 설명까지 하느라 밤새 동분서주했다. 몇 시간이 쏜살같이 지나갔고, 한밤중이 지나 마침내 교대 시간이 되었을 때 녹초가 된 몸에선 더 이상 환희의 기운을 찾을 수 없었다. 다행히 숙소로 돌아오는 길에 아직 열려 있는 술집 하나를 발견했다. 불빛을 본 위장에서 아우성을 치는 소리가 났다. 나는 맥주를 주문했다. 그 시간에 얻을 수 있는 유일한 안주는 초코바였다. 그날이 시작이었다. 나는 무언가 기념하고픈 밤이면 초코바에 맥주를 마시며 자축연을 벌였다.

# 푸른바다거북

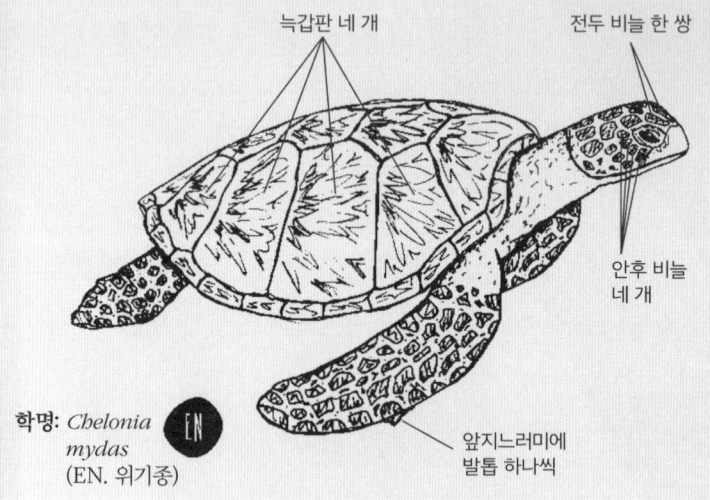

- 늑갑판 네 개
- 전두 비늘 한 쌍
- 안후 비늘 네 개
- 앞지느러미에 발톱 하나씩

**학명:** *Chelonia mydas*
(EN. 위기종)

- 위험도 등급(IUCN): 위기
- 등갑 길이: 80~120cm
- 무게: 120~220kg
- 주식: 해초와 해조(성체)
- 생식 연령: 25~45세
- 이주 간격: 2~5년
- 산란 간격: 12일
- 산란기별 산란 횟수: 3~5회
- 산란별 알의 개수: 110개
- 부화 기간: 50~60일
- 특이 사항: 한때 유행했던 바다거북수프의 재료로 '수프 거북'이라고도 불린다. 성체가 되면 초식만 한다. 지방질이 초록색이라 '푸른'바다거북이라 불린다.

## 당신은 당신이 먹는 것

바다거북과 얼굴을 마주하고 눈 맞추는 경험은 누구나 누리는 행운이 아니다. 나는 그 순간의 기분을 결코 잊지 못한다. 마치 이가 없고 주름투성이인 노파의 지혜로운 얼굴을 보는 것 같았다. 바다거북의 얼굴에서 '지혜'가 연상되는 까닭은 아마도 녀석들이 상당히 나이 들어 보이는 데다가 실제 나이도 매우 많을 수 있기 때문일 것이다. 진화의 역사를 돌이켜 볼 때에도 녀석은 아주 오래전부터 지구상에 존재해 왔다. 나는 그 장구한 생명력을 통해 녀석들이 얼마나 지혜로운지를 실감한다.

분류학적으로 바다거북은 거북목 상과에 해당하며 뱀, 도마뱀, 악어와 함께 '구식 개념'에서의 파충류에 속한다. 굳이 '구식 개념'이라고 토를 단 것은, 몇 년 전 분자 분석을 통해 파충류가 단계통군을 형성하는 닫힌 계통군이 아니라는 사실이 밝혀졌기 때문이다. 예를 들어 악어는 발달 역사상으로는 다른 파충류 생물들보다는 조류에 더 가깝다. 그래서 최근 발견된 사실에 따라 용어를 정하자면, 파충류는 새나 공룡들과 함께 석형류로 부르는 게 옳다. 하지만 일반인들은 물론이고 전문가들조차 파충류를 석형류와 혼동해 사용한다.

바다거북 상과는 일반적으로 등갑이 딱딱한 바다거북과Cheloniidae와 등갑이 부드러운 가죽거북과Dermochelyidae로 구분된다. 장수거북과에서 지금까지 남은 종은 장수거북Dermochelys coriacea이 유일하다. 나머지 6종은 모두 바다거북과에 속한다. 나는 코스타리카에서 그중 세 가지 종, 즉 '수프 거북'이란 슬픈 별명을 가진 푸른바다거북과 매부리바다거북, 올리브바다거북을 직접 관찰하는 행운을 누렸다. 그리고 몇 년 전 미국에서 처음으로 붉은바다거북을 보았다. 코스타리카 북쪽 해변에 아주 드물게나마 붉은바다거북들이 둥지를 틀 때도 있지만 대부분은 적도 인근 온대 기후 지역에서 흔히 관찰된다.

켐프바다거북과 납작등거북은 특정한 지역에서만 서식한다. 켐프바다거북은 멕시코 만에 주로 분포하며 멕시코와 텍사스 해변에서 둥지를 트는지라 나는 그 일대에서 녀석들을 알현했다. 켐프바다거북은 올리브바다거북의 '자매종'이기도 하다. 납작등바다거북은 호주 북부 해안에서만 서식하기 때문에 나는 아직 녀석의 살아 있는 모습을 본 적이 없다.

바다거북의 진화를 논하려면 시간을 백악기까지 거슬러 올라가야 한다. 그들의 최초 조상은 1억 2,000만 년 전 원시 거북에게서 분화했다. 이해를 돕기 위해 첨언하자면, 대부분의 공룡이 멸종한 백악기 말기 대멸종K-Pg이 6,600만 년 전이다. 인류가 발견한 가장 오래

된 화석은 2015년에 발견된 데스마토켈리스 파딜라이Desmatochelys padillai다. 2미터가 넘는 거구로 멸종 전까지 깊은 원시의 바다에서 헤엄치며 살았을 것으로 추정된다. 원시 바다거북 화석 중 가장 먼저 발견됐을 뿐 아니라 크기도 가장 큰 아르케론Archelon은 몸체의 길이가 무려 4.6미터에 달하고 무게는 2톤이 넘는다. 오랫동안 사람들은 아르케론을 장수거북의 직계 조상으로 추정했으나 결국은 아닌 것으로 밝혀졌다.

한때는 지구상에 30종이 넘는 바다거북이 살았던 것으로 짐작되지만, 지금은 그중에서 7종만이 남았다. 그중 가장 오래되고 몸집이 큰 녀석이 바로 내가 사랑하는 장수거북이다. 코스타리카에서 만난 장수거북이 내 인생 처음으로 산란을 관찰할 수 있도록 허락한 이후, 나는 여러 해 동안 녀석을 중심에 두고 다양한 프로젝트를 진행했다. 장수거북을 독일어로는 '가죽거북Lederschildkröte'이라고 부른다. 학명 Dermochelys coriacea에도 피부를 뜻하는 그리스어 'derm'이 들어간다. 여기서 알 수 있듯, 녀석의 등갑은 딱딱한 뼈가 아니라 부드러운 연골로 이뤄져 있으며 그 위를 질긴 가죽이 덮고 있다. 그러므로 녀석은 다른 바다거북종과는 전혀 다른 조상 계통에서 유래한 것으로 보인다.

학자들은 장수거북이 현재의 모습을 갖춘 것은 약 9,000만 년 전부터이리라 추정한다. 어쩌면 현존하는 개체의 고고고고고고고조할머니는 공룡과 안면이 있는 사이였을지도 모른다. 바다거북과 장수거북은 6,000만~3,000만 년 전에 같은 조상에게서 분화되어 현재의 모습으로 진화했다. 바다거북의 산란을 지켜보노라면 내 마음속에는 경외감이 물결친다. 그리고 여전히 고대 생물과 같은 해변에 존재할 수 있음에 무한히 감사한다.

현존하는 7종의 바다거북이 지난 수백만 년 동안 살아남을 수 있었던 비결은 영양분을 섭취하는 방식 혹은 먹이에 적응하는 능력에 있을 것으로 추정된다. 생존한 녀석들은 식습관을 유연하게 조정해 환경의 요구에 따라 수시로 영양 공급원을 바꾸어 온 반면, 멸종한 나머지 종들은 아마도 특수한 식습관을 고수한 탓에 변화하는 환경과 충돌했을 것으로 짐작된다. 살아남은 종들은 먹이 부족이나 먹이를 둘러싼 경쟁을 피하기 위해서라면 기꺼이 다른 먹이를 찾았다. 다만 애초에 다른 생물들이 먹지 않는 해파리를 먹음으로써 경쟁에 놓일 리가 없었던 장수거북만은 예외로 볼 수 있다.

그렇다면 살아남은 7종들은 어째서 서로를 멸종으로 몰아넣지 않았을까? 바다거북들은 전반적으로 생태가 매우 유사하다. 주로 아열대나 열대 해역에 살며 대부분 해안 부근에서 먹이를 얻는다. 여러 종이 같은 해변을 산란지로 사용하는 경우도 드물지 않다. 그러므로 원리로만 따지자면 그들은 산란을 하고 먹이를 구하는 영역에서 직접적인 경쟁 관계에 놓여 있다. 하지만 그들은 주된 서식지인 수중 공간을 조금씩 조절하고 수백 년에 걸쳐 각자의 먹이를 특화함으로써, 저마다의 생태학적 틈새를 개발하는 방식으로 공존에 성공했다. 종마다 특화된 먹이는 그들의 정체성이자 생존 비결이다.

예를 들어, 장수거북은 성체가 된 이후에도 생의 대부분을 해안이 아니라 심해에서 보내는 유일한 바다거북이다. 영양분이 많은 해류가 흐르는 심해에서 그들의 주식인 해파리가 잘 자라기 때문이다.

장수거북은 바다의 부영양화로 인한 해파리의 기하급수적 증가를 제어하는 몇 안 되는 동물 중 하나다. 해파리의 급증은 어업과 관광업을 망친다. 장수거북의 먹이 취향은 그 골칫거리를 통제하는 자연의 해법이다.

장수거북은 또한 먹이를 찾고 천적을 피하기 위해 수심 1,000미터 깊이를 잠수하는 유일한 바다거북이다. 물론 바다거북들은 모두 잠수에 탁월하다. 물속에 가라앉지 않고 떠다니기 위해 그들은 폐에 공기를 채운다. 해저에서 바위 사이나 산호초 틈에서 휴식을 취할 때는 종에 따라 45분에서 2시간까지 숨을 참을 수 있다. 일상 활동 중에는 산소가 좀 더 필요하므로 4분에서 10분 사이 간격으로 한 번씩 수면 위로 올라와 2초가량 숨을 쉬고 내려간다. 하지만 스트레스 상황에선 체내에 저장된 산소를 금세 써 버려서, 가령 바다에 떠다니는 폐그물에 걸린 바다거북은 익사하기도 한다. 등갑이 딱딱한 바다거북 종들은 심해의 압력을 견디지 못하므로 깊이 잠수하진 않고 대부분 수심 100미터 이내에서 헤엄친다. 등갑이 부드러운 장수거북만이 높은 수압에 문제없이 적응한다. 장수거북이 가장 깊은 곳을 잠수한 기록은 1,200미터가 넘는다. 그러나 흥미롭게도 둥지를 짓는 해변이나 먹이를 찾는 영역에서는 그렇게 깊이 잠수하지 않는다. 학자들은 장수거북이 뱀상어 출몰지역으로 알려진 곳에서 유독 깊이 잠수하는 것으로 미루어 볼 때, 바다 깊이 잠수하는 습성은 상어를 피하기 위한 전략이리라 추측한다.

장수거북이 선호하는 먹이 지역은 플랑크톤과 해파리가 풍부한 대양의 북쪽 끝과 남쪽 끝이다. 바다거북 중 장수거북만이 유일하게 한류 수역에 서식한다. 변온 동물인 바다거북들은 보통 체온 유지에 이상적인 섭씨 25도 정도의 따뜻한 물을 좋아한다. 일광욕을 좋아해서 규칙적으로 등갑을 수면 위로 내놓고 둥둥 떠서 몇 시간씩 햇볕을 쬐기도 한다. 하지만 먹이 사냥을 위해서라면 장수거북은 신진대사에 이상적인 온도보다 몇 도씩 더 낮은 물에서도 장시간을 버틴다. 장수거북은 체온 조절의 명수이기 때문이다.

진화 과정에서 녀석들은 섭씨 10도 이하의 물에서도 체온을 25도로 유지할 수 있는 능력을 개발해 왔다. 비결은 블러버blubber라고 부르는 지방층이다. 고래와 돌고래의 몸을 겨울 코트처럼 감싸서 냉기를 차단하는 두꺼운 지방층이 장수거북에게도 있다. 심지어 장수거북의 블러버는 식도까지 감싼다. 섭취한 영양소가 소화 기관에 들어가는 도중에 얼어 버리지 않도록 예방하는 것이다. 그뿐만 아니라 이 지방질 겨울 코트는 장수거북이 짝짓기와 산란을 위해 열대 지방까지 긴 여정을 하는 데도 유용하게 쓰인다. 몸에 축적된 지방질은 녀석들이 산란을 마치고 무사히 복귀할 수 있도록 에너지를 공급한다.

지방층과 관련해 장수거북이 얼마나 영리하게 환경에 적응해 왔는지를 알 수 있는 특징이 하나 더 있다. 녀석들은 지방층과 피부 사이 혈관을 선택적으로 열고 닫을 수 있다. 추운 지방에서 이 혈관은 대부분 닫혀 있어서, 몸 안을 순환하는 따뜻한 혈액이 차가운 물에 닿아 식을 염려가 없다. 혈관은 수온이 올라가면 열린다. 몸 안의 열기를 외부로 방출해 일사병을 예방하기 위해서다. 단, 지느러미는 예외다. 얼음장처럼 찬 물살을 헤쳐야 하는 신체 부위인데도 지느러미는 지방층이 없고 혈관을 여닫을 수도 없다. 지느러미가 지방층으로 둔중해지면 계속 움직이기 힘든 데다가 혈액 순환이 잠시라도 멈추면 마비될 수 있다.

외부 온도가 변해도 체온이 안정적으로 유지되는 것은 바다거북 체내에서 일어나는 역류 교환 덕분이다. 역류 교환이란 액체나 기체 사이에 열이나 물질이 교환되는 자연 현상으로, 장수거북의 체내에서는 열의 손실을 막아서 에너지를 아끼는 역할을 한다. 심장에서 말초로 향하는 동맥류는 상대적으로 따뜻하고, 말초에서 심장으로 돌아오는 정맥류는 차갑다. 동맥류가 지느러미까지 가는 길에서 심장으로 돌아오는 정맥류에 열을 주고, 지느러미에 이르렀을 때는 외부온도와 엇비슷한 온도가 된다. 반대로 지느러미에서 몸 안으로 들어오는 정맥류는 동맥류로부터 열을 흡수해 따뜻하게 데워진 채로 체내에 도달한다. 몸 전체를 두고 봤을 때는 에너지를 크게 쓰지 않고도 혈액의 온도를 일정한 수준으로 유지할 수 있다. 그래서 장수거북의 지느러미는 항상 얼음처럼 차갑다.

엄청나게 큰 체구 또한 체온을 유지하는 데 장점으로 작용한다. 몸의 부피가 표면적에 비해 크기 때문이다. 덩치가 크긴 하지만 체온을 빼앗기는 외부와의 접점은 상대적으로 적다. 이처럼 부피가 큰 변온 동물은 상대적으로 작은 표면적 덕분에 체온을 오랫동안 일정하게 유지하기에 유리하다. 이러한 현상을 기간토테르미Gigantothermy라고 부른다.

불과 몇 년 전부터는 장수거북이 소화를 통해 스스로 열을 낼 수도 있다는 획기적인 사실이 발견되었다. 이는 변온 동물로서는 매우 드문 현상인 데다가 장수거북의 주식인 해파리가 거의 수분으로만 이뤄졌다는 점을 고려하면 더욱 이례적이다. 녀석들이 수분 가득한 먹이를 먹고서도 거구를 유지하는 비결은 여전히 밝혀지지 않고 있다.

장수거북과 달리 등갑이 단단한 바다거북 종들은 성체가 된 이후 생의 대부분을 열대나 아열대 해안 인근 대륙붕 위에서 보낸다. 올리브바다거북 중 일부 개체군만이 예외적으로 심해에서 발견되곤 한다. 올리브바다거북은 뭐든 먹는 잡식성이다. 장수거북과 서식지가 겹치더라도 먹이 스펙트럼 상에서는 서로 정반대편에 있다. 올리브바다거북은 해조부터 물고기까지, 헤엄을 치며 입에 걸리는 것은 무엇이든 먹는다. 그래서 다른 종들보다는 영양 공급원의 영향을 덜 받는다. 반면, 올리브바다거북의 '자매종'으로 분류되는 켐프바다거북은 주로 근해에 머물며 성체가 된 후로는 거의 블루크랩만을 먹는다. 몇몇 보고에 따르면 어쩌다 가끔씩 해파리나 미더덕, 혹은 작은 척추동물을 먹는 것으로 알려졌다.

푸른바다거북은 어린 시절엔 잡식성이나 성체가 된 후로는 해조만 먹는 유일한 초식 바다거북이다. 드물게 특정 개체군에서는 동물성 단백질을 섭취하는 성체들도 있다. 그래도 주식은 해초와 해조다. 가끔 해파리나 연체동물을 먹긴 하지만 전체 섭취량에서는 극히 일부다. 식물성 먹이 때문에 체지방이 연한 초록색을 띠어서 '푸른'바다거북이란 이름을 갖게 되었다.

채식주의자인 푸른바다거북은 바닷속 초원의 생장에 중요한 역할을 한다. 녀석들은 해초를 매우 선택적으로 섭취함으로써 자연적 교란자 역을 맡으며, 해초의 지속적인 재생을 촉진하고 과잉 성장을 저지한다. 생화학적인 관점에서 볼 때, 어린 해초의 줄기는 소화가 잘 되고 단백질 합성에 필요한 화학 질소가 풍부하다. 반면 다 큰 해초의 줄기는 동물이 소화하기 어려운 구조를 갖고 있다. 그래서 바다거북 입장에서는 바닷속 초원에 어린잎이 가득한 게 제일 좋다. 해초는 좋은 먹이가 되기 위해 줄기를 튼튼하고 길게 키우기보다는 화학 질소와 전분을 농축하는 데 에너지를 들인다. 이는 푸른바다거북만이 아니라 다른 초식 동물 혹은 미생물에게도 이롭다. 인근에서 서식하던 푸른바다거북 무리가 사라져서 초원의 생장을 제어할 개체가 없어지면 해초의 잎은 시들고 줄기만 질기게 자라는 모습이 관찰된다.

바다거북의 이동이 바닷속 초원에 영향을 주기도 하지만, 역으로 해초와 해조에 생긴 변화가 바다거북에게 문제를 일으키기도 한다. 예를 들어, 인도양과 홍해에서 서식하던 할로필라 스티풀라케아 *Halophila stipulacea*라는 해오말류의 해초가 대형 선박의 경로를 따라 최근에는 카리브해까지 밀려온다. 카리브해의 초원을 장악한 이 외래종은 토종 해초들의 생장을 방해한다. 푸른바다거북은 할로필라를 먹지만 그 안에는 녀석에게 필요한 영양소가 충분치 않다. 지금까지 이 낯선 해초를 먹는 것으로 보고된 바다거북은 극소수에 불과하다. 소화는 쉽지만 영양적으로 가치가 매우 떨어져서, 소화에 들어가는 에너지를 빼고 나면 체내에 남는 게 거의 없기 때문이다. 만약 우리 인간이 그 확산을 적극적으로 막지 않는다면 할로필라는 카리브해의 대세 종이 될지도 모른다. 혹 푸른바다거북이 건강에 무리 없이 이 새로운 종에 적응한다면 큰 문제가 되지 않을 수도 있다. 시간이 지나 봐야 알 일이다.

푸른바다거북이 해초를 먹는 것으로 바닷속 초원을 지킨다면 주로 해면동물을 섭취하는 매부리바다거북은 정반대 전술을 선택해 산호초의 생식에 기여한다. 카리브해를 비롯한 일부 지역에 사는 매부리바다거북은 영양분의 95%를 해면동물에서 섭취한다. 다른 지역에 서식하는 녀석들은 그보다는 비중이 낮지만 여전히 주식으로 해면동물을 먹는다. 해면동물이 과잉 증식해 산호초를 덮으면 산호초는 광합성을 방해받아 군락을 형성하기 어렵다. 매부리바다거북이 해면동물을 먹음으로써 개체 수를 조절하면 산호초 군락이 안정적으로 유지되므로 그곳을 보금자리로 삼는 다양한 해양 생물들의 생존에도 유익하게 작용한다.

붉은바다거북도 육식동물이다. 하지만 먹이를 한 동물군에 특정하지 않고 넓은 선택지 중에서 고른다. 녀석의 영어 이름에는 '큰 머리loggerhead'가 들어가는데, 과연 머리가 크고 등갑이 특히 단단해 외모에서 풍기는 아우라가 남다르다. 껍질이 딱딱한 무척추동물을 꿀꺽꿀꺽 삼키길 좋아하는 식습관과도 잘 어울린다. 성체가 된 녀석은 게를 비롯해 조개, 살파, 바다달팽이 등 다양한 동물을 먹는다. 바다거북 연구자들 사이에서 붉은바다거북은 씹는 힘이 2,100뉴턴(214킬로그램)이 넘는 강력한 턱으로도 유명하다. 내 동료 중에는 녀석 때문에 손가락 중 일부를 잃어버린 사람들도 있다. 잠시 방심한 새에 녀석의 주둥이가 손가락을 덥석 물어 버린 것이다.

납작등바다거북의 먹이 취향에 대해선 알려진 바가 많지 않다. 녀석들은 어릴 때도 대양으로 나가지 않고 호주나 인도네시아의 남쪽 섬, 혹은 파푸아뉴기니 인근의 대륙붕에서 평생을 보내는 유일한 종이다. 청소년기에는 다른 종들과 마찬가지로 주로 바닷물에 섞인 동물성 플랑크톤으로부터 영양을 공급받는 것으로 알려진다. 성체가 되면 연질 산호, 해마, 해삼, 해파리 등 무척추 연체동물을 먹고 산다.

과거에는 바다거북의 식습관에 대해 알아내려고 께름칙한 과정을 감수하기도 했다. 먹이의 종류와 섭취된 양을 정확하게 알려면 위장 속 내용물을 확인해야만 한다. 그래서 지난 세기에 이 분야를 연구했던 학자들은 위세척과 검시의 전문가였다. 노골적으로 말하자면, 의도적으로 거북의 배를 눌러 토사물을 확인하거나 죽은 동물의 배를 갈랐다는 뜻이다. 비록 과정은 힘들었지만 그 결과는 매우 유익했다. 그들 덕분에 바다거북의 생태에 관한 우리의 지식이 크게 발전했음을 부인할 수는 없다.

요즈음엔 좀 더 우아하고 좀 덜 역겨운 방식으로 연구할 수 있게 되었다. 나로서는 다행이 아닐 수 없다. 내가 박사 논문을 쓸 때에는 피부 조직의 동위 원소를 분석해 바다거북의 식습관을 확인했다. 이 연구 방법을 사용하면 장소에 구애받지 않을 뿐 아니라 작은 피부조직만 있어도 그 개체의 먼 과거로 여행을 떠날 수 있다. 혈액, 피부, 등갑의 케라틴 등 무엇을 채취하든 조직에 포함된 탄소, 질소, 산소와 다른 화학 성분의 동위 원소를 분석하면 그 개체가 몇 주, 심지어는 몇 년에 걸쳐 어떤 먹이를 먹었는지를 알아낼 수 있다. 또한 먹이 취향을 반추해 보면 어떤 먹이 지역에서 지냈는지도 추측할 수 있다.

예를 들어, 두 개의 탄소 동위 원소 C12:C13의 비율을 통해 그 녀석이 해안 근처에서 먹이를 먹었는지 아니면 북쪽 먼 바다나 적도 인근에서 식사를 했는지 알 수 있다. 질소동위 원소 N14:N15의 비율은 그 개체가 먹이 사슬의 어느 지점에 있는지, 예컨대 초식인지 육식인지를 설명해 준다. 이러한 연구법은 덜 우악스러울 뿐 아니라 특정 지역에만 국한된 위장 내용물 연구의 한계점을 극복하는 데에도 도움이 된다.

바다거북이 물속에서 정확히 어떻게 먹이를 찾아내고 먹는지는 또 다른 면에서 굉장히 흥미로운 주제다. 거리가 가깝고 시야가 선명할 때 녀석들은 눈으로 먹잇감을 알아본다. 거리가 좀 더 멀고 물이 탁할 때는 예민한 후각으로 먹잇감의 냄새를 맡고 따라간다. 바다거북의 뇌를 처음 보았을 때 내게 제일 먼저 든 생각은 '정말 작다'였다. 그 작은 뇌 안에서 후각적 자극에 반응하는 영역은 상대적으로 크다. 뇌 구조상으로 볼 때 바다거북이 특별히 영리하거나 학습 능력이 뛰어나지 않을지는 몰라도 예민한 코를 가진 것만은 분명하다.

또한 바다거북은 수백만 년의 진화 과정을 통해 물속에서 바닷물을 많이 마시지 않고 먹이만 삼키는 고난도 기술을 터득했다. 식도에서 위장 쪽으로 난 뾰족한 돌기 덕분이다. 거북들은 일단 바닷물과 함께 먹이를 들이마시고선 코로 바닷물을 다시 뱉어 낸다. 그때 먹이들은 돌기에 걸려서 위장으로 넘어간다. 이 기발한 적응 덕분에 바다거북은 물속에서 효율적으로 영양분을 섭취할 수 있다.

그런데 지난 세기부터 바다거북들은 그 돌기 때문에 재앙을 맞게 되었다. 플라스틱이 바다에 범람하자 바닷물과 함께 바다거북의 몸 안으로 들어가는 경우도 빈번해진다. 플라스틱이 식도에 난 돌기에 걸려 다시 배출되지 않기 때문이다. 수년 전부터 바다거북의 위장에서 플라스틱이 발견되는 경우가 점점 많아졌다. 이렇게 말하긴 슬프지만 우리 학자들에겐 거의 일상이 되었다. 사실은 이미 1970~1980년대부터 장수거북의 위장에서 비닐봉지가 발견되었다는 보고가 있었다.

이처럼 인간은 바다거북의 생애에 너무 많은 영향을 끼치고 있다. 인간과 바다거북은 긍정과 부정이 엇갈리는 미묘한 관계를 유지한다. 인간의 전설과 민담에 등장하는 바다거북은 매번 아주 중요한 역할을 담당한다. 힌두의 창세 신화는 거북의 등 위에 선 네 마리 코끼리가 지구를 떠받친다고 설명한다. 그 거북은 때론 바다거북이지만 육지 거북으로 그려질 때도 있다. 중국 창세 신화에서는 여신 '여와'가 바다거북의 지느러미를 잘라 하늘을 떠받치는 기둥으로 쓴다. 중국 사람들은 예로부터 거북의 굽은 등은 하늘을, 평평한 배면은 땅을 상징한다고 여겼다. 폴리네시아 문화에서 바다거북은 건강과 다산, 장수와 근본, 평화와 안식을 상징한다. 하와이에는 거대한 바다거북 여신인 '카우일라'가 인간 소녀로 변신해 아이들을 보호한다는 전설이 있다. 북미의 레나페족과 이로쿠아족은 힘이 센 바다거북이 등 위에 지구를 얹어 끌고 다닌다고 믿었다. 바다거북 등갑은 '스쿠타'라고 불리는 큰 조각으로 나뉘는데, 그 개수가 13개일 때가 흔하다. 그래서 음력을 따르는 문화권에서는 스쿠타가 몇 년에 한 번씩 뜨는 13번째 보름달을 상징한다고 믿는다.

먼 과거뿐 아니라 최신 문학에서도 바다거북은 상징으로서의 역할을 톡톡히 해내고 있다. 영국 작가인 테리 프래쳇Terry Pratchett은 힌두교 신화 속 바다거북의 이미지를 소환해 상상의 세계를 그려 냈다. 그가 만든 가상의 세계 '디스크 월드'는 코끼리 네 마리 위에 올라가 있는데, 그 코끼리들이 발을 디디고 선 곳이 바로 '위대한 아투인'이라는 바다거북의 등갑이다.

하지만 인간들은 상상과 이야기의 세계 안에서만 바다거북을 숭배할 뿐, 실제로는 바다거북 전부를 멸종에 이르도록 핍박한다. 바다거북보다 수백만 년 후에야 지구상에 등장한 인간은 그 짧은 세월 동안 바다거북에게 너무 큰 피해를 입혀 왔다. 바다거북과 인간이 현실에서 주고받은 최초의 상호 반응은 고고학적 발견과 문화적 유물, 역사적 기록에 잘 나타나 있다. 그 역사는 기원전 5000년인 석기시대까지 거슬러 올라간다. 인간들은 고기를 먹을 요량으로 바다거북을 잡았고 뼈와 등갑은 도구와 종교용품, 장신구 등으로 활용했다. 예컨대 지중해와 아라비아반도, 북미 등지에서는 인간의 무덤에서 바다거북의 유해가 함께 발견되었다. 고대 이집트에서는 매부리바다거북의 등갑이 반지와 팔찌, 접시와 칼 손잡이, 부적과 빗 등을 만드는 데 쓰였다. 오렌지색과 갈색이 섞여 호랑나비 같은 무늬를 내는 매부리바다거북의 등갑에는 '대모갑'이란 별칭까지 붙었다.

제국주의 시대와 함께 바다거북의 운명에는 더 큰 비극이 찾아왔다. 인간들의 기호가 그들의 생존을 정면으로 위협하기 시작한 것이다. 항해 국가들이 정복한 열대와 아열대 지역에는 바다거북 대다수의 서식지도 포함되었다. 식민지 지배자들은 여러 다른 이국적인 음식이나 풍습과 함께 바다거북을, 그중에서도 특히 푸른바다거북의 고기를 조리하고 섭취하는 방식에 대한 새로운 지식을 유럽에 전파했다. 그 효능에 대한 과장된 광고 때문에 이후 300여 년간 대대적인 과잉 포획이 일어났다.

유럽에서는 바다거북을 상류 사회의 미식 문화로 받아들였지만, 처음으로 바다거북을 먹은 유럽인들은 상류층과는 전혀 무관한 선원들이었다. 그들은 장기 항해 중에 신선한 고기를 섭취하고자 거북을 산 채로 선상에 보관했다. 그들에게 바다거북을 식용으로 활용하는 지식을 가르친 것은 카리브해 섬의 원주민들이었다. 초기 식민지 중 하나였던 그 섬들에서도 바다거북은 노예들이나 먹는 싸구려 고기였다. 하지만 얄궂게도 그 노예들의 주인이 된 서인도제도의 엘리트들이 그 맛에 빠져들었고, 고급 음식으로 포장해 유럽으로 들고 갔다.

영국에는 1753년에 처음으로 바다거북 고기와 수프를 유통하는 시장이 생겼다. 《젠틀맨스 매거진The Gentleman's Magazine》에는 런던의 식당에서 조리하는 대형 바다거북에 대한 기사가 실렸다. 바다거북 고기에 대한 수요가 해마다 급증하자 서인도 제도를 다니던 선박들은 너도나도 나무 수조를 장착하고 바다거북을 산 채로 수송하기 시작했다. 안 그래도 유럽의 엘리트들은 식민지에서 노획한 상품들로 배를 채우는 데 혈안이 되어 있었다. 바다거북수프는 눈 깜짝할 새에 그들이 가장 사랑하는 메뉴로 등극했다. 18~19세기가 되자 바다거북은 최고급 식료품의 반열에 올랐고 최고급 레스토랑이라면 없어선 안 될 메뉴로 자리 잡았다. 이후 백여 년간 사람들은 푸른바다거북의 맑은 국물과 고기를 당연하게 음식으로 받아들였고, 독일에서는 푸른바다거북이 '수프 거북'이라고까지 불렸다.

19세기 말 시민 계급의 지위가 높아지자 덩달아 바다거북수프의 인기도 치솟았다. 바야흐로 귀족의 황금시대는 끝물에 달했고 시민 계급이 새로운 상류층으로 부상했다. 시민들은 고급 물건과 요리로 자신들의 권력과 부를 표현하고자 했고 바다거북도 그러한 상징 중 하나였다. 호텔 리츠부터 타이타닉호에 이르기까지, 고급 식당이면 어디에나 거북수프가 메뉴에 포함되었다. 18세기부터 유럽과 북미에서 사랑받기 시작한 바다거북수프의 인기는 산업화의 바람을 타고 더욱 부풀어 올랐다. 19세기 후반에는 '맑은 초록 거북수프'란 통조림이 출시되었고 고급 식품점 선반에 놓이기 무섭게 부자들의 식료품 창고로 들어갔다.

20세기가 되자 중산층을 주 고객으로 하는 시장에서도 통조림이 팔리기 시작했다. 바다거북수프 통조림 공장들 중에서는 플로리다 항구도시 키웨스트에 있던 프랑스인 아망 그란데Amand Granday의 회사가 가장 번창했다. 독일에서는 상선 요리사 출신 오이겐 라크로익스Eugen Lacroix가 1921년 자신의 이름을 딴 회사를 세웠고 바다거북수프 통조림의 주요 공급원이 되었다. 2차 세계대전 이후 대중들은 이국적 음식과 사치품에 대한 열망을 바다거북 통조림으로 채웠다. 특히 '라크로익스'는 소위 라인강의 기적이라고 불리는 전후 경제 부흥의 덕을 톡톡히 보았다. 프랑크푸르트의 라크로익스 공장에서는 1959년 한 해 동안 250톤가량의 푸른바다거북이 통조림으로 가공되었다.

바다거북수프와 바다거북의 신체 부위는 미식을 위한 재료였을 뿐 아니라 치유력을 가진 일종의 성물로 여겨지기도 했다. 크리스토퍼 콜럼버스Christopher Columbus가 1498년에 기록한 바에 따르면, 북대서양 아조레스 제도에서는 나병 환자의 병세를 진정시키기 위해 거북의 피로 목욕을 하는 풍습이 있었다. 선원들은 오랫동안 바다거북 고기가 비타민C 부족으로 인한 괴혈병을 치료하는 데 도움이 된다고 믿었다. 1793년 보스턴에는 휴양과 치료에 초점을 둔 식당이자 웰빙 리조트인 '줄리언의 회복소Julien's Restorator'가 문을 열었다. '약한 사람과 병든 사람'에게 편안한 환경과 적절한 영양분을 제공하는 것이 목표인 이 식당의 주요 메뉴는 다름 아닌 바다거북수프였다.

바다거북에 대한 수요가 높아지면서 유럽의 식민지가 된 카리브해에서는 이미 18세기 초부터 개체 수가 급감했고, 그래서 어획을 제한하려는 노력이 제기되었다. 그에 대한 반동으로 19세기 유럽인들은 배를 서태평양으로 돌려서 플로리다와 케이맨 제도 등에서 어업을 확대했다. '터틀러스Turtlers'라고 불렸던 거북 어획에 특화된 소형 어선은 서태평양 인근 어촌 경제를 지탱하는 중요한 요소 중 하나였다. 그들은 바다거북을 잡아서 북미나 유럽의 소비자들에게 운송하는 역할을 담당함으로써 바다거북 무역이 성장하는 데 결정적으로 기여했다. 이어진 대규모 과잉 포획은 바다거북수프 통조림 공장의 생산을 제한하도록 만들었고, 결국 '바다거북 남획'에 대한 더 엄격한 규제가 시행되었다. 1973년 채택된 멸종 위기종 보호법 Endangered Species Act이 미합중국 수역 내에서 바다거북의 살상을 금지하자 수많은 통조림 공장이 파산에 이르렀다.

바다거북수프는 현재 우리의 집단 기억에서 사라지다시피 한 식품이다. 하지만 50년 전만 해도 플로리다에 관광 온 사람들은 으레 바다거북수프와 바다거북스테이크, 심지어는 바다거북버거까지도 맛보았고 1990년대까지 미국의 가장 인기 있는 요리책에는 바다거북수프 조리법이 포함돼 있었다. 독일에서는 따로 법을 제정해 바다거북 섭취를 금지하진 않았지만, 1970년대 무렵부터 생태에 대한 대중의 인식이 진전되면서 바다거북의 어획과 살상을 비판하는 목소리가 높아졌다. 그러나 대형 슈퍼마켓 체인 중 하나인 텡겔만Tengelmann에서 마침내 바다거북수프가 퇴출된 것은 1984년이었다.

유럽과 북미에서도 바다거북을 먹는 행위를 완전히 금기시하는 분위기는 아니다. 그러니 아직도 이 지구상에는 예전과 다름없이 바다거북을 식탁에 올리는 지역이 있다는 사실은 그리 놀라울 것도 없다. 최근 발표된 조사에 따르면 지난 30년간 110만 마리 이상의 거북이 식용으로 도살됐다. 바다거북이 위험에 처했다는 사실을 아는 우리는 단순히 바다거북 고기를 먹는 사람들을 비판하기 쉽다. 하지만 이는 일부 사람들의 편협한 시각일 따름이다. 많은 동물 보호론자들이 식용 바다거북을 도살하는 유혈 낭자한 방식에 강함 불쾌감을 표한다. 무엇보다 그 대상이 멸종 위기 동물이기 때문이다. 하지만 아프리카와 아시아, 남미의 원주민들과 그리고 특정 섬 주민들에게 바다거북의 도살은 유럽과 북미에서 아무 생각 없이 소나 돼지 같은 가축을 도살하고 먹는 것과 별반 다르지 않다.

코스타리카에서 첫 해를 보내면서 나는 거의 강제적으로 이 주제에서 타협점을 찾아야 했다. 당시 나는 선악을 흑백으로 가르는 데 익숙했고, 그래서 바다거북 고기를 섭취하는 일을 죄악의 증표가 아닌 생활 방식의 일부로 받아들일 여유가 없었다. 그러던 어느 순간 내가 좋아했고 존경했던 사람들이 밤이면 바다거북과 바다거북 알을 사냥한다는 사실을 알게 되었다. 나는 내 관점이 지극히 유럽 중심적이며 서구 세계에서 선악을 판단하던 기준에 치우쳐 있음을 인정할 수밖에 없었다. 그리고 특정한 것을 먹거나 먹지 않는 금기는 결국 그 사람의 의견이나 종교적 신념이 반영된 결과라는 것을 깨닫게 되었다. 그것은 한 사람의 전부보다는 그저 그 사람이 어떤 문화 속에서 성장했는지를 보여 주는 단면일 뿐이다. 그럼에도 불구하고 처음으로 바다거북 사냥을 목격한 기억은 내 뇌리 속 깊은 곳에 화상 자국 같은 상처로 남았다. 지금도 그때를 떠올리면 영혼이 타는 듯한 고통이 생생하게 되살아난다.

코스타리카에 온 첫 해에 나는 내 두 눈으로 사냥을 목격했다. 밤 순찰 도중에 푸른바다거북 한 마리가 모래사장을 기어올라 숲으로 향한 흔적을 발견했다. 물로 다시 돌아간 흔적을 보지 못했기에 나는 암컷이 둥지를 짓거나 부화하는 모습을 보리라는 기대에 부풀어 그 뒤를 좇았다. 하지만 자취가 끝난 자리를 아무리 둘러보아도 거북은 없었다. 나는 수풀 속에 머리를 들이밀고 헤드랜턴의 적색광을 이리저리 비추면서 기어가는 소리나 지느러미의 파닥임을 들으려 귀를 기울였다. 하지만 주위는 온통 벌레와 개구리의 울음소리뿐이었다. 마치 암컷 거북에게 날개가 돋아 허공으로 날아가 버린 것 같았다.

혼란에 빠진 나는 다른 지점을 순찰 중이던 동료에게 무전으로 연락을 취했다. 그는 스페인어와 영어를 섞어 가며 암컷이 사라진 상황을 합리적으로 설명하려 애썼다. 아마도 밀렵꾼에게 잡혀간 것 같다고 했다. 나는 손전등의 조도를 최대로 높여 주변을 한 번 더 수색했다. 그러자 지느러미 흔적이 사라진 끝에 선명하게 찍힌 사람 발자국이 보였다. 발자국은 정글을 향하고 있었다. 밀렵꾼들은 암컷의 흔적을 지우기 위해 일단 들어서 몇 미터를 옮긴 다음, 몸체를 뒤집어서 그 강력한 앞지느러미가 발길질을 하지 못하도록 등갑에 꽁

꽁 묶은 것으로 보였다. 발자국을 따라 숲으로 백여 미터를 더 들어갔고 거의 말라붙어 가는 웅덩이 하나를 발견했다. 그 옆에는 불쑥 솟아오른 흙더미가 보였다. 발자국은 계속 숲을 향하고 있었지만 나는 그 지점에서 발길을 멈췄다. 누가 봐도 사람 손으로 쌓은 둔덕이었다.

나는 직감을 따라 바닥에 무릎을 꿇고 앉아 맨손으로 그 둔덕을 파헤치기 시작했다. 오래 걸리지 않아 모래에 파묻혀 있던 딱딱하면서도 흐물흐물한 무언가가 손끝에 걸렸다. 구멍을 더 크게 파내고 두 손으로 그 물체를 들어 땅에서 끄집어냈다. 그것은 둥글고 미끄러워서 자꾸 내 손가락을 빠져나갔다. 마침내 그것을 두 손으로 잡아 들었을 때 비릿한 피 냄새가 내 코와 입을 가득 채웠다. 두 손에 헤드랜턴을 비췄을 때 보게 된 것은 죽은 푸른바다거북의 희뿌연 눈동자였다. 밀렵꾼들이 암컷의 머리를 잘라서 땅에 묻어 놓고 간 것이다. 그 아름다운 동물의 텅 빈 눈동자를 보는 순간 온몸에 사나운 전율이 밀려왔다. 이 경악스러운 장면이 현실이라고 믿고 싶지 않았다.

그로부터 한두 해 후, 나는 현지 보안관들로부터 몰수된 바다거북 상품을 판별해 달라는 부탁을 받았다. 그런 문의가 처음은 아니었다. 몰수 품목의 대부분은 시장에서 판매되던 바다거북 알이었다. 관광객이나 의식 있는 주민들의 신고로 단속에 걸린 것이다. 우리는 주로 그 알들이 어떤 바다거북의 것인지를 판별하는 일에 소환되곤 했다.

그날은 공무용 차량을 타고 시장이 아닌 도심 빈촌의 한 가정집을 습격했다. 자동차 문을 열자 카리브 특유의 습한 열기가 우리를 덮쳤다. 동네 분위기와 어울리지 않게 화려한 그 집 앞에는 여러 대의 경찰차가 파란 불빛을 비추고 방탄조끼와 선글라스, 기관총으로 무장한 검은 옷의 경관들이 그 주위를 에워싸고 있었다. 경찰들이 대량의 마약과 바다거북 관련 상품을 유통하던 조직을 체포했고 그 물품들을 분류하는 전문가로 우리를 부른 것 같았다.

지휘관은 우리를 차고로 안내하면서 보게 될 광경이 그리 아름답지는 않을 거라고 경고했다. 코끝에 이미 굳어 가는 피 냄새가 감돌았다. 차고에는 전등이 없었다. 그래서 희미한 불빛에 눈이 적응하는 데 몇 초가 걸렸다. 점점 선명해지는 시야 속에서 처음엔 바다거북 알로 가득 찬 하얀 자루 몇 개가 보였다. 누군가 차고 한쪽 문을 열자 빛이 좀 더 들어왔다. 그제야 내 앞에 펼쳐진 지옥도를 알아볼 수 있었다. 차고 바닥은 악취가 나는 거대한 피 웅덩이로 뒤덮여 있었다. 그 위를 날아다니던 파리 수백 마리는 격분이라도 한 듯 우리에게로 돌진해 날아왔다. 피 웅덩이 한가운데에 푸른바다거북의 사체가 훼손된 채 나뒹굴고 있었다. 지느러미 네 개가 잘려 나갔고 등갑이 그 가장자리를 따라 도려내져 있었다. 도살자는 거대한 가슴 근육을 해체하는 작업 도중 급습을 당한 것 같았다. 기다란 작업대 위에는 적어도 푸른바다거북 네 마리 분은 더 될 법한 살점이 덩어리로 나눠져 있었다.

그 장면이 서서히 내 의식에 스며드는 동안 나는 혀끝으로 소금 맛을 느꼈다. 주체할 수 없는 눈물이 볼을 타고 흘러내린 것이다. 수많은 위험 속에서 성체로 자라는 데 성공한 이 아름다운 동물의 생이 그런 식으로 끝나 버린 것이 너무 슬프고 억울해서 흐르는 눈물이었다. 동시에 바다거북들을 죽인 그 무자비한 방식에 대한 분노의 눈물이기도 했다.

바로 그때 어디선가 헐떡이는 숨소리가 들렸다. 보안관 중 한 명이 소리 나는 쪽으로 손전등을 비췄다. 빛줄기를 따라 우리가 돌아본 차고 구석에 푸른바다거북 다섯 마리가 있었다. 지느러미를 결박당한 채 등이 바닥을 향하도록 뒤집어진 녀석들은 미동도 하지 못했지만, 숨소리로 미루어 보아 적어도 그중 한 마리는 숨이 붙어 있는 게 확실했다. 우리는 서둘러 한 마리씩 뒤집어 생존한 거북을 찾아냈다. 사실 바다거북은 아주 오랫동안 숨을 참을 수 있어서 살았는지 죽었는지를 단박에 판별하기란 어려운 일이다. 그래서 나는 조심스레 녀석들의 눈과 눈꺼풀에 손을 댔다. 바다거북에겐 가장 민감한 부위라 살아 있다면 움찔할 것이다. 다섯 마리 모두가 움찔했다!

하지만 녀석들의 등갑에는 포획용 작살이 파고들어 간 구멍이 남아 있었다. 사람의 팔뼈가 부러져도 시간이 지나면 다시 붙듯 거북의 등갑도 시간이 지나면 회복된다. 다만 회복을 위해선 전문 수의사의 적절한 처치와 관리가 필요하다. 회복 기간 동안 거북이 기거할 넓고 적절한 설비가 갖춰진 시설도 구해야 한다. 등갑에 난 구멍이 초래할 수 있는 가장 큰 위험은 세균이 몸속으로 침투해 감염을 일으키는 것이다.

나와 동행한 두 명의 현지 전문가들이 번갈아 가며 그들의 상관과 야생 동물 보호소, 그리고 아는 수의사들에게 열심히 전화를 돌렸다. 하지만 안타깝게도 당시 코스타리카에는 성체 바다거북 다섯 마리를 수용할 수 있는 회복 시설도, 바다거북을 전문으로 하는 수의사도 없었다. 그러므로 우리가 할 수 있는 일이 많지 않았다. 남은 선택지 중에는 안락사로 녀석들의 고통을 덜어 주는 방법도 있었다. 하지만 바다거북에겐 그마저도 쉽지 않다. 파충류의 뇌는 오랫동안 산소 공급이 없어도 살 수 있기 때문이다. 한두 해 전 우리는 개에게 공격당한 거북 한 마리를 일반적인, 즉 개와 고양이를 치료하는 수의사에게로 데려간 적이 있었다. 그는 바다거북의 안락사에 대한 지식이 전혀 없었다. 우리가 인터넷에서 수면제를 과다 투여하는 방법을 찾아냈지만 그의 창고엔 그만큼 많은 양의 수면제가 없었다. 결국 그는 드릴로 거북의 뇌에 구멍을 내는 방법을 택했다.

다소 극단적인 예를 들긴 했지만, 그만큼 바다거북은 강인하고 생명력이 질기다. 나는 매년 치명적인 상처를 입고서도 산란을 포기하지 않고 해변으로 올라오는 암컷들을 만난다. 그들 중에는 낚싯줄에 지느러미가 반쯤 잘려 나갔거나 절단된 부분이 거의 몸통까지 썩어 들어간 녀석도 있고, 보트 프로펠러에 등갑이 뭉개지거나 상어에게 뜯어 먹혀서 엄청난 이빨 자국이 남은 녀석도 있다. 때로는 엄청난 상처를 입은 채 발견되었지만 단 몇 주 만에 놀라운 속도로 회복해서 작은 흉터 외엔 아무렇지도 않게 멀쩡해지는 녀석도 있다.

그러므로 우리는 등갑에 작살 자국이 난 녀석들에게도 기회를 주고 싶었다. 보안관 두 명이 각각 목재상과 약국으로 달려가 유리 섬유와 합성수지, 요오드 용액을 사 왔다. 우리는 상처를 임시로 소독하고 유리 섬유와 합성수지로 등갑에 난 구멍을 메웠다. 그리고 바다거북들을 다시 바다로 돌려보냈다. 사실 녀석들이 살아남을 희망은 크지 않았지만, 그래도 기회를 주고 싶었다.

내겐 결코 잊지 못할 경험이다. 이후로도 비슷한 경험을 몇 번 했다. 그것들은 내 악몽의 일부가 되었고 육식에 대한 거부감을 만들었다. 하지만 바다거북들이 살해당하는 이유가 비단 고기 때문만은 아니다. 종에 따라선 맛이 그리 좋지 않다고 알려진 바다거북도 있다. 특히 매부리바다거북은 잘못 섭취하면 생명이 위태로울 수도 있다. 대다수 매부리바다거북들은 해파리를 주식으로 삼는데 지구상에서 가장 오래된 다세포동물인 해파리는 장기도, 근육도, 신경도, 뇌도 없다. 보통 성장기에는 해저에 붙어서 생활하고 물에서 작은 입자의 영양분을 걸러서 먹는다. 그들의 생태에서 가장 눈길을 끄는 건 방어 기술이다. 해파리는 천적을 피해 도망칠 수 없으므로 독소를 활용한다. 실제로 몇몇 해파리에게서는 아주 강력한 독이 발견되기도 했다. 그러나 이 독소가 매부리바다거북에게는 무용지물인 모양이다. 매부리바다거북은 독이 있는 해파리도 거침없이 집어삼키고 자기 살점에 독을 축적하기까지 한다. 하지만 그런 매부리바다거북을 사람이, 특히 제대로 익히지 않은 채 먹으면 소위 '바다거북 식중독'이라고 불리는 켈로니톡시즘Chelonitoxism에 걸려서 죽을 수도 있다. 푸른바다거북의 고기도 사람과 다른 동물에게 독이 될 수 있다. 푸른바다거북은 적조red tide를 먹이로 삼는데, 거기에는 신경을 마비시키는 브레브 독소Brevetoxin가 함유되어 있다. 이 독소가 근육에 다량 축적되면 푸른바다거북마저도 목숨을 잃는다.

바다거북을 원료로 생산하는 상품 중에는 기름도 있다. 주로 장수거북의 두꺼운 지방층에서 추출한 기름은 전등을 밝히는 연료나 나무 선박의 겉면에 칠하는 외장재로 여전히 사용된다. 멕시코에는 대형 바다거북 도살장이 1990년대까지 운영되었다. 주로 올리브바다거북이나 켐프바다거북을 잡아 그 가죽으로 장화를 만들었는데, 그 때문에 멕시코 인근에서 두 종은 거의 멸종에 이르렀다.

바다거북은 공격성이 없는 동물이다 보니 인간의 손에 무방비로 당한다. 그렇기 때문에 녀석들에겐 생존을 위해 필수적인 활동, 즉 먹이 섭취와 생식 및 휴식을 방해받지 않고 할 수 있는 장소가 필요하다. 전문 용어로는 '보존 서식지'라고 부르는 이 장소는 인간의 집에 해당하는 곳이라고 생각하면 이해하기 쉽다. 녀석들의 먹이 지역은 우리의 주방이며, 생식 지역은 우리의 침실이며, 휴식처는 우리 마당에 걸려 있는 해먹이다.

이러한 서식지의 교란은 특정 개체뿐 아니라 바다거북 종 전체가 생존하는 데 엄청난 문제를 일으킨다. 누군가 우리 침실로 들어와 침대를 빼앗고, 주방에서 냉장고에 자물쇠를 채우고, 배우자와 로맨틱한 시간을 보내려는 찰나에 매트리스 위로 올라와서 뜀뛰기를 하고, 식사를 하고 싶은데 식탁 위에서 춤을 춘다고 상상해 보라. 또한 집 한구석에 누군가가 숨어서 우리를 잡아 가거나 죽이려고 호시탐탐 노린다면 더 이상 집을 안전한 곳이라 생각할 수 없을 것이다.

인간은 바다거북의 번식과 생육에 여러 방면으로 피해를 주는데, 사냥은 그 다양한 위협 중 하나에 불과하다. 우리의 생활 방식과 육지에서 식량을 생산하는 방식은 바다거북을 비롯한 바닷속 생물들에게 엄청난 위협으로 작용한다. 농경지에서 사용된 비료와 살충제는 바다로 흘러들어 가서 물속에 그대로 남는다. 눈에 보이지만 않을 뿐이다. 모든 강물은 바다로 흘러가게 되어 있으므로 해안에 사는 사람들만이 오염을 일으키는 것도 아니다. 바다거북은 자기 집에 들어온 물을 무방비로 마시고 피부로 흡수하며, 그 결과는 생각보다 심각하다.

19세기 후반부터 학계에는 이른바 '바다거북 암'이 보고되기 시작했다. 바다거북의 피부와 눈, 입, 체내 장기에서 브로콜리 모양의 종양이 거듭 발견된 것이다. 몇몇 개체는 피부에 가벼운 종기가 난 정도였지만, 또 다른 개체에서는 거대한 크기의 종양이 다수 발견되고 심각한 건강 악화로 이어져서 결국은 사망을 초래했다. 학자들은 수십 년에 걸친 연구 끝에 이 이상한 병에 대한 수수께끼를 풀어냈다. 학계 보고서에 처음으로 거북 섬유유두종증이라는 병이 등장한 것은 1938년이다. 병의 유발요인은 헤르페스 바이러스의 일종인 켈로니드 알파헤르페스바이러스 5 Chelonid alphaherpesvirus 5로 알려졌다. 1980년대에 이르러 이 병이 플로리다나 하와이 같은 지역에 대규모로 유행하면서 국제적인 주목을 받게 되었다. 학자들은 비료로 오염된 수역에서 살던 개체군이 주로 이 병에 걸렸다는 사실에 주목했다. 예를 들어 섬유유두종증에 걸린 거북이 다량 발견된 하와이 해변 인근 바닷물에는 파인애플 플랜테이션에서 흘려보낸 하수가 다량으로 섞여 있었다.

거북 섬유유두종증은 지금까지 바다거북 7종 모두에서 발견되었다. 그중에서도 발병률이 가장 높고 증세가 심각한 종은 푸른바다거북이다. 상대적으로 다른 종들은 발견 빈도도 낮고 그 정도도 심각하지 않다. 이 질병이 비교적 자주 보고되는 지역에서 1년간 개체 조사를 진행한 결과에 따르면, 그곳에서 서식하는 푸른바다거북의 절반가량에게 종양이 생긴 것으로 나타났다.

우리는 섬유유두종증이 거북들 사이에 전염된다는 사실은 알지만 정확히 어떻게 감염이 일어나는지는 아직 밝혀내지 못했다. 다른 해양 생물을 통해 전파되리라는 것이 주요한 가설 중 하나다. 거북 피부에 기생하며 피를 빨아 먹는 바다거머리와 청소부 물고기들의 입에서도 섬유유두종증을 유발하는 헤르페스바이러스가 발견되었기 때문이다. 어떤 경로로든 바닷물에 바이러스가 섞이게 되면 그 물을 마신 바다거북이 감염되는 구조다. 해안 인근의 먹이 지역에서 바이러스에 감염된 어린 바다거북이 유년기를 지나 대양으로 나오면서 병을 급속도로 확산시킨다고 보는 역학 조사 결과도 있다.

2010년 연구자들은 대양 중에서도 질소 농도가 높은 수역, 이를테면 다량의 잔류 비료가 바다로 흘러드는 강 하구에 사는 바다거북들이 이 병에 더 많이 걸린다는 사실을 밝혀냈다. 그 연관성을 입증하기 위해 연구자들은 바다거북이 주로 먹는 해조류의 질소 함량을 조사했다. 과잉 섭취된 질소는 바다거북의 체내에서 아미노산 아르기닌으로 변환된다. 섬유유두종증에 걸린 거북들은 건강한 개체에 비해 아르기닌 수치가 높았다. 병에 걸린 거북들이 주로 먹는 해초도 아미노산 농도가 높았다.

아르기닌은 사람이 감염되는 단순 헤르페스바이러스를 포함한 모든 헤르페스바이러스의 성장을 촉진하는 물질이다. 아마 나처럼 가끔 헤르페스로 인한 발진으로 고생하는 사람이라면 호두처럼 아르기닌 함량이 높은 음식을 먹었을 때 발진이 잘 생긴다는 사실을 이미 알고 있을 것이다. 재미있는 사실은, 전 인류의 3분의 2 이상이

이 바이러스를 갖고 있지만 모두에게서 증상이 나타나는 것은 아니라는 점이다. 대부분 스트레스를 많이 받아서 면역 체계가 약해진 경우에만 발진으로 대표되는 전형적인 증상이 나타난다. 바다거북들 사이에서 섬유유두종증이 나타나는 양상도 비슷하다. 아마도 대부분의 바다거북이 바이러스를 갖고 있지만, 주로 비료 잔류물이 많이 섞인 수역에 살거나 심각한 스트레스 상황에 놓인 개체에게서 증세가 발현되는 것으로 추측된다.

먹이 지역은 바다거북의 피난처다. 그들이 성장하고 에너지를 재충전하는 장소다. 녀석들은 생의 대부분을 먹는 일로 보낸다. 먹이를 먹고 힘을 내서 이동을 하고, 짝짓기를 하고, 정자와 난자를 생산해 산란을 한다. 특히 짝짓기 장소로 이동하는 긴 여정 전에는 암컷은 물론 수컷도 각자의 먹이 지역에서 충분히 배를 채우고 살을 찌운다. 우리가 이 장소를 좀 더 각별하게 보호해야 하는 까닭이 바로 이것이다.

# 켐프바다거북

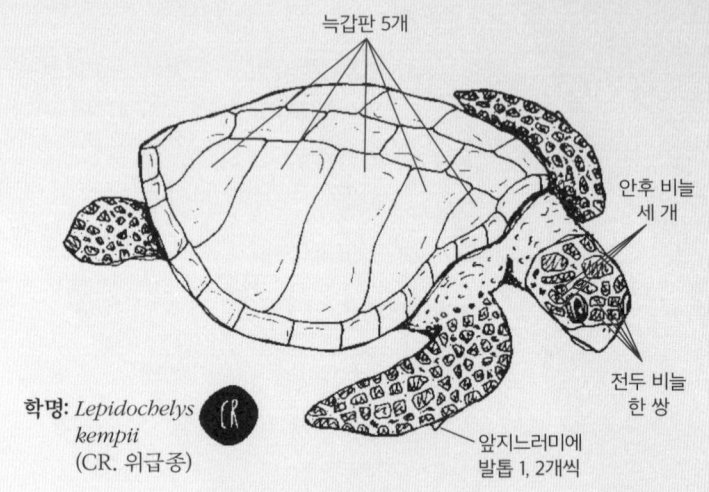

학명: *Lepidochelys kempii*
(CR. 위급종)

- 위험도 등급(IUCN): 위급
- 등갑 길이: 55~70cm
- 무게: 35~70kg
- 주식: 갑각류, 특히 블루크랩
- 생식 연령: 11~16세
- 이주 간격: 매년
- 산란 간격: 20~28일
- 산란기별 산란 횟수: 2~3회
- 산란별 알의 개수: 105개
- 부화 기간: 45~60일
- 특이 사항: 주로 멕시코만 인근에만 분포한다. 바다거북 중 몸집이 가장 작다. 집단 산란(아리바다)을 한다. 낮에도 산란을 하는 유일한 종이다.

## 길고 긴 여행

날은 맑고 물은 푸르다. 이토록 화창한 날 나는 조수 맥도널과 함께 수면에서 매복 중이다. 우리의 초조한 시선이 꽂힌 지점에서는 올리브바다거북 한 쌍이 사랑을 나누고 있었다. 수컷이 암컷을 놓아주는 찰나를 기다렸다가 용수철처럼 튀어나갈 계획이다. 마침내 수컷이 암컷 등에서 미끄러지듯 내려온다. 맥도널이 곧장 그 뒤를 쫓는다. 녀석들에겐 상황을 판단할 겨를도 없다. 나 또한 힘찬 발장구로 잠수해 더 깊은 물로 들어가려는 암컷의 등을 붙잡았다. 녀석이 벗어나려고 안간힘을 다하는 통에 나는 물속으로 몇 미터를 끌려 들어간다. 하지만 결국엔 내가 이겼다. 녀석을 수면으로 끌어내고, 암컷의 앞지느러미와 몸통을 수면 위로 들어 올려서 지느러미가 완력으로 물살을 헤치지 못하도록 한다.

　빠르게 헤엄치고 물속에서 몸싸움을 벌이느라 숨이 찼다. 수면 위로 머리를 내밀고 몇 번이고 거칠게 숨을 들이마신다. 그 와중에도 두 손만은 암컷의 등갑을 꼭 쥐고 있다. 정신을 가다듬고 보트 쪽으로 몸을 돌린다. 50미터쯤 떨어진 보트에서 선장 산티아고와 다른 동료들의 넘실대는 실루엣이 어렴풋이 보인다. 내가 포획에 성공한 것을 확인한 맥도널이 보트 쪽으로 헤엄쳐 가는 것도. 내 손에 잡힌 암컷이 사정없이 지느러미를 휘둘러 따귀를 때리지만 나는 아랑곳 않았다. 나도 내 지느러미를 휘저어 보트로 돌아간다.

마르쿠스와 엠제이가 거북을 기다리고 있었다. 나는 남은 힘을 끌어 모아 암컷 바다거북을 보트 위로 밀어 올렸다. 보트에서는 두 사람이 스트레스를 받은 탓인지 미동도 하지 않는 녀석을 끌어 올린다. 동료들은 두꺼운 수건을 물에 적셔 녀석의 두 눈을 덮었다. 녀석을 안전하게 갑판에 올린 뒤, 맥도널과 나도 난간을 잡고 보트 위로 올라갔다. 내가 호흡을 고르고 푹 젖은 몸과 장비를 잠깐 말리는 동안, 마르쿠스는 거북의 등을 배 좌석에 고정하고 엠제이는 육안으로 거북을 검사했다.

그제야 나는 보트 표면에 붙은 따개비 껍질에 허벅지가 긁힌 것을 발견했다. 거북과 몸싸움을 벌이느라 피가 나는 줄도 몰랐다. 나는 올리브바다거북의 수중 생활을 주제로 박사 논문을 쓰는 중이고, 조사를 위해 바다거북을 포획한 참이었다. 특히 내가 관심을 둔 건 녀석들이 교미 후 산란하기 전까지 어디에서 머물고 산란 후에는 어디로 가는지였다. 그래서 암컷 몇 마리에게 송신기를 달아 산란기와 그 이후 행적을 추적할 계획이다.

거북에게 송신기를 다는 것은 결코 간단한 일이 아니다. 몇 달 동안 엄청난 습기와 강한 물살을 버틸 수 있도록 고정해야 하기 때문이다. 과거에는 다양한 방법이 시도되었다. 접시처럼 생긴 안테나를 거북이 배낭처럼 등에 매도록 녹이 잘 슬지 않는 금속 링으로 고정하는 방식도 있었고, 등갑 가장자리 구멍에 낚싯줄을 묶은 다음 물에 둥둥 떠다니는 송신기를 연결해 거북 뒤를 쫓아가도록 구현한 것도 있었다. 전자의 경우, 거북의 체중이 급감하면 유실되기 쉬웠고 반대로 체중이 급증하면 링이 살점을 파고들어 지느러미의 연한 부분이 상하곤 했다. 후자의 경우에는 거북이 바위틈을 헤엄치는 동안 손상되는 경우가 많았다. 그래서 최근 들어 성체 바다거북에게 송신기를 설치할 때에는 에폭시로 등갑에 고정하는 방법이 주로 쓰인다.

　기초 검사를 마친 엠제이가 녀석이 우리 연구 대상으로 손색이 없다고 말했다. 우리는 그늘진 곳에서 송신기를 설치하기 위해 보트를 뭍으로 돌렸다. 배가 항구에 들어가자 엠제이와 마르쿠스는 바다거북을 해변으로 옮겨서 넓게 그늘을 드리운 커다란 망고나무 아래에 눕힌다. 마르쿠스는 녀석 뒤에서 앞지느러미를 등에 묶고, 엠제이는 앞에서 지느러미를 고정했다. 매우 까다로운 작업을 앞두고 최대한 바다거북이 움직이지 않도록 하는 것이다. 우리는 손으로 결박하는 방식을 택했지만, 다른 프로젝트에서는 최대한 상처를 내지 않고 고정하기 위해 커다란 상자를 활용하기도 한다. 한낮에 진행되는 송신기 부착 작업은 작업자는 물론 바다거북의 몸이 과열되는 것을 막기 위해 반드시 그늘에서 이뤄진다.

　에폭시는 끈적거리는 물질이라 작업하기 까다롭다. 수지의 종류에 따라 물처럼 흐르는 점도부터 반죽이 가능한 점도까지 제형은 다양하지만, 무엇이 되었든 1~2분 안에 형태를 만들어야 한다. 정해진 시간을 넘으면 굳어 버리기 때문에 조심스럽고 정확하게, 동시에 재빨리 움직여야 한다. 제형이 굳기 전에 정확한 자리에 에폭시를 바르는 것이 우리의 임무다. 하지만 애석하게도 확실한 성공은 기대하기 어렵다. 움직이는 생물 등에 하는 일이라 어느 정도 오차와 실수는 받아들여야 한다. 그렇게 내 옷가지나 연구 장비에는 몇 년 전에 묻은 에폭시 자국이 여전히 무늬를 이루고 있다. 모래와 섞여서 손이나 머리카락, 심지어 얼굴에 들러붙은 에폭시는 새 살이 돋고 손톱이 자라는 몇 주 동안 나와 함께 동고동락한다. 간혹 연구자가 연구 대상과 접착되는 일도 벌어진다. 그럴 때면 연구 대상이 악어가 아닌 거북이라 참 다행이란 생각이 든다.

송신기를 등갑에 부착하기 위해서는 먼저 등에 붙은 작은 생물들과 기름기를 제거해야 한다. 미리 준비한 주걱과 뻣뻣한 솔, 냄비 세정제와 담수로 등갑을 닦는다. 몇 번이고 닦은 후, 수세미에 아세톤을 묻혀 아주 작은 해초를 떼어 낸다. 마지막으로 에폭시를 바를 접착면을 사포로 정돈한다. 이렇게 기초 작업이 끝나면 드디어 송신기를 달 수 있다. 에폭시를 등갑에 바르고 송신기를 부착한다. 소금물로 인한 부식을 막으려면 송신기 둘레와 위에 에폭시를 여러 겹 발라서 밀봉해야 한다.

내가 처음으로 송신기를 부착할 때에는 유리 섬유와 합성수지에 경화제를 추가해 굳히는 옛날 방식을 썼다. 안타깝게도 그 방법은 열대 지방에 결코 적합하지 않았다. 높은 습도와 따뜻한 기온 때문에 경화제가 너무 천천히 굳었기 때문이다. 이론적으로는 섞는 경화제의 농도를 높이면 된다지만, 그러면 응고할 때 온도가 올라가서 거북의 폐에 손상을 일으킬 수도 있었다. 그보다는 경화제가 느릿느릿 굳기를 기다렸다가 거북을 다시 돌려보내는 편이 나았다. 적어도 한두 시간은 걸렸으나 그보다 훨씬 오래 기다려야 하는 경우도 많았다.

가끔 그렇게 무작정 기다려야 할 때가 있다. 나는 경화제가 굳길 기다리며 해변에서 새운 긴긴 밤을 기억한다. 우리는 몇 주째 푹 자본 적이 없는 상태였고, 하물며 보조 직원 중 한 명은 밤새 거북을 뒤에서 잡고선 그 긴 기다림을 견뎌야 했다. 그는 불편한 자세로 제대로 된 방충망도 없이 앉아 수천 마리의 벌레에게 고스란히 몸을 내주는 신세가 됐다. 나머지 사람들도 바다거북 곁에 앉아서 잠과의 사투를 벌였다. 나는 5분에 한 번씩 경화제가 말랐는지를 확인했다. 그런 밤은 대부분 수평선을 서서히 밝히다가 마침내 산을 넘은 일출이 수면에 반사될 즈음에야 끝났다. 해변에서 선잠을 깬 우리는 그 몽환적인 빛으로 지난밤의 극심한 피로를 씻었다. 마치 우리를 위로하려고 유니콘 한 마리가 허공을 가로지르며 색색의 그림을 그리는 것 같았다. 마침내 경화제가 굳은 것을 확인한 뒤, 거북의 눈을 덮었던 수건을 치우고 녀석을 집으로 돌려보냈다. 우리도 골골거리는 신음을 내면서 피곤에 찌든 몸을 일으켜 기지로 돌아갔다.

낮이라고 송신기 부착 작업이 수월하리란 법은 없다. 작업에 착수한 아침나절만 해도 날이 맑았는데 거북 한 마리를 찾아 육지로 데려오고 나니 저 끝에서 먹구름이 다가온다. 비가 오고 날이 궂어지리란 신호다. 습도가 높으면 에폭시가 쉽게 마르지 않을 것이다. 결국 위협적인 기세로 다가온 먹구름이 우리 머리 위를 덮는다. 시간은 아직 한낮인데 사방은 저녁 무렵처럼 어둑하다.

마침내 에폭시가 충분히 굳었음을 확인한 순간, 저 멀리서 으르렁대는 천둥소리가 들린다. 그래도 당장 거북을 제자리로 돌려놓아야 한다. 평소라면 배로 10분이면 갈 거리지만 수면 위에 물거품이 일 정도로 파도가 심한 지금은 얼마나 걸릴지 짐작이 어렵다. 그렇다고 큰 바위로 에워싸인 항구 주변에 거북을 놓아주고 싶진 않다. 녀석이 원래 자리로 돌아가는 길을 못 찾을 수도 있고, 가다가 어선 프로펠러에 다칠 수도 있기 때문이다. 그래서 나는 학생들을 차에 태워 기지로 돌려보낸 뒤 산티아고 선장의 도움을 받아 거북을 그의 작은 어선으로 옮겼다. 선장은 해안 쪽으로 배를 끌지만 파도는 자꾸만 바다 쪽으로 끌고 간다. 물거품이 이는 거친 파도를 헤쳐 나가야 할 배가 마치 호두 껍데기처럼 하찮아 보인다. 바람 소리가 너무 세서 귀가 먹먹하다. 선장과 나는 서로에게 고래고래 소리를 질렀다. 두 손으로 거북을 붙든 채로 배에 올라탄 나는 마음이 편치 않다. 그나마 산티아고의 평안한 얼굴에서 용기를 얻는다. 선장이 자기 본분을 다해 주길 바랄 뿐이다.

배를 물속으로 밀어 넣은 산티아고가 점프로 배에 올라탄다. 급하게 시동이 걸린 배는 전속력으로 해변과 항구를 떠나 망망대해로 나아간다. 선장은 선체가 뒤집히는 것을 막기 위해 점점 높아지는 파도를 정면으로 돌파한다. 마치 배가 수면 위를 날아가듯 선체의 양 측면이 세차게 물살을 가른다. 갑자기 하늘에 구멍이라도 난 것처럼 따뜻한 빗줄기가 들어붓듯 내린다. 우리 바로 옆으로 번개가 내리꽂힌다. 몇 초 후엔 귀가 아플 정도로 크게 천둥이 운다. 나는 지붕도 없는 배의 갑판 위에 쪼그리고 앉아 있었다. 바다거북을 안은 채 하늘을 향해 절박한 기도를 올렸다.

나는 최악의 파도를 헤치고 나온 후에야 간신히 감았던 눈을 뜬다. 번쩍이는 번갯불을 뒤로하고 산티아고가 환한 미소를 짓는 게 보인다.

"와, 이거 정말 대단한 싸움인데."

"무섭지 않아요?"

내가 묻는다.

"주님이 주신 생명, 주님이 가져가시는 거지. 오늘이 끝이라고 하면 그냥 그런 줄 아는 거야."

그 순간만은 그의 운명론이 부럽다. 나는 심장이 목으로 튀어나올 정도로 무서워서 정신을 잃기 일보 직전이다.

우리는 그렇게 큰 바다 쪽으로 100미터쯤을 나갔다. 그러고선 황급히 거북을 들어 올려 난간 밖에 내리고 조심스레 물속으로 밀어 넣었다.

'부디 편안한 여행이 되기를.'

나는 송신기 안테나가 거친 파도 틈을 헤치며 사라지는 모습을 한동안 지켜보면서 녀석의 안녕을 빌었다. 그리고 다시 한번 파도와의 사투 끝에 항구로 돌아왔다.

바다거북은 생의 대부분을 물에서 보낸다. 새끼일 때 해변에서 큰 바다로 들어간 후로는 산란기를 맞은 암컷만 뭍으로 올라온다. 새끼 거북은 성체가 될 때까지 여러 먹이 지역을 옮겨 다닌다. 성체가 되면 지역을 정해 장기간 머문다. 올리브바다거북은 예외다. 녀석들은 성체가 된 후로도 먹이를 찾아 바다 이곳저곳을 유랑하는 것으로 유명하다.

    암컷은 물론 수컷도 짝짓기를 할 때는 자신이 부화한 해변 인근으로 돌아온다. 때론 짝짓기와 산란을 위해 수천 킬로미터나 되는 긴 여행을 해야 할 때도 있다. 성체들은 몇 년에 걸쳐 그 먼 거리를 오고 간다. 등갑이 단단한 바다거북들은 산란을 위해 평균 1,000~3,000킬로미터를 돌아온다. 열대에서 태어나 물이 차가운 수역에서 서식하는 장수거북은 산란을 위해 12,000킬로미터나 되는 여행을 감행한다. 물론 평균보다 훨씬 긴 여행을 한 기록도 남아 있다. 푸른바다거북 중 최장 거리 기록자는 인도양의 차고스 군도에서 동아프리카 소말리아 해안까지 4,000킬로미터를 여행했다. 장수거북이 남긴 가장 긴 이동 기록은 인도네시아에서 미국의 오레곤까지의 20,558킬로미터다. 종을 통틀어 최고 기록을 세운 녀석은 '요시Yosi'라는 붉은바다거북이었다. 녀석은 어릴 때 일본 어선에 의해 구조되어 남아프리카 케이프타운의 한 아쿠아리움에서 자랐다. 18년 만에 다시 바다로 돌려보내진 요시는 대양 하나를 가로질러 고향으로 짐작되는 서호주에 정착했다. 약 2년에 걸쳐 40,011킬로미터를 헤엄친 장구한 여정이었다.

    바다거북은 장거리 수영에 매우 적합한 체형을 가졌다. 진화 과정에서 녀석들의 등갑과 지느러미는 점점 더 오래 헤엄칠 수 있도록 발달했다. 다른 거북들과는 달리 바다거북은 머리와 사지를 등갑 안으로 숨기는 능력이 사라졌다. 대신 유선형 등갑과 몸체 사이에 남은 볼록한 공간은 육중한 가슴 근육으로 채워졌다. 가슴 근육이 클수록 지느러미 힘이 세다. 무엇보다 녀석들은 영양분을 지방질로 축적하는 능력이 극도로 발달했다. 두꺼운 지방층에는 오랜 여정을 견디기 위해 필요한 에너지가 비축된다.

바다거북은 뛰어난 장거리 수영 선수일 뿐 아니라 탁월한 항해사이기도 하다. 출생지로 돌아오는 그들의 재능은 신비하고도 놀랍다. 알에서 깨자마자 바다로 나간 녀석들이, 하물며 일반적인 루트에서 완전히 벗어난 채 오랜 시간을 보낸 요시마저도 자신이 태어난 산란지를 찾아가는 비결에 대해서 구체적으로 알려진 바는 많지 않다. 하지만 얼마 전 녀석들도 철새처럼 지구의 자기장을 감지한다는 사실이 알려졌다. 바다거북은 자기장의 세기와 더불어 자기장 선과 지표면이 이루는 경사도를 기준으로 방향을 찾으리라 짐작된다. 둘 다 지구상에서 예측 가능한 패턴으로 변동되어 일반적으로 해양 지역마다 독특한 자기장을 갖는다. 아마도 바다거북은 그것을 나침반이나 GPS로 활용해 경도와 위도를 파악한 다음 정확한 방향으로 헤엄칠 것이다. 또한 거북들이 부화한 후 '지구 자기장 각인'을 통해 고향 해변의 자기장 특징을 학습한다는 연구 결과도 최근에 발표되었다. 정설로 확인되진 않았지만 이 결과를 통해 우리는 바다거북이 알 안에서 태아기를 보낼 때조차 무작위가 아니라 지구 자기장을 기준으로 움직인다는 새로운 사실을 알게 되었다.

하지만 바다거북은 지구 자기장 말고도 다양한 도구를 활용해 길을 찾는 것으로 보인다. 지구장을 활용할 수 없는 환경에서도 길을 찾고 목적지에 도달한 거북들의 사례가 관찰되었기 때문이다. 그럴 때 녀석들은 마치 눈이 보이지 않는 사람이 다른 감각을 총동원해 길을 찾는 것처럼 하늘의 별이나 해의 위치, 파도의 방향이나 파도의 냄새 등 다른 정보원을 총동원해 방향을 잡았다. 그런 정보들이 정확히 어떻게 작동하는지에 관해서는 알려지지 않은 부분이 한가득이라 여전히 많은 연구가 필요하다.

물속에서 바다거북을 추적하고 그 삶에 대한 정보를 수집하는 것은 굉장히 어려운 일이다. 바다거북을 추적한 초기 연구들은 간단한 표식에서부터 시작했다. 연구자들은 바다거북의 지느러미에 숫자가 적힌 금속 표를 달아 방사한 다음, 그 표식을 찾아오는 사람에게 현상금을 지급했다. 금속 표가 달린 바다거북을 잡아서 대학이나 연구소로 가져오는 사람들 중 대부분은 어부들이었다. 이 방식으로 연구자들은 이미 1950~1960년대에 산란기를 맞은 암컷들이 한 번의 산란을 마친 뒤, 그다음 산란 전까지 얼마간은 배를 채우러 해변이 아닌 다른 곳으로 떠난다는 사실을 알아냈다. 하지만 표식법만으로 바다거북들이 긴 여행을 할 수 있는 비결까지 알아내진 못했다.

바다거북 생물학의 아버지로 불리는 아치 카Archie Carr 박사는 바다거북의 이동에 관심이 많았다. 그래서 산란을 마치고 바다로 돌아가는 암컷을 추적하기 위해 오늘날 관점으로는 다소 무식해 보이는 방법을 동원해 연구를 시작했다. 그는 암컷의 몸통에 헬륨 가스를 채운 풍선을 단 다음 배를 타고 그 풍선을 쫓아다니면서 바다거북의 여행에 대한 정보를 수집했다. 당연히 이 어설픈 기술은 지속될 수 없었다. 풍선은 거북이 헤엄치고 잠수하는 데 엄청난 방해가 되었다. 게다가 이동 거리가 길어지면 풍선을 놓치지 않고 보트로 따라가는 게 불가능했다. 나는 풍선을 몸에 단 거북들이 평소처럼 자연스럽게 행동하지 못했을 거라고 추측한다. 하지만 아치 카 박사의 초기 연구를 통해 당시에도 바다거북의 수중 생활과 여행 경로에 대한 관심이 컸다는 사실을 확인할 수 있다.

이후 VHF 전파 송신기가 개발되면서 연구반경은 최대 15킬로미터까지 확대되었다. 한때 나도 연구에 활용했던 이 기술 덕분에 수시로 위치를 바꾸는 개체를 원거리에서도 추적할 길이 열렸다. 바다거북에 장착된 송신기가 137~225MHz 사이의 초고주파로 위치 신호를 전송하면 그걸 받은 수신기가 정보를 신호음으로 변환한다. 신호음은 제조사에 따라 똑똑 두드리는 소리이기도 하고 쿵쿵 뛰는 소리이기도 하다. 송신기와 수신기의 거리가 가까울수록 큰 소리가 나므로 신호음이 커지는 방향으로 다가가면 개체를 찾아낼 수 있다.

송신기는 하리보 젤리 봉지보다 작은 상자에 담겨 있다. 그 무게에 대해 정해진 바는 따로 없지만 부착할 개체 몸무게의 5% 이하 수준이어야 한다는 것이 학계의 암묵적 규칙이다. 대부분 등갑의 가장 불룩한 지점에 송신기가 부착되므로 바다거북이 수면에 둥둥 떠 있을 때는 물 위로 안테나가 불쑥 솟아오르곤 한다. 당연히 등갑 위에 무언가 붙어 있으면 물의 저항이 증가한다. 굴이나 따개비처럼 바다거북 등에 붙어 기생하는 자연물은 물론 송신기도 거북이 헤엄칠 때 추가로 에너지를 소모하게 만드는 요인이다. 다만, 건강한 개체는 큰 영향을 받지 않는다. 그래서 우리는 약간의 무게와 저항력 증가를 무리 없이 견딜 만큼 건강한 녀석을 고르려고 애쓴다.

하지만 바다거북을 추적하는 데 VHF 전파 시스템이 완벽한 수단은 아니다. 육지에서는 수신 범위 안에서 신호음을 들은 사람이 송신기가 있는 쪽으로 걸어가면 되지만, 수중에서는 그리 간단한 일이 아니다. 바다거북이 수면으로 올라와 신호음을 들려줄 때까지 보트를 타고 그 주위에서 하염없이 기다려야 한다. 사실 바다에서 거북을 수색하고 포획하는 데에는 무용지물에 가까웠다. 그러나 바다거북이 육지로 올라오면 훨씬 유용해진다. 올리브바다거북의 아리바다가 있었던 어느 날 나는 '건초 더미에서 바늘을 찾는' 경험을 한 적이 있다. 6킬로미터나 되는 긴 해변에 암컷 수천 마리가 둥지를 파고 산란을 하는 와중에 신호음이 들린 것이다. 나는 송신기를 등에 단 암컷과 조우해 연구에 사용할 혈액을 채취하는 데 성공했다.

날이 갈수록 원거리 이동 동물을 대상으로 한 연구에도 범지구 위성 항법 시스템 및 위성을 통한 정보 전송 기술이 광범위하게 적용되는 추세다. 일반적으로 범지구 위성 항법 시스템은 도플러 효과를 이용한다. 위성은 송신기로부터 받은 신호를 지상의 기지국에 전달한다. 다수의 위성으로부터, 혹은 한 위성으로부터 시간차를 두고 여러 번 받은 신호에 지표면의 고도 정보를 반영해 송신기의 위치가 산출된다. 다만, 위치 결정에 동원된 위성의 수와 신호 전송 시간에 따라 정보의 정확도가 달라질 수는 있다. 특히 수중 생물 연구에서는 신호 전송 시간이 결정적이다. 연구 대상이 된 개체들이 수면으로 올라오는 시간이 매우 짧으므로 위성으로 추적한 위치가 실제 위치와 많게는 수백 미터씩 차이가 날 때도 있다.

바다거북에 부착하는 위성 송신기는 VHF 전파 송신기와 매우 비슷하게 생겼다. 소위 '소금 스위치salt switch'라 불리는 센서가 달렸다는 것만 다르다. 이 센서는 송신기가 물 위에 있는지 아래에 있는지를 감지해 스위치를 켜고 끄는 방식으로 전파 송신을 시작하거나 중단한다. 송신기가 수면 아래에서도 계속 위성 신호를 잡으려고 애쓸 경우 불필요한 전기가 소모되고 배터리의 수명도 단축된다. 보통 스위치가 제대로 작동하면 한번 충전한 배터리가 몇 년씩 간다. 그러므로 송신기가 작동을 멈추는 경우는 대부분 다른 이유에서다. 예컨대 안테나가 부러지거나, 따개비가 소금 스위치 위에 들러붙어서 전송을 중단시키거나, 시간이 흐르면서 접착제가 녹아 송신기가 떨어지는 것 등이 주된 이유다.

그날도 나는 위성신호 수신기를 부착할 완벽한 후보자를 찾아 밤 해변을 수색 중이었다. 그때 암컷 바다거북 한 마리가 해변을 올라오는 게 보였다. 유독 움직임이 둔하다 싶었더니 녀석의 몸에는 몇 킬로그램은 될 법한 어업용 그물이 휘감겨 있었다. 그물이 둘둘 말린 오른쪽 뒷지느러미 관절은 아예 부러지기 직전이었다. 힘줄 하나가 겨우 몸통에 붙어서 떨어져 나간 지느러미와 그물을 해변으로 질질 끌어 올리는 형편이었다. 지느러미 두 쌍이 모두 기괴하게 뒤틀린 채 퉁퉁 부어올라 있었고, 부패도 꽤 진행되었는지 심한 악취가 났다. 전체적인 상태로 보아 이 불쌍한 암컷이 비참하게 고통에 시달린 지 몇 주는 족히 된 것 같았다.

나는 일단 바지 주머니에서 휴대용 칼을 꺼내, 무거운 그물 타래를 잘라서 불쌍한 짐승의 고통을 덜어 줬다. 그다음 지느러미를 자세히 들여다봤다. 겉으로는 거의 절단된 것처럼 보이지만 내가 조심스레 부위를 만지자 거북이 움찔하는 게 느껴졌다. 지느러미를 다시 붙이지 못하더라도 절단을 하면 남은 부분은 괜찮을 것 같았다. 붓

기나 고름이 없었고, 잘려 나간 단면의 상처는 벌써 아물어 가는 듯 딱지가 앉아 있었다.

어떻게 해야 할까? 관청에 신고해 전문 치료 시설로 보낼 수 있다면 더할 나위 없이 좋을 것이다. 항생제도 맞고 절단 수술도 받고 회복도 할 수 있다면. 하지만 우리는 휴대전화가 터지지 않는 오지 한가운데에 있었고, 동물병원은 몇 시간 떨어진 마을에 있으며, 그 병원의 수의사마저 바다거북에 대해서는 문외한에 가깝다. 우리에겐 바다거북을 여기서 다른 지역으로 옮길 권한조차 없다. 한밤중이라 담당 공무원에게 연락도 안 된다. 사실 예전에도 몇 번 이런 일로 그에게 전화한 적이 있었는데 그때마다 그냥 놓아주라는 심드렁한 대답을 들었을 뿐이다.

그러니 나는 바다거북을 구하고 그 고통을 조금이라도 덜어 주기 위한 다른 해결책을 찾아야 했다. 낚싯줄이나 어업용 그물에 묶인 바다거북을 발견했을 때 도와주고 싶은 마음에 얼른 몸에 감긴 줄부터 자르는 것은 그리 현명치 않은 처사다. 실에 휘감긴 부위에 오랫동안 혈액 순환이 되지 않으면 조직이 썩는다. 박테리아가 증식할 가능성이 높다는 뜻이다. 그럴 때 줄을 끊어서 다시 피가 돌기 시작하면 박테리아도 함께 몸통으로 흡수된다. 나는 박테리아가 온몸에 퍼지는 것을 감수하고서라도 지느러미에 감긴 줄을 잘라야 할지, 아니면 녀석을 도울 다른 방법을 찾아야 할지 고민에 빠졌다. 지느러미 끝이 미세하게 떨리는 것으로 보아 아직 감각이 남은 것 같다. 내 무딘 휴대용 칼로 지느러미를 절단하는 것은 상상조차 할 수 없다. 녀석에게 불필요한 고통만 안길 것이다. 나는 그물 타래를 감고 있

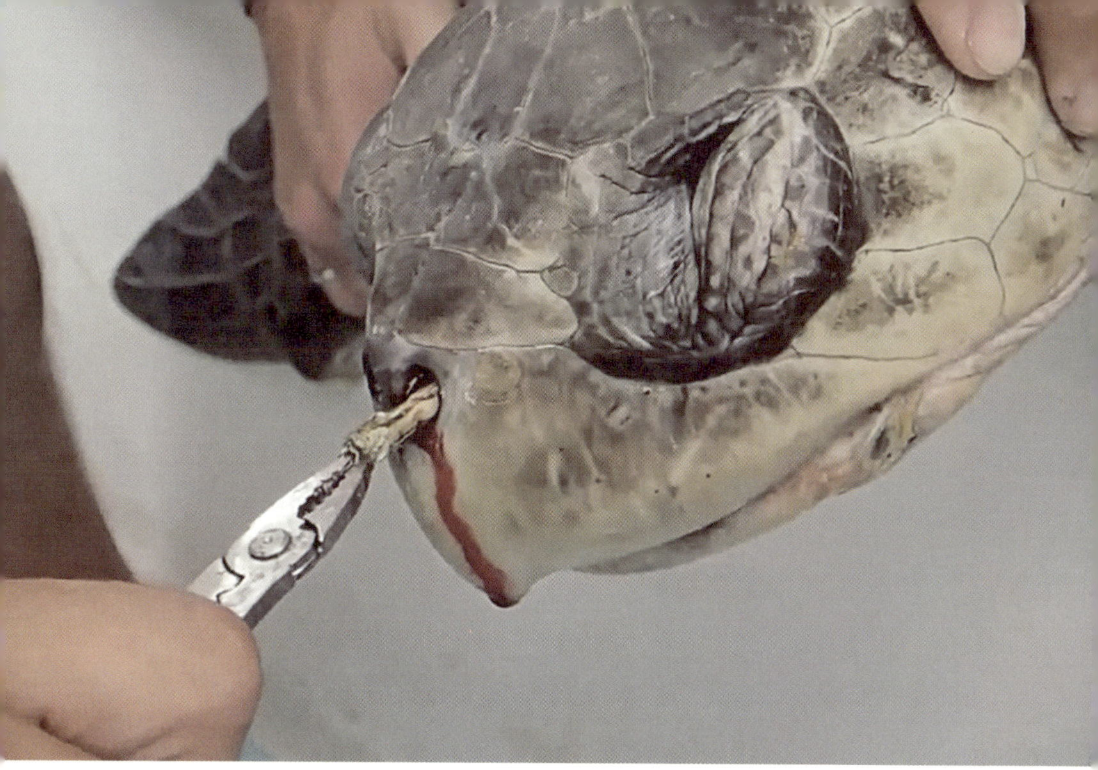

어느새 세계적으로 유명해진 동영상 속 한 장면. 내 팀 동료 중 한 명이 올리브바다거북의 코 안에서 플라스틱 빨대 조각을 빼내고 있다.

우리가 연구용으로 잡은 태평양 푸른바다거북이 그물에 걸린 채 어리둥절한 표정으로 카메라를 바라보고 있다.

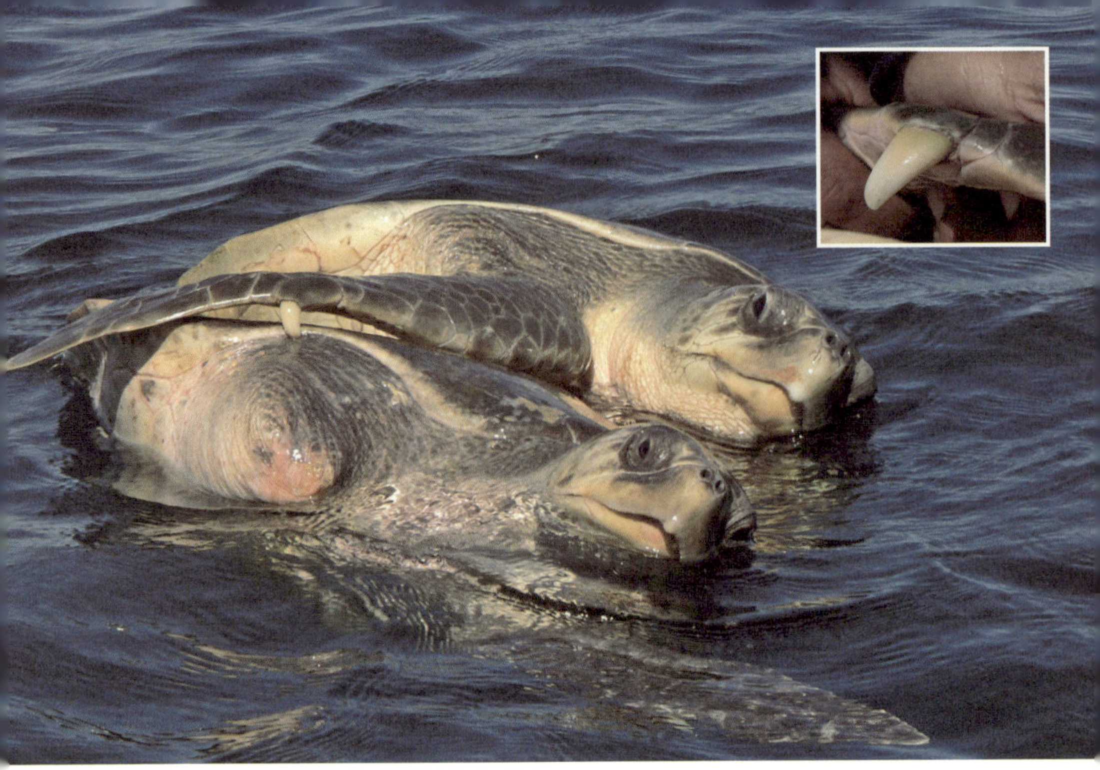

짝짓기를 할 때 수컷은 강력한 발톱 힘으로 암컷의 등갑을 꽉 붙든다. 경우에 따라선 몇 시간씩 붙들고선 놓아주지 않기도 한다.

수중 셀카. 내 뒤에서는 올리브바다거북 한 쌍이 아랑곳하지 않고 짝짓기에 매진하고 있다.

짝짓기 할 때 수컷의 발톱이 너무 세게 파고들어서 어깨와 목덜미에 깊은 상처가 난 암컷.

도널이 올리브바다거북 수컷의 꼬리 길이를 측정 중이다.

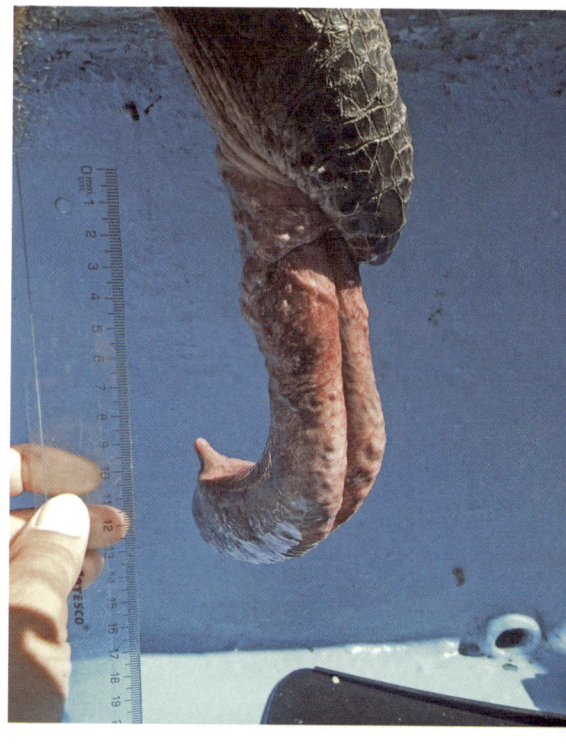

평소에는 수컷의 성기가 배설강 안에 숨어 있지만 발기하면 밖으로 나온다.

바다거북들 중에서도 가장 몸집이 큰 장수거북 암컷. 내 몸집과 비교하면 그 거구를 실감할 수 있다. 녀석은 산란 후 둥지를 위장하기 위해 모래를 덮는 중이다.

수천 마리의 올리브바다거북 암컷이 동시에 알을 낳기 위해 오스티오날 해변으로 올라오고 있다. 이것이 바로 아리바다다.

연구를 위해 포획한 올리브바다거북 암컷을 배면으로 뒤집어서 검사 중이다. 성별은 꼬리의 길이로 판명한다.

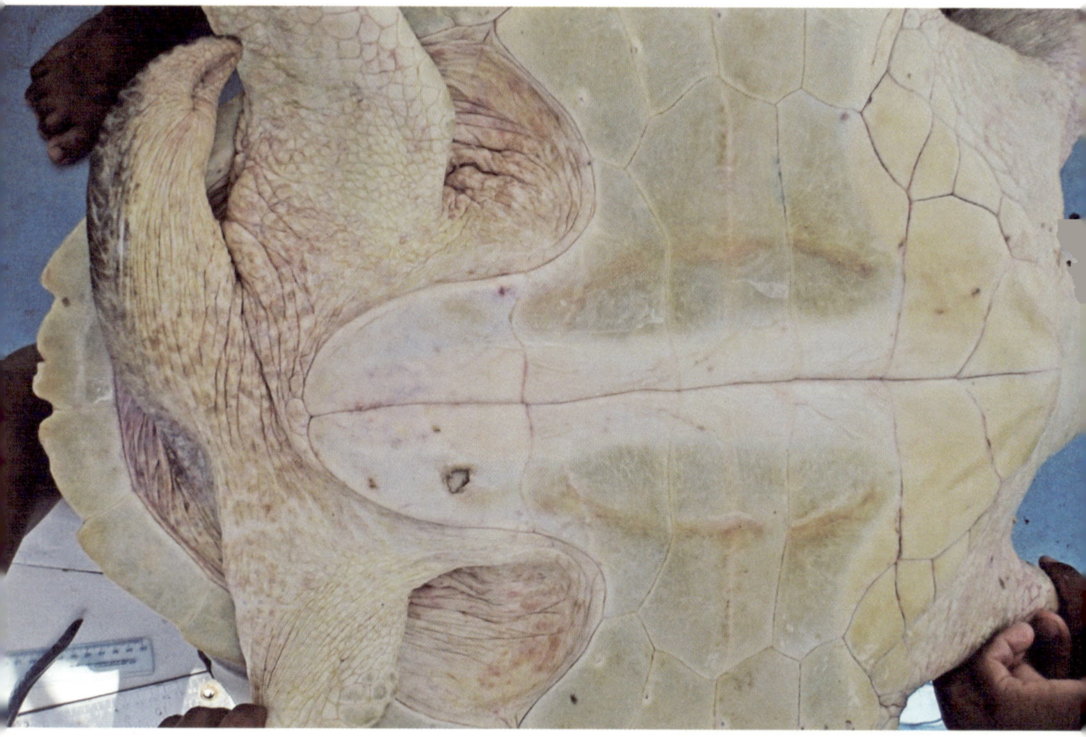

올리브바다거북 수컷을 배면으로 뒤집은 모습. 암컷에 비해 꼬리가 길다. 복갑이 오목하고 중앙부가 말랑한 것도 수컷의 특징이다.

북반구 먹이 지역에서 식사 중인 성체 장수거북. 녀석이 가장 좋아하는 먹이인 해파리를 입 주위에 휘감고 있다.

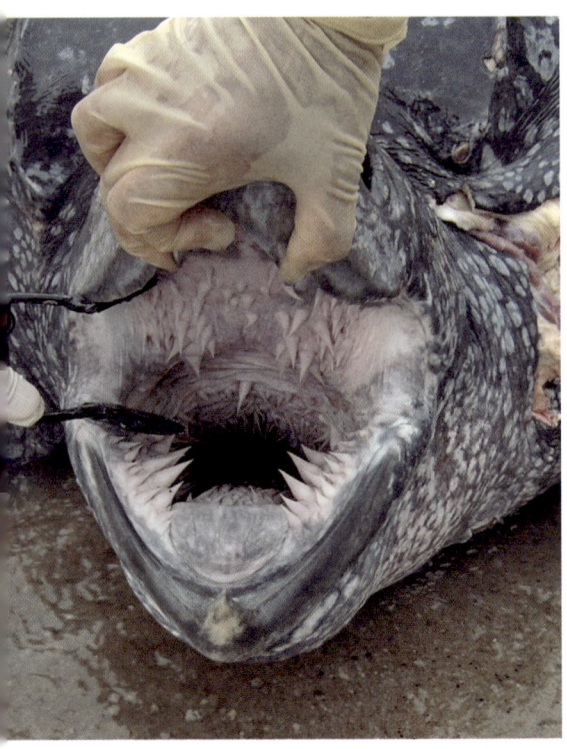

장수거북의 입과 식도 내측은 돌기로 빼곡하다.

즐겁게 해초를 먹는 푸른바다거북.

바다거북 고기로 만든 버거를 홍보하는 한 식당의 전단지. 가족들의 모습이 즐거워 보인다.

보트 가득 바다거북을 잡은 어선 한 채가 항구에 정박 중이다. 당시 바다거북수프는 미국과 유럽에서 미식으로 추앙받았다.

바다거북의 여정을 더 잘 따라가기 위해 우리는 다양한 무선 송신기를 거북의 등에 설치한다. 보조 직원 맥도널이 날 돕고 있다.

요즘 송신기는 젤리 한 봉지 크기보다 작기 때문에 사진 속 올리브바다거북 암컷은 자기 등에 무언가가 달려 있다는 사실을 거의 알아채지 못한다.

박사 논문을 위해 피부 표본을 몇 밀리미터 채취하는 중.

리 피츠제럴드 박사로부터 박사 학위를 수여받는 순간.

친구이자 동료 하이로가 오스티오날의 인공 부화장에서 장수거북 새끼의 무게를 측정하는 모습. 그는 2013년 카리브해 모잉 해변에서 살해당했다.

실습 대학생들을 대상으로 산란 중인 바다거북 다루는 법을 설명하고 있다. 모래로 모형을 만들어 실습생들이 실제 크기를 가늠할 수 있게 돕는다.

어린이들에게 살아 있는 바다거북과 접촉하는 경험을 제공하는 것은 차세대 운동가를 양성하는 데 꼭 필요한 수단이다.

바다거북 보호 운동에는 전 세계의 자원봉사자들이 참여한다. 보조 직원인 카렌과 자원봉사자인 율리아의 모습.

2020년 코스타리카의 유기견 보호소에서 입양한 믹스견 피오나는 내게 믿음직한 동반자가 되어 주었다.

밤새 힘든 노동을 마치고 해 뜰 무렵 물로 돌아가는 장수거북 암컷. 녀석은 이른 새벽 낳은 알을 모래 속에 꽁꽁 숨겨 놓았다.

밤 순찰을 돌 때 우리는 산란 중인 암컷을 놀라게 하지 않으려고 검은 옷을 입고 적색광을 사용한다. 올리브바다북의 산란을 관찰 중인 장면.

금속 표식은 개별 개체를 파악하는 가장 저렴한 도구다.

오스티오날은 세계에서 유일하게 바다거북 알 채취를 법으로 허용한다. 이는 논란의 여지가 있다.

매부리바다거북의 복갑은 밝은 색이다. 빛이 비치는 수면에 밝은 복갑 쪽으로 떠 있으면 물 아래 천적들의 눈에는 거의 띄지 않는다.

송신기를 부착한 암컷 바다거북이 주위에 있는지 안테나와 수신기로 수색하는 중. 암컷을 찾으면 혈액 채취를 위해 포획한다.

내가 에폭시로 위성 송신기를 부착하는 동안 보조 직원 캔디스가 바다거북이 움직이지 않도록 붙들고 있다. 에폭시는 매우 끈적거린다.

어린 푸른바다거북이 호기심 가득한 눈으로 카메라를 바라보고 있다. 전두 비늘 두 개가 보인다.

부화장 건설은 어려운 작업이다. 굴착 장비로 깊고 넓게 굴을 판 다음 깨끗한 새 모래로 그 안을 채워야 한다.

부화장이 완성되면 체스판 모양으로 구획을 정해 둥지를 판다. 각각의 둥지에는 방충망으로 둘러싼 바구니를 둔다. 그래야 게와 파리 유충으로부터 알을 보호할 수 있다.

장수거북의 알 껍질은 두툼하고 유연한 양피지 같은 재질이며, 크기는 당구공 정도이다.

장수거북 새끼들이 방사를 기다리고 있다.

각 부화된 둥지의 새끼 중 장기 연구 대상이 된 녀석들을 골라 정밀 계측을 한다. 사진 속 새끼는 장수거북이다.

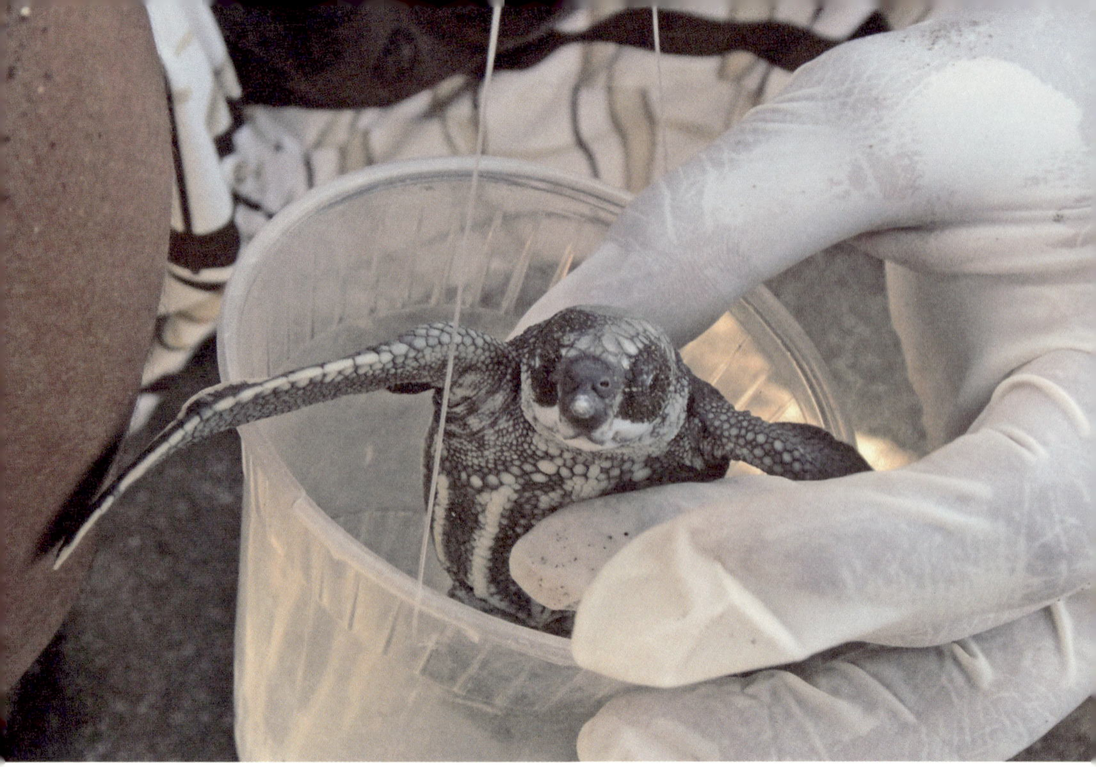

새끼 장수거북의 무게를 잴 때는 쓰고 버려진 플라스틱 컵에 새끼를 넣은 다음 저울에 매단다.

방금 부화한 새끼 혼자서는 바다까지 찾아가지 못한다. 녀석들은 둥지가 있는 수풀에서 무리를 지어 출발한다. 바다에서 시작될 새로운 삶을 위해 함께 해변을 기어가는 새끼 거북들.

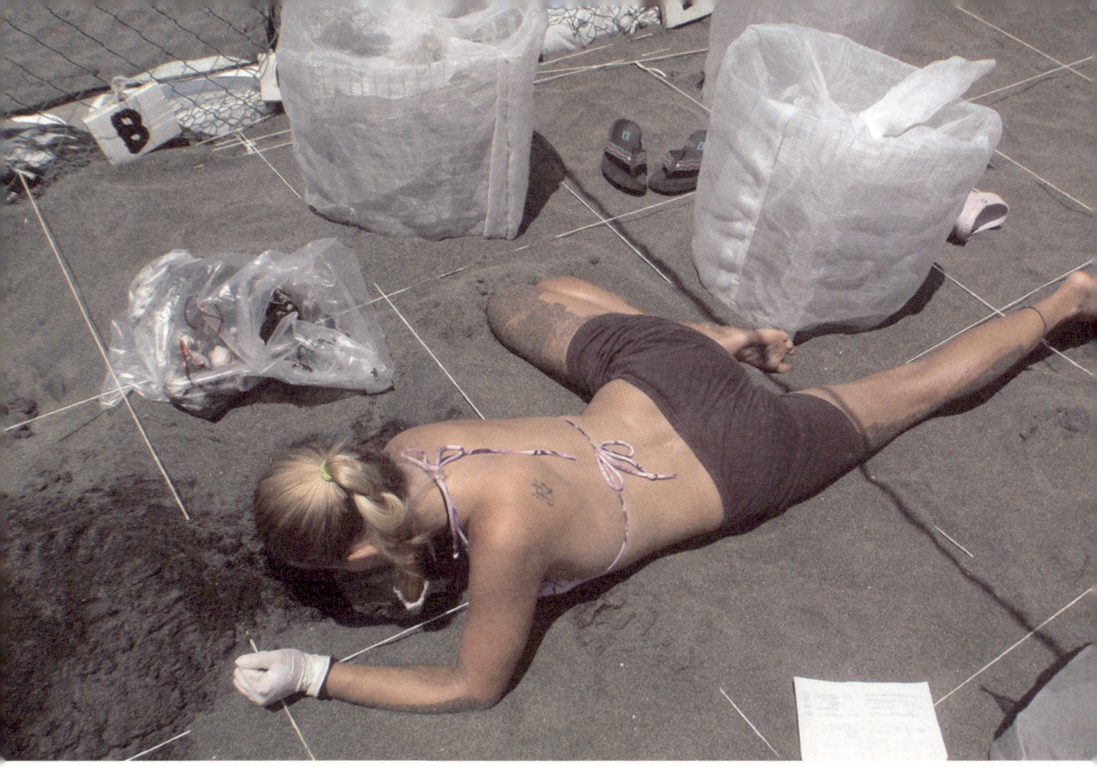

모든 새끼들이 부화한 후, 우리는 둥지 속 내용물들을 확인한다. 부화되지 않은 알들은 분류하여 하나씩 열어 본다.

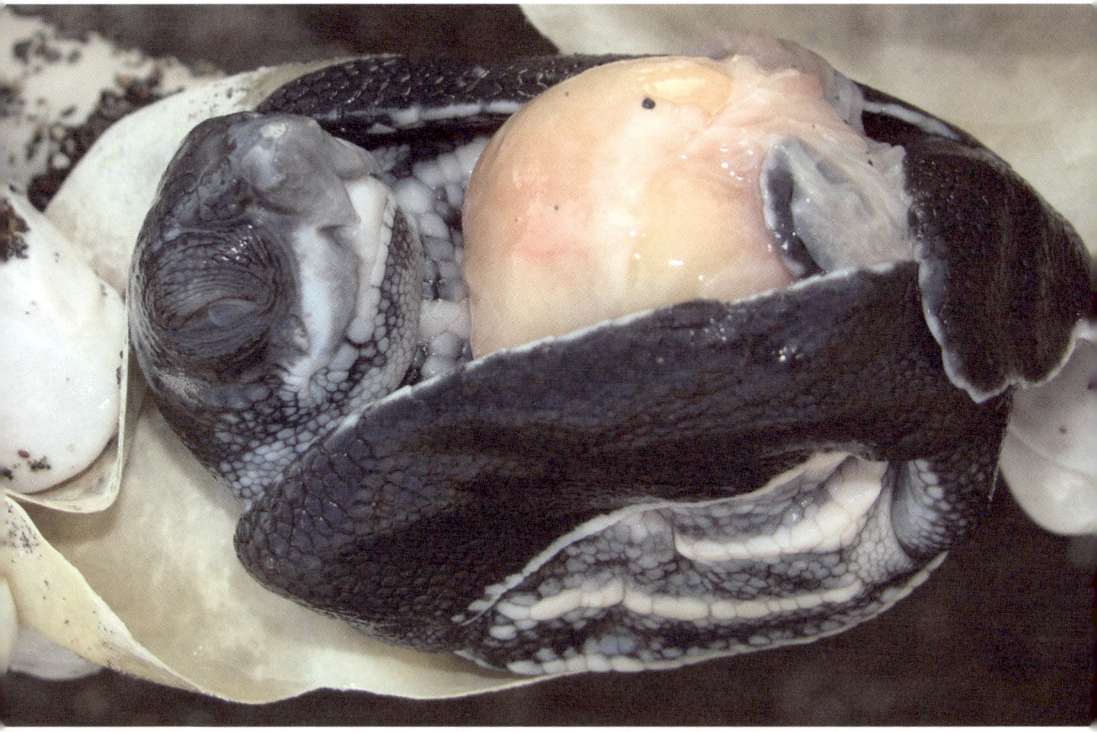

그 안에는 완전히 발달하지 못한 태아가 들어 있을 때가 많다. 이 태아는 부화 직전에 발달을 멈추었다. 배에 안고 있는 것은 난황낭이다.

어린 푸른바다거북이 바다 초원 위를 유유히 헤엄치고 있다. 어린 거북에게 드넓은 해초는 유치원과 다름없다.

나는 두 살 때 그리스로 여행을 가서 처음으로 바다를 알게 되었다. 헝겊 인형은 항상 나와 함께였다.

바다로 들어간 새끼 바다거북들은 생애 몇 주일을 넓은 바다 아래 해초 카펫에서 뒹굴며 보낸다.

케이트 맨스필드 박사 연구팀은 초소형 태양광 탐지기를 이용하여 그간 거의 알려진 바가 없었던 바다거북의 여정에 관해 놀라운 사실들을 알아내는 데 성공했다.

바다거북과 찍은 나의 첫 사진. 이 어린 매부리바다거북은 리몬 기지에서 치료를 받던 중이었다.

장수거북 둥지 파는 법을 배우는 장면. 내가 판 둥지가 자꾸 무너지자 안드레이가 다가와 요령을 알려 주었다. 안드레이는 지금 내 남편이 되었다.

는 줄의 일부를 끊어 내되 힘줄에 대롱대롱 매달린 지느러미는 그대로 남겨 놓기로 한다. 대신 몸통에 붙은 지느러미를 강하게 결박해 박테리아가 퍼지지 않도록 한다. 이제 내가 할 수 있는 일은 다 했다. 남은 신경이 완전히 죽어서 지느러미가 알아서 떨어져 나가길 바랄 뿐이다.

심각한 지느러미 부상에도 불구하고 녀석은 온몸을 질질 끌고 해변으로 올라가 둥지 지을 자리를 찾는다. 이런 바다거북의 강인함을 볼 때마다 한없이 가슴이 뭉클해진다. 나는 손에 남은 그물 뭉치를 쳐다본다. 상태로 보아 그물은 암컷의 몸에 휘감기기 전부터 오랫동안 바닷속을 떠돌고 있었던 것 같다. 바다거북들이 길고 긴 여행을 하는 동안 맞닥뜨리는 위험들이 어떤 것일지, 나로서는 상상조차 할 수 없다.

바다거북들을 재앙으로 몰아넣는 요인은 다양하다. 새끼 바다거북을 호시탐탐 노리는 자연의 천적들은 논외로 치자. 야생의 천적이 드물어지는 성체가 된 후에도 바다거북은 인간이 만들어 낸 수많은 위협에 시달린다. 그중에서도 최악은 산업화된 어업이다. 대규모 어업 선단은 바다 전역을 옮겨 다니며 몇 주 만에 해당 지역 물고기들을 깡그리 잡아 간다. 많은 고기를 잡기 위해 몇 킬로미터씩이나 되는 긴 그물과 긴 줄을 이용하다 보면 목표물 외의 부산물이 함께 잡히는 게 당연하다. 그중에는 고래나 돌고래 혹은 바다거북도 있는데, 모두 수면 위로 올라와 호흡을 해야만 하는 동물들이다. 가끔은 어부들이 그물이나 낚싯줄을 확인해서 목표하지 않은 생물들은 놓아주곤 한다. 그렇게 행운을 잡은 녀석들은 긁힌 상처 외엔 별 이상 없이 건강하게 바다로 돌아간다. 하지만 모든 어부들이 규칙적으로 그물을 확인하진 않는다.

그물에 잡혔다는 것 자체가 바다거북에겐 엄청난 스트레스다. 녀석들은 침착하게 기회를 기다리는 대신 벗어나려고 필사적으로 몸부림을 친다. 스트레스와 몸부림이 심해질수록 몸 안에 비축된 산소는 급격하게 줄어든다. 때론 어딘가에 부딪혀 심각한 부상을 입기도 한다. 엉뚱하게 잡혀 있는 몇 시간 만에 바다거북은 고통스럽게 익사한다. 이처럼 의도치 않은 포획으로 목숨을 잃는 바다거북의 수가 매년 50만 마리에 달한다. 그뿐만 아니라 쓸모를 다하고 바다에 버려진 그물은 무엇이든 옭아매는 유령 그물이 된다. 이렇게 폐기 혹은 유실된 그물 때문에 죽는 바다거북의 수는 집계조차 된 적이 없다. 그 규모가 상당하리라 짐작할 뿐이다.

더불어 바다의 오염 역시 매년 수천 마리의 바다거북을 희생시키는 거대하고도 직접적인 위험 요소다. 앞서 언급한 바 있는 비료와 살충제도 큰 위협이지만, 그보다 더 큰 위협은 플라스틱을 비롯한 석유 제품들이다. 대중들은 얼마나 많은 석유와 석유 유도체가 강을 통해 바다에 버려지는지 상상조차 못 할 것이다. 거기에 합법과 불법을 총동원해 석유를 바다에 버리는 대형 선박들이 합세한다. 선박 사고로 인한 집중적인 기름 유출 또한 일반인들의 짐작보다 훨씬 자주 일어나는 일이다. 지난 11년간 선박 사고로 대양에 기름이 유출된 사례는 총 72번이다.

하지만 이런 참사 중 대부분이 언론의 관심을 받지 못한다. 특히 경제력이 약한 국가와 관련된 사고들은 전혀 주목받지 못한다. 예를 들어, 2021년에 컨테이너 선박 한 채가 스리랑카 해안에서 화재로 침몰했다. 배에는 맹독성 질산 25톤, 난방용 석유 350톤, 플라스틱 펠릿 1,680톤 그리고 기타 화학 제품과 화장품 등이 실려 있었다. 사고 일주일 후 수백 마리의 바다거북과 다른 동물들의 사체가 밀물에 실려 해변으로 들어왔지만 이 사건을 기억하는 사람은 많지 않다.

바다거북은 물에 떠다니는 석유 덩어리를 먹이로 착각해 집어삼키기도 하고, 방류된 석유에 노출된 해초나 해파리를 잡아먹기도 한다. 이렇게 바다거북의 체내로 들어간 석유는 소화기를 자극해 궤양이나 출혈의 원인이 된다. 설사 및 소화 불량을 일으켜 정상적인 영양분 흡수를 방해하기도 한다. 석유나 분산제는 거북의 피부에도 자극을 주고 심지어는 부패하게 만들어 심각한 감염을 유발한다. 다방면으로 석유에 노출된 결과 바다거북의 간과 신경이 손상되고 생식 기능에 장애가 생긴다. 빈혈에 걸리거나 면역이 약해져 다른 경로의 질병에 쉽게 노출되기도 한다. 그리고 그 극단적 결과는 죽음이다. 알 속에서 기름에 노출된 태아는 발달 속도가 느리다. 그래서 기름 유출이 발생한 지역에서는 전체 부화율이 감소하고 발달이 제대로 되지 않은 새끼가 부화될 확률도 높다. 또한 수면에 뜬 석유에서 방출되는 기화 물질과 휘발성 유기물을 들이마셔서 호흡기에 염증이 발생하거나 심하면 폐기종이 생긴 사례도 보고된다.

기름 유출로 인한 생태계 전반의 변화는 동물들의 삶에 간접적으로도 영향을 미친다. 예를 들어 새로운 영양 공급원을 찾는 데 더 많은 시간과 에너지를 소모해야 할 수도 있고, 때론 자연스러운 생애 주기를 방해하는 새로운 요인과 맞닥뜨려야 할 수도 있다. 우리는 기름 유출 참사가 생길 때마다 면밀한 조사를 통해 그 잠재적인 결과에 대한 정보를 확장하고 있으나, 여전히 그 영향을 모두 안다고 자부하긴 어렵다. 특히 기름 오염으로 인한 생태계의 장기적 피해와 독성 물질에 장기간 노출된 동물들의 신체 변화에 대해서는 아는 바가 많지 않다.

인간이 석유로 만들어 낸 또 다른 저주는 바로 플라스틱이다. 여기서 말하는 플라스틱이란 폴리머를 주성분으로 하는 합성 혹은 반합성의 화학 물질을 총칭한다. 합성 플라스틱의 대부분은 석유에서 생산되며 기후 위기에도 한몫한다. 현대 사회에서 플라스틱은 특유의 가변성과 다면성을 무기로 큰 성공을 거두었다. 아이러니하지만 플라스틱이 인간 사회에 소개된 초기에는 매부리바다거북의 등갑을 대체해 바다거북을 보호하는 데 이바지하기도 했다.

전 세계에서 생산되는 플라스틱은 3,500만 톤가량이고 그 종류는 대략 여섯 가지로 나뉜다. 전체 플라스틱의 90%에 해당하는 이 여섯 종류의 합성수지는 빵 봉지부터 치약 튜브까지, 우리 일상생활에서 다양한 형태로 활용된다. 그리고 날이 갈수록 그 양이 늘어난다. 2020년에 한 해 동안 전 세계에서 플라스틱 4,000만 톤이 생산되었는데, 이 추세라면 2050년에는 11억 톤에 달할 것으로 추정된다. 현대의 각종 기술 및 연구와 의학은 그 성장의 많은 부분을 플라스틱에 빚지고 있다. 어쩌면 매부리바다거북도 플라스틱 덕에 멸종을 면한 걸지도 모른다. 하지만 동시에 생태계에 지워지지 않는 흔적을 남긴 플라스틱은 인간과 동물 모두의 건강을 위협한다. 이것이 플라스틱의 딜레마다. 무엇보다 버려진 플라스틱은 엄청난 골칫거리다. 쓰레기 매립지로 간 플라스틱 물건들은 몇 백 년이 지나도 썩지 않는다.

재활용으로 플라스틱 위기를 벗어나는 것도 쉽지 않은 일이다. 우리 일상에서 주로 사용되는 플라스틱 중 재활용이 가능한 것은 세 가지다. 폐기물 문제를 해결하기 위해서는 재활용 가능한 플라스틱만이라도 잘 처리해야 하지만, 생산자는 자신의 책임을 소비자에게 미루기만 한다. 게다가 많은 산업화 국가들은 자기 나라의 플라스틱을 분류도 하지 않은 채 뒤죽박죽 섞어서 아프리카나 동남아 국가들로 보내 버린다. 그렇게 만들어진 쓰레기 산에서 그곳 사람들은 값나가는 것만 골라내고 나머지는 자연스레 그 땅에 남아 비와 홍수, 폭풍우에 무방비로 방치된다. 그 결과 바다를 떠도는 플라스틱의 80%는 육지 폐기물이다. 강이 매일같이 엄청난 양의 쓰레기를 바다로 몰아넬 때 우리의 책임감도 쓰레기 더미와 함께 폐기된다. 최근 조사에 따르면 매년 1,100만 톤의 플라스틱이 바다로 버려지는 중이며, 이미 바닷속에는 2억 톤이 넘는 플라스틱이 떠돌고 있다.

바다거북에게 플라스틱이 치명적인 이유는 단지 신체 일부분이 합성수지에 엉킬 위험 때문만은 아니다. 녀석들이 비닐봉지를 해파리로 착각하고 삼켜 버리는 것도 큰 문제다. 거북들이 플라스틱에서 먹이와 유사한 냄새를 맡는다는 최근의 연구 결과도 있다. 이미 7종의 바다거북 모두 위장에서 플라스틱이 발견된 적이 있다. 배 속으로 들어간 비닐봉지는 위장관을 손상하거나 아예 막아 버리기도 한다. 비닐봉지로 소화 기관이 막힌 바다거북은 천천히 그리고 비참하게 굶어 죽는다. 먹이를 섭취할 수 없거나, 섭취한다고 해도 영양분을 제대로 흡수할 수 없기 때문이다. 나는 그런 경우를 수도 없이 많이 봐 왔다.

　어느 날은 둥지를 지으러 해변으로 올라온 바다거북을 관찰하던 중 심상찮은 기운을 느꼈다. 녀석은 난실을 다 지은 후 30분을 꼼짝 않고 앉아 있었는데 아무 일도 일어나지 않았다. 힘을 주는 낌새는 보이지만 알이 나오지 않았다. 알을 담을 봉지를 들고 녀석의 꽁무니 쪽에 배를 깔고 엎드려 한참을 기다리던 나는 조심스레 녀석의 배설강을 열어 보았다. 보통은 암컷이 그곳을 만지는 걸 싫어하기 때문에 평소라면 절대하지 않을 행동이지만 상황이 여느 때와는 달랐다. 배설강에 손을 대자 물컹한 무언가가 느껴졌다. 조심스레 끌어당기자 그것이 순순히 끌려 나왔다. 조금씩, 조금씩 내 손에 잡혀 나온 것은 우리가 흔히 사용하는 검은색 비닐봉지였다. 비닐이 다 빠져나오자 알이 기다렸다는 듯 둥지로 쏟아졌다. 암컷이 먹이로 착각하고 집어삼킨 비닐봉지가 소화 기관을 떠돌다가 배설강으로 흘러들어 알이 나와야 할 구멍을 막았던 것이다. 이 녀석은 운이 좋았지만 많은 거북들이 훨씬 비참한 운명을 감수했을 것이다.

　아직 본격적인 연구조차 되지 않은 다른 위험 요소로는 미세 플라스틱이 있다. 여기서는 생물학적으로 분해되지는 않지만 물리적으로 잘게 쪼개지는 플라스틱의 특성이 문제다. 플라스틱은 자외선과 파도에 삭아 점점 더 작은 크기로 갈라지고 지름 5밀리미터 이하의 조각, 즉 미세 플라스틱이 된다. 이미 우리 주변 어디에나 미세 플라스틱은 있다. 우리의 식수와 음식, 몸과 폐, 배설물과 임신부의 태반에서도 미세 플라스틱이 발견되었다. 실제로 우리가 일주일에 신용카드 한 장 분량의 플라스틱을 섭취한다고 추정하는 연구도 있다.

미세 플라스틱의 주요 유발원은 합성 섬유다. 우리가 세탁을 할 때마다 합성 섬유 가닥에서 미세 플라스틱이 빠져나온다. 우리의 하수 처리 시스템은 아직 미세 플라스틱을 걸러 내지 못하기에 그것들은 고스란히 물에 섞여 순환한다. 그뿐만 아니라 가지각색의 포장재에서도 미세 플라스틱이 나온다. 특히 플라스틱 생산 과정에 첨가되는 다양한 화학 물질과 시간이 지나면서 플라스틱 표면에 축적된 유해 물질에는 독성이나 내분비계 교란 성분이 다량 포함돼 있다. 얼마 전 발표된 연구는 플라스틱 조각 14개만으로도 바다거북의 사망률이 50%까지 증가한다는 사실을 입증했다.

플라스틱이 바다거북의 생태를 전반적으로 위협한다는 것은 오래전부터 잘 알려진 사실이다. 이미 1981년에 지구상에 남은 7종의 바다거북 사체에서 모두 플라스틱이 발견되었다는 기록이 처음으로 공개되었다. 해부 과정에서 처음 플라스틱이 발견된 기록은 1970년으로 거슬러 올라간다. 그로부터 수십 년간 학계에선 플라스틱이 정확하게 어떤 방식과 어떤 규모로 바다거북을 해치는지에 관한 연구 기록이 쏟아져 나왔다. 학계의 통계는 사람들을 충격에 빠뜨렸지만 마음을 흔들기엔 너무 추상적이었다. 사람을 진짜 고민하게 만드는 것은 숫자가 아니다. 우리의 행동을 바꾸는 것은 마음에 와닿는 각각의 사연들이다.

그중 내가 들려줄 수 있는 가장 비참한 이야기는 코에 플라스틱 빨대가 꽂힌 바다거북에 관한 것으로, 녀석은 2015년 8월에 내가 촬영한 동영상 속 주인공이다.

운명의 날, 나는 현장조사 팀과 함께 코스타리카 해안에서 몇 킬로미터 떨어진 태평양 바다를 떠돌며 박사 논문에 쓸 자료를 수집 중이었다. 같은 배에는 현지 보조 직원인 오드리 맥카르티Audrey MacCarthy, 맥도널 코메즈Macdonal Gomez와 현지 다이빙 업체 사장인 엠마뉴엘 발레호스Emmanuel Vallejos, 연구 보조인 댄 스튜어트Dan Stuart, 베로니카 콜레프Veronica Koleff와 동료 네이선 로빈슨Nathan Robinson 박사가 동승했다.

정오가 지났을 무렵, 우리는 올리브바다거북 한 마리를 포획해 배 위에 태웠다. 내가 일단 필요한 정보를 수집한 다음, 네이선이 바다거북 등갑에 붙어 공생하는 생물들을 채집하기 시작했다. 그 와중에 그는 바다거북의 콧구멍에서 특이하게 생긴 딱지 하나를 발견했다. 처음에 우리는 그게 따개비일 것이라고 짐작했다. 나는 별로 할 일이 없던 차에 재미있는 일이다 싶어서 카메라를 들고 네이선이 그 정체불명의 물질을 녀석의 코에서 빼내는 장면을 촬영했다.

오드리와 댄이 거북을 배의 좌석에 고정하자 네이선이 조심스럽게 주머니칼에 달린 핀셋으로 그 딱지를 잡았다. 그가 콧구멍에서 그 물체를 1센티미터가량 끄집어냈을 때 누군가 따개비보다는 벌레 혹은 대롱처럼 생긴 벌레의 긴 혀를 닮았다는 얘길 했다. 하지만 카메라 렌즈를 통해 그 광경을 지켜보던 내 눈엔 대롱 양쪽에 그려진 검은 줄 두 개가 선명하게 보였다. 그건 분명 플라스틱 빨대였다. 틀림없었다.

이후 몇 분간 그 기다란 물체와 씨름을 벌인 끝에 우리는 조각을 잘라서 좀 더 가까이 관찰해 보자는 쪽에 의견을 모았다. 당시엔 정체를 제대로 알고 싶은 마음과 우리가 바다거북의 신체 일부를 잡아

당겨서 괜한 고통을 주고 있는 게 아니라는 확신을 얻고 싶은 마음이 반반이었다. 모두가 동의했고 실행했다. 잘라 낸 조각은 과연 플라스틱 물체로 보였다. 하지만 플라스틱이 왜 거기에? 모두가 의아해하는 와중 용감한 맥도널이 손에 든 조각을 입에 넣고 씹어 보았다.

"플라스틱이네!"

그는 한 치의 망설임도 없이 말했다. 말도 안 돼! 불쌍한 바다거북 코를 깊이 찌르고 있던 물체는 정말 플라스틱 빨대였다.

결코 녀석을 그대로 바다에 돌려보낼 수 없었다. 하지만 수의사에게 데려갈 상황도 아니었다. 그래서 네이선은 남은 끄트머리를 계속 잡아당겼고, 마침내 코에서 완전히 빼내는 데 성공했다. 네이선은 코에서 빼낸 나머지 조각을 카메라 앞에서 흔들었다. 그런데 하필이면 바로 그 순간 카메라 배터리가 다 되어 화면창이 검은 색으로 바뀌었다. 카메라를 손에서 놓은 나는 급한 대로 요오드를 묻힌 솜으로 녀석의 콧속을 소독했다. 그리고 우리는 조심스레 녀석을 보트 난간으로 데려가 바다로 미끄러뜨려 보냈다. 녀석은 다시 얻은 자유가 고마웠던지 지느러미를 힘차게 움직여 최대한 빨리 우리로부터 멀어졌다. 우리는 그 뒷모습을 멍하게 바라봤다.

우리 중 작업을 계속할 기운이 남은 사람은 아무도 없었다. 그래서 보트로 2시간을 달려 항구로 돌아왔다. 돌아오는 길 내내 아무도 입을 열지 않았다. 우리는 저마다 깊은 생각에 잠겼고 어쩌다 서로 눈이 마주쳐도 어깨를 으쓱하거나 고개를 절레절레 흔들 뿐이었다. 아무리 생각해도 방금 경험한 게 무엇인지 이해가 되질 않았다. 동영상이 없었다면 단체로 악몽을 꾼 거라고 착각할 만했다. 그런데 카메라에 찍히긴 했을까? 돌아오는 내내 초조했던 나는 숙소에 도착하자 마자 카메라에서 SD 카드를 꺼내 노트북으로 달려갔다. 거기엔 고문과도 같았던 8분이 생생하게 담겨 있었다. 나는 빨리 감기로 네이선이 꺼낸 빨대를 카메라 앞에서 흔드는 마지막 장면까지 확인하고 안도의 한숨을 내쉬었다.

우리는 그 영상을 유튜브에 올리기로 결정했다. 나는 사전에 지도교수와 상의해 편집 없이 영상 전체를 업로드 했다. 그 순간을 축소하거나 검열하고 싶지 않았다. 그걸 보는 사람들이 우리만큼이나 놀라고 죄책감을 느끼길 바랐다. 이 세상에 태어나 플라스틱 빨대를 한 번도 쓴 적이 없다고 말할 수 있는 사람은 거의 없을 테니 말이다.

숙소 인근에서 인터넷이 연결된 곳은 피자 가게뿐이었다. 그나마도 너무 느려서 영상 하나를 올리는 데 하룻밤이 걸렸다. 다음 날 아침엔 다시 보트를 타고 바다로 나가야 해서 시간이 별로 없었다. 그래서 나는 업로드가 완료되자마자 서둘러 공개 버튼을 누르고 컴퓨터 앞을 떠났다. 그러고선 8시간 동안 인터넷도 휴대전화도 연결되지 않는 상태로 망망대해에 떠 있었다. 돌아와서 확인한 조회수는 천 단위였다. 나는 내 페이스북 계정에 동영상 링크를 올린 다음 잠자리에 들었고 다음 날 아침 다시 보트를 탔다.

바다에서 돌아온 그날 저녁까지 나는 내게 무슨 일이 일어났는지를 몰랐다. 메일함에는 언론사에서 보낸 메일이 수백 통이나 들어 있었다. 우리가 발견한 바에 대해 보도하고 싶으니 인터뷰를 요청한다는 내용이었다. 예상치 못하게 우리의 영상이 입소문을 탄 것 같았다. 덕분에 우리는 제한적인 인터넷 환경 아래에서 여러 매체를 만족시키느라 몇 주를 정신없이 보내야 했다. 우리는 그것이 바다에 버려지는 플라스틱 문제와 바다거북이 처한 상황에 대해 대중에게 말할 수 있는 좋은 기회라고 생각했다. 이미 얼마나 많은 플라스틱이 자연 환경에 버려지고 있으며 그로 인해 바다 생물들이 얼마나 극심한 피해를 입고 있는지를 최대한 많은 사람들에게 알리고 싶었다. 그래서 그들이 지금 당장 일회용 플라스틱을 일상에서 줄이기 위해 할 수 있는 노력이 무엇일지 고민했으면 했다. 결론적으로는 우리가 전하고자 했던 메시지가 완벽하게 전달되진 않았다. 많은 매체들이 마치 플라스틱 빨대가 모든 악의 근원인 양 몰아갔지만 사실 빨대는 편리함을 추구하는 우리의 플라스틱 세계를 대표하는 상징 중 하나에 불과하다.

미디어의 관심은 빠르고 강렬하게 불타올랐다. 그리고 그만큼이나 빠르게 사그라졌다. 우리도 사건이 그렇게 마무리가 되나 보다 하고 생각했다. 사람들은 잠깐 충격을 받았지만 다시금 본래의 일상으로 돌아갔다. 그런데 두어 달 뒤 플라스틱 쓰레기에 중점을 둔 환경 단체로부터 첫 연락이 왔다. 영상을 찍은 지 1년이 채 되지 않았을 즈음, 플라스틱 빨대와 일회용 플라스틱 사용을 비난하고 사람들에게 플라스틱 일회용품 사용을 중단하거나 자제해 달라고 호소하는 대대적인 캠페인이 조직되었다. 우리의 동영상이 일으킨 작은 파도는 점점 크게 불어나 마침내 거대한 물결이 되었고, 세상은 서서히 플라스틱으로 인한 바다 오염에 주목하기 시작했다. 그 여파로 2016년에 두 편의 영화 〈플라스틱, 바다를 삼키다 A Plastic Ocean〉와 〈우리의 지구: 끝나지 않은 여정 Our Planet-Behind The Scenes〉이 개봉됐다. 둘 다 바다에 버려진 플라스틱 문제를 아주 인상적으로 보도한 다큐멘터리다.

그 후 몇 년간 많은 진전이 있었다. 여러 나라에서 일회용 플라스틱을 금지하는 법이 발효되었고 플라스틱 문제에 대한 인식이 폭발적으로 증가했다. 전 세계적으로 플라스틱 발자국을 줄이려 노력하는 사람들이 늘어났고, 생산자들도 그것을 시대정신으로 받아들이게 되었다. 플라스틱 없는 상점이 우후죽순처럼 생겨났고 요즈음에는 우리 할머니 시절에 그랬던 것처럼 플라스틱을 쓰지 않는 포장이 각광을 받는다. 그럼에도 불구하고 아직도 해야 할 일이 너무 많다. 코카콜라나 네슬레 같은 거대 플라스틱 오염원들이 더 큰 책임을 지도록 하는 법을 만들어야 한다. 법적 제한뿐 아니라 우리가 더 이상 플라스틱을 원하지 않고 대안을 바란다는 사실을 거대 기업들이 깨닫도록 소비자들이 움직여야 한다.

안타깝게도 지금까지 플라스틱은 다양하게 변형되고 저렴하게 생산할 수 있는 유일한 재료다. 하지만 나는 조만간 유연하게 변형할 수 있으면서도 생물학적으로 분해 가능한 물질이 발견되어 플라스틱을 대체하리라는 희망을 버리지 않는다. 그 부분에 있어서 나는 매우 긍정적이다. 화성까지 날아갈 방법을 찾아낸 우리가 플라스틱 문제를 해결하지 못할 리 있겠는가. 제대로 된 동기가 필요할 뿐이다. 아마도 돈이 그 동기가 될 수 있을 것이다.

전문가들의 계산에 따르면 현재 경제 시스템을 순환 경제로 전환하면 2040년까지 새로운 플라스틱의 생산은 55%까지, 바다로 유입되는 플라스틱의 양은 80% 이상을 줄일 수 있다. 이를 통해 전 세계 정부가 2040년까지 절약할 수 있는 돈은 700억 달러에 이른다. 부수적으로는 온실가스를 25% 가까이 줄일 수 있으며, 70만 개의 신규 일자리가 주로 남반구에 생겨날 것이다. 2022년, UN 가입국의 국가 및 정부 수장과 환경부 장관 그리고 기타 대표들은 플라스틱 오염을 종결하고 국제법상 구속력이 있는 법규를 2024년까지 체결하기 위한 역사적인 결의안에 합의했다.

이러한 진전을 목격하면서 나는 내가 하는 일이 쓸모없지 않다는 확신을 갖게 되었다. 내가 쓴 박사 논문도 상황이 변하는 데 일정 부분 기여했고, 내 연구는 바다거북의 여행에 관한 지식의 폭을 넓혔다. 앞으로도 바다거북을 좀 더 효율적이면서도 체계적으로 보호하는 데 보탬이 되리라 기대한다. 나는 총 27마리의 올리브바다거북에게 송신기를 부착해서 녀석들이 산란을 마친 후 어디로 가는지를 추적했다. 그렇게 수집한 정보들을 바탕으로 녀석들이 여러 지역을 유랑한 끝에 대다수는 중미의 태평양 연안에 체류한다는 사실을 확인했다. 동태평양에서 녀석들의 안전을 최대한 보장하기 위해서라도 이 지역은 해양 보호 구역 목록에 올라야 한다. 그것도 제일 꼭대기에.

우리는 여전히 바다거북의 여행에 대해 충분히 알지 못한다. 그러므로 녀석들이 체류하는 지역에 대해 더 많은 정보를 수집하는 것이 무엇보다 중요하다. 그래야만 녀석들이 어디서 유아기를 보내는지, 먹이는 어디서 구하고 어디로 이동하는지를 파악해 실질적이고 포괄적인 보호책을 강구할 수 있기 때문이다. 내가 지난 몇 년간 이 주제에 집중해 연구를 진행한 까닭이 바로 이것이다. 내가 수집한 정보들이 바다거북의 생존과 앞날을 보장하는 데 도움이 되길 희망한다.

# 올리브바다거북

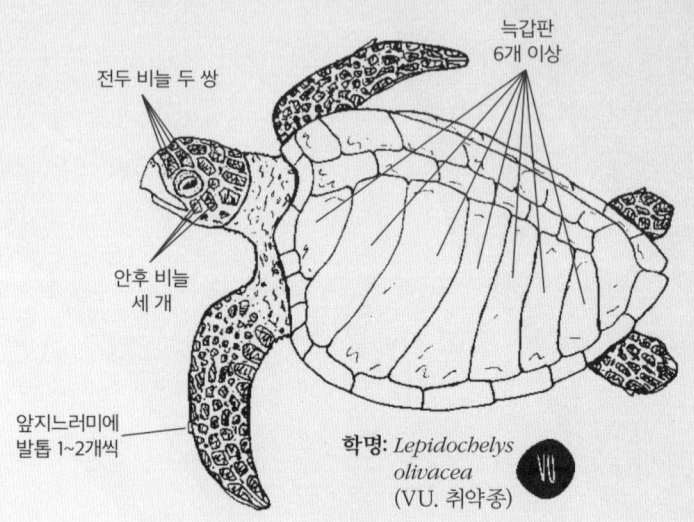

- 위험도 등급(IUCN): 취약
- 등갑 길이: 60~75cm
- 무게: 35~45kg
- 주식: 갑각류, 물고기, 해조(선택적 잡식)
- 생식 연령: 11~16세
- 이주 간격: 매년
- 산란 간격: 20~28일
- 산란기별 산란 횟수: 2~3회
- 산란별 알의 개수: 110개
- 부화 기간: 45~60일
- 특이 사항: 집단 산란(아리바다)을 할 때도 있고 개별적으로 산란을 할 때도 있다. 등갑이 구불구불하고 하트 모양이다. 주둥이가 앵무새 부리를 닮았다.

## 그들이 사랑할 때

우리는 그늘막을 친 작은 어선을 타고 코스타리카 서쪽 해안에서 몇 킬로미터 떨어진 짙푸른 바다 위에 떠 있다. 배에는 올리브바다거북 두 마리가 함께 있다. 한 마리는 뒤집어서 자동차 타이어 위에 올려놓았고 다른 한 마리는 보조 직원 두 명에게 붙들려 좌석에 앉아 있다. 두 마리 모두 스트레스를 최소화하기 위해 젖은 수건을 눈에 두껍게 얹어 두었다. 둘은 방금 짝짓기를 마친 암수 한 쌍이다. 우리는 스노클링으로 바다에서 짝짓기 광경을 관찰한 다음, 손으로 둘을 포획했다. 녀석들을 대상으로 바다거북이 짝짓기를 할 때 어떤 상대를 선호하는지에 관한 유전적 연구를 진행할 계획이었다. 우리는 피부 샘플을 채취하고 둘의 형태학상 차이를 정밀하게 기록했다. 무게와 등갑의 길이 및 너비, 복갑의 길이 및 너비, 꼬리의 길이, 발톱의 길이, 머리둘레, 지느러미 길이 등 모든 것이 측정되고 기록되고 사진으로 남겨진다.

바다거북의 교미는 육상이 아니라 수중에서 이뤄지기 때문에 그에 대한 우리의 지식은 충분치 않다. 확실한 것이라고는 암수가 만나 교접한다는 것뿐이다. 당연한 얘기로 들릴지 모르나, 일반인이 알고 있는 것처럼 모든 동물이 새끼를 낳기 위해 섹스하는 것은 아니다. 조류와 파충류는 일반적으로 암컷의 난자와 수컷의 정자가 체외에서 수정된다. 그런데 바다거북은 우리 인간과 마찬가지로 체내 수정을 한다. 그래서 암컷과 수컷이 일단은 서로 만나야 하고, 이는 결코 당연하지 않다.

바다거북은 그리 사회적인 동물이 아니다. 암수가 만나는 것 자체가 대단히 드문 일이다. 어릴 때 〈니모를 찾아서Finding Nemo〉를 본 사람들은 바다거북이 가부장적이고 끈끈한 가족 관계 안에서 살아가리라 착각한다. 하지만 실제로는 형제자매들과 함께 둥지를 떠난 이후부터 각자 알아서 살아간다. 알에서 깨어났을 때 이미 엄마는 저 멀리 사라져 버린 뒤고, 아빠는 처음부터 존재감이 없었다. 새끼 시절부터 홀로 자기 운명을 개척해야 한다. 그러다가 생식을 할 만큼 성숙한 다음에야 비로소 암컷과 수컷이 짝짓기를 위해 서로를 찾는다. 이들이 만나는 장소가 먹이 지역은 아닐 것으로 짐작된다. 오히려 평소 먹이를 먹던 지역에서 몇천 킬로미터나 떨어진 해안 인근에서 짝짓기를 한다. 암컷이 둥지를 짓고 산란을 하는 해변 바로 앞이다.

바다거북의 생애 첫 짝짓기 여행이 어떤 자극에 의해 시작되며 어떻게 진행되는지에 관해서는 아직 자세히 알려지지 않았다. 대강 알려진 바에 따르면, 암수의 등갑 길이가 성체 평균 길이보다 약간

모자랄 때 즈음이면 생식할 준비가 갖춰지고 첫 교미를 시도하는 것으로 보인다.

암수의 생식 주기를 관장하는 것은 호르몬, 그중에서도 특히 남성 호르몬인 테스토스테론이다. 미성숙한 바다거북에게 테스토스테론을 주입한 실험에서 발정과 교미가 관찰되었다. 연구자들은 어린 거북들은 주변 기온에 따라 테스토스테론의 분비량이 달라지지만 사춘기 이후부터는 기온의 영향이 줄어들 것이라고 추측한다. 바다거북의 뇌에서 송과선이 발달하기 때문이다. 대부분의 척추동물들은 의학용어로 '솔방울샘'이라고 부르는 이 작은 내분비 기관을 갖고 있다. 송과선은 어두울 때, 즉 한밤중에 멜라토닌이란 호르몬을 생성해 혈액에 분비한다. 멜라토닌은 하루의 수면 리듬은 물론, 생식 주기 같은 장기 신체 리듬을 좌우한다. 그래서 멜라토닌 분비에 이상이 생기면 하루를 주기로 한 리듬에 장애가 생길 뿐 아니라 생식 주기에도 문제가 생겨서 성적으로 조숙해지거나 미숙해질 수도, 혹은 성적 성숙이 아예 멈출 수도 있다. 진화 생물학은 송과선을 퇴화된 광수용체의 일종으로 본다. 몇몇 양서류와 파충류의 뇌에서 송과선은 빛에 반응하는 기관들과 연결되거나 심지어 그 자체가 빛에 반응해 눈의 기능을 할 때도 있다. 그래서 송과선은 '제3의 눈'이라고 불린다.

바다거북이 특정 발달 단계에 이르면 송과선이 테스토스테론의 분비를 조절하는 것으로 보인다. 그래서 사춘기 이후부터는 기온이 아니라 빛의 세기가 각 성별에 합당한 성적 성숙을 좌우하는 요인이 된다. 물론 풍부한 영양 공급과 장기의 발달이 기본 조건이다. 일반적으로 바다거북의 먹이 지역은 산란지보다 위도상 훨씬 높은 지역에 분포해 있으므로, 1년 주기 안에서 계절에 따라 낮과 밤의 길이가 극명하게 달라진다. 송과선이 낮의 길이를 기준으로 적당한 때가 되었다고 판단하면 이동 신호를 내린다. 바다거북이 때가 되면 어김없이 짝짓기를 할 수 있는 비결이다.

긴 여행을 떠나기 전, 암수 모두 먹이 지역에서 충분히 영양분을 섭취해 통통하게 살을 찌운다. 피부 지방층에 저장한 에너지로 정자를 생산하고 난자를 성숙시킨다. 난자는 수정을 도와주는 물질과 함께 난소의 난포 안에서 성숙한다. 암컷의 체내에서는 난황 전구물질인 비텔로제닌이 작용해 간의 단백질과 일부 지질을 성장 중인 난자에 전달한다. 단백질과 지방의 비율이 1.6 대 1인 난황은 태아를 구성하는 기본 재료다. 섭취한 먹이가 풍부할수록 각 개체의 몸, 특히 암컷의 피하에는 지방층이 통통하게 쌓인다. 이제 녀석들은 교미와 산란을 위해 각자 부화한 해변으로 향한다. 산란지까지 가는 여정은 길고 험하다. 난자를 생산하는 과정에도 에너지가 많이 소모된다. 그래서 암컷들은 보통 두세 해에 한 번씩만 산란을 감행한다. 먹이가 부족할수록 산란과 산란 사이는 멀어진다. 수컷들은 상대적으로 정자 생산에 큰 에너지가 들지 않는다. 그래서 특별한 경우가 아니고선 거의 매년 짝짓기 여행을 떠난다.

암수가 짝짓기 지역을 선택하는 기준은 오랫동안 풀리지 않는 수수께끼로 남아 있었다. 한 암컷이 어떤 해변을 산란지로 정하면 수십 년에 걸쳐 그 지역을 바꾸지 않는다는 것은 이미 오래전부터 관찰을 통해 알려졌지만, 그 까닭은 밝혀지지 않았다. 연구자들은 첫 교미를 앞둔 젊은 바다거북들이 일단은 경험 많은 선배들을 쫓아가서 적당한 지역을 발견하고 그곳에서 짝짓기를 성공하면 다음 주기에도 같은 장소를 찾을 것이란 가설을 세웠다. 그리고 새끼에게 '생체 표식living tags'을 다는 기발한 아이디어를 통해 그 가능성에 대한 최종 답변을 얻었다.

우리가 성체에 사용하는 금속 표식은 새끼들에겐 너무 크다. 수십 년이 지난 후 표식을 한두 개라도 회수하려면 엄청난 수의 새끼들에게 표식을 해야 하므로 비용 부담도 상당하다. 새끼가 성체까지 살아남을 가능성이 매우 희박한 탓이다. 반면 생체 표식에는 비용이 거의 들지 않는다. 어두운 등갑과 밝은 복갑의 현저한 색차를 활용한 기술이기 때문이다. 거북은 바다에서 몸을 숨기기 위한 위장술로 등갑과 복갑의 색이 다르게 진화했다. 물속의 천적들은 수면의 환한 빛 때문에 밝은 색 복갑을 알아보지 못하고, 공중의 천적들은 어두컴컴한 해저와 짙은 색 등갑을 구분하지 못한다. 생체 표식은 이 등갑과 복갑이 만나는 지점에 원형의 케라틴 조각을 이식하는 기술이다. 마치 우리의 손톱에서 작은 조각을 잘라 발톱에 붙이는 것과 비슷하다.

아주 작지만 눈에는 잘 띄는 이 작은 구슬은 바다거북과 함께 자라고, 그 덕분에 우리는 그 일생 동안 연구 대상을 판별할 수 있다. 짙은 등갑에 달린 작고 밝은 구슬은 한밤중에도 금방 눈에 띈다. 이 방법을 통해 연구자들은 새끼 바다거북이 생식할 준비를 마치기까지 15년에서 45년가량 소요된다는 사실을 밝혀냈다. 또한 성체 암컷은 산란을 위해 자신이 태어난 해변이나 적어도 그 근방으로 회귀한다는 사실도 알아냈다. 그리고 최근에는 유전학적 연구를 통해 수컷 또한 교미할 때가 되면 자신이 부화한 지역으로 여행을 떠난다는 사실이 추가적으로 증명되었다.

나 또한 먼 곳에서 내 인생의 동반자를 만났다. 다만 거북들과는 달리, 출생지의 정반대편 끝에서 동료이자 친구이자 파트너인 안드레이를 찾아냈다. 그는 내게 처음으로 바다거북 둥지 파는 법을 가르쳐 준 사람으로, 현지인의 관점에서 코스타리카의 해변과 바다거북을 보는 법을 알려 주었다. 시간이 흐르면서 우리는 친구와 동료 이상의 관계가 되었고 지금은 여러 해 동안 연인 관계를 유지하고 있다. 우리는 항상은 아니지만 종종 바다거북의 신비를 밝히는 모험을 함께한다.

지금도 우리는 손발이 잘 맞는 한 팀으로 같은 보트에 타고 있다. 우리는 20분 정도 정보를 수집한 뒤 바다거북 한 쌍을 물로 돌려보냈다. 가까운 수면에서 다른 올리브바다거북 세 마리가 보인다. 얼핏 봐도 두 마리가 다른 한 마리에게 엄청난 관심을 보이는 게 느껴진다. 나는 다이빙 마스크와 오리발을 착용한 다음 보트 난간에서 살며시 몸을 내려 바다로 빠져든다. 보조 직원 중 한 명이 고프로 카메라를 건넸다. 카메라를 손에 든 나는 조심스레 바다거북들 쪽으로 헤엄쳤다. 다행히 녀석들은 뒤로 접근한 나를 눈치 채지 못한다.

짐작대로 두 마리는 수컷이고 나머지는 암컷이다. 길고 육중한 수컷들의 꼬리가 확실하게 보였다. 둘 다 암컷 주위를 빙빙 돌면서 그 등에 올라탈 기회를 노리는 중이다. 하지만 암컷은 둘을 빤히 쳐다보며 머리를 내젓고, 몸을 뒤집어 배를 보이는 동시에 뒷지느러미로는 꼬리를 덮는다. 짝짓기를 하지 않겠다는 분명한 신호다. 그래도 수컷들은 시도를 멈추지 않았다. 암컷이 잠시 주의가 흐트러진 틈을 타서 수컷 중 한 마리가 대담하게 암컷 등에 올라타 본다. 하지만 암컷은 재빨리 몸을 뒤집어 고집 센 구애자를 떨어뜨렸다. 결국 암컷은 둘 중 누구에게도 몸을 허락하지 않았다. 어쩌면 녀석은 그저 수면에서 햇볕을 쬐고 싶었을지도 모른다. 암컷은 자기 주위를 빙빙 돌며 사랑을 갈구하는 수컷 사이에 빈틈이 생기자 지느러미를 힘차게 움직여서 푸른 심연으로 사라졌다.

솔직히 바다거북의 짝짓기는 그리 낭만적이지 않다. 수컷은 암컷 등에 올라가자마자 자신을 떨어뜨리지 못하도록 암컷의 어깻죽지에 발톱부터 박는다. 그리고 민첩하고 힘센 꼬리로 암컷의 꼬리를 더듬어 배설강에 음경을 집어넣는다. 우리는 가끔 집요하게 생식기를 휘두르는 수컷 덕에 배꼽이 떨어져라 웃곤 한다. 구애 중이던 녀석을 보트에 올려놓으면 상황 파악이 안 된 녀석이 음경을 꺼내 우리를 찔러 대기 때문이다.

배설강을 뜻하는 영단어 '클로아카 cloaca'는 고대 로마에서 하수관을 부르던 이름이다. 도시에서 흘러나오는 모든 액체와 쓰레기는 클로아카를 통해 배출되었다. 많은 동물들이 소화와 배설과 생식 기관의 배출물을 하나의 배설강으로 흘려보낸다. 바다거북도 마찬가지다. 똥과 오줌뿐 아니라 생식을 위한 물질, 즉 암컷의 알과 수컷의 정액이 모두 배설강으로 나온다. 또한 수컷의 음경도 발기되기 전에는 구겨진 채로 배설강에 보관된다.

바다거북의 음경은 기묘한 기관이다. 이 독특한 해면체 기관은 흥분하면 갑자기 혈류량이 증가해 유압식 반원기둥이 피로 가득 찬다. 음경이 경직돼야 정액이 흘러나올 수 있다. 평상시 바다거북의 정액 통로는 호스나 파이프 모양이 아니라 납작하게 눌려 있다. 그러다가 사정이 시작되면 통로 양측을 둘러싼 이른바 '정액 줄기'가 음경 뿌리에서부터 귀두까지 팽팽해지면서 튜브에 바람을 넣듯 정액이 나오는 통로를 펼친다. 그러므로 바다거북의 정액 통로는 흥분 상태에서만 동그란 파이프 형태가 된다.

포유류의 정관이 완전한 파이프 형태인 것과 비교하면 바다거북이 독특하게 여겨질 수도 있다. 하지만 동물계를 통틀어서 생각하면 오히려 포유류가 예외에 가깝다. 도마뱀과 뱀, 악어와 새들의 수컷에서는 납작한 형태의 정액 통로가 일반적이다. 발기한 거북의 음경은 길이가 50%, 지름이 75%가량 증가한다. 발기하지 않았을 때도 바다거북의 음경은 굉장히 큰 편에 속한다. 그래서 처음 보는 사람들은 그 표면의 주름과 귀두에 달린 특이한 갈고리가 징그럽다고 말하기도 한다. 바다거북은 정액 통로와 귀두의 주름을 의도적으로 움직일 수 있다. 그 덕분에 암컷의 몸에 들어가 정확한 자리에 사정하는 게 가능하다.

수컷의 생식기가 외계인의 기관처럼 보이는 데 반해, 암컷의 생식기는 한결 평범하다. 어차피 바깥에서 관찰 가능한 곳은 배설강뿐이다. 인간과 마찬가지로 암컷 바다거북의 몸 안에도 한 쌍의 난소와 한 쌍의 나팔관이 있다. 짝짓기 철이 시작되기 8개월 전부터 난소에선 어린 난자들이 성숙에 들어간다. 완전히 성숙해 난황질이 풍부해진 난자는 난소에서 나와 수컷의 정자와 만난다. 수정란은 암컷의 몸 안에서 껍질에 싸인 다음 알의 형태로 산란된다. 수정란이 알이 될 때까지는 10~14일가량이 걸린다. 이 기간은 종마다 조금씩 다르다. 바다거북들은 한 번의 산란기에 여러 번 둥지를 짓는데 장수거북은 10일 간격으로, 매부리바다거북은 14일 간격으로 산란한다. 특이하게 올리브바다거북은 산란을 미루는 편이라 체내에서 알이 다 완성돼도 짧게는 17일, 길게는 28일 주기로 알을 낳는다.

개체 정보를 수집하기 위해 보트를 탄 우리는 암컷의 생식, 정확히는 교미에 관심이 많았다. 전체 산란기 초입에 한 번만 교미를 하고 여러 번 알을 낳는 것인지, 아니면 산란할 때마다 교미를 하는 것인지에 관해서 정확하게 밝혀지지 않았기 때문이다. 그래서 나는 이번에 잡은 암컷에게는 휴대용 초음파기기와 탐촉자를 사용해 정밀 조사를 실시했다. 조심스레 녀석의 뒷지느러미와 복갑 사이 서혜부에 탐촉자를 집어넣어 나팔관과 난소를 관찰한다.

암컷의 난소에는 아직 배란되지 않은 난자, 즉 난포가 미니 탁구공처럼 조롱조롱 매달려 있었다. 이제 막 짝짓기 지역으로 이동한 암컷이란 얘기다. 녀석은 어젯밤에 왔을 수도 있고, 아니면 이미 한 번쯤 산란했을 수도 있다. 어찌됐건 곧 다시 산란할 것이다. 알은 난포보다 크기가 크다. 또한 껍질에 싸여 있어서 초음파상으로는 동그라미 주위에 후광이 비치는 것처럼 보인다. 난소와 나팔관을 좀 더 자세히 관찰하기 위해 초음파 검진을 받고 있는 암컷을 가볍게 뒤로 기울였다. 다른 내장에 밀려 생식 기관이 탐촉자 가까이로 흘러내린다. 하지만 자세가 불편한지 암컷이 온 힘을 다해 저항하기 시작했다. 또렷한 영상을 얻기가 쉽지 않았다. 녀석의 지느러미를 붙드느라 우리 모두 땀범벅이 되었다.

우리의 목적은 암컷이 누구와, 언제 짝짓기를 하는지를 알아내는 것이었다. 그러려면 일단 녀석이 어떤 상대를 선호하는지, 교미 대상을 찾는 기준을 밝혀야 했다. 우리가 아는 한 수컷들은 암컷을 두고 결투하는 법이 없고, 그렇다고 암컷들이 잘생기거나 덩치가 크거나 색이 화려하거나 똑똑한 상대를 고르는 것처럼 보이지도 않는다. 현실적으로 외모를 보고 상대를 고르기는 꽤 어려울 것이다. 긴 꼬리와 강한 발톱을 제외하면 성별 간 차이가 거의 없기 때문이다. 바다거북의 짝짓기는 선택이라기보다는 선착순에 가깝다. '먼저 도착한 자가 차지한다.'는 규칙에 따라 상대를 빨리 찾아낸 개체가 짝짓기에 성공한다.

당연히 선착순은 가장 건강한 유전자를 보장하지 않는다. 유전적으로 부적절한 상대와 짝을 지어 생존 확률이 낮은 후손을 낳을 가능성도 있다. 수컷 입장에서 보자면 대단한 손해는 아니다. 다음 세대에 최대한 많은 유전자를 퍼뜨리는 게 목적인 수컷들은 한 번의 산란기에 여러 마리의 암컷들과 교미한다. 하지만 산란을 위해 몇 년을 투자하는 암컷들에게 잘못된 짝짓기의 결과는 치명적이다. 생존 능력이 있는 새끼를 세상에 내놓지 못하면 그간 들인 에너지가 물거품이 된다. 그래서 암컷들도 여러 수컷과 교미한다. 아무래도 횟수가 늘어나면 상태가 좋은 상대를 만날 가능성이 커지고, 결과적으로는 생존 확률이 높은 새끼를 낳을 가능성도 커지기 때문이다.

짝짓기를 할 때 암수 간의 이해관계는 일치하지 않는다. 충분히 성숙된 알을 낳고 거기서 부화될 새끼들에게 최고의 유전자를 보장하길 원하는 암컷에게는 질 좋은 정자가 필요하다. 수컷들에겐 가능한 한 많은 암컷을 만나 가능한 한 많은 후손을 남기는 게 우선이다. 그래서 수컷은 자기와 교미한 암컷이 다른 수컷과 짝짓기를 하는 것을 막기 위해 일을 치른 후에도 암컷 등에 계속 매달려 있는다. 경우에 따라서는 몇 시간씩이나 매달려 있을 때도 있다. 그 동안 두 배의 체중을 버티느라 암컷은 물속에서 허우적거린다. 숨을 쉬러 수면 위로 올라가야 할 때에는 악전고투를 치러야 한다. 하물며 암컷의 등에 매달린 수컷에게 다른 경쟁자들이 덤벼들어서 암컷 한 마리에게 수컷 여러 마리가 사슬처럼 대롱대롱 매달리는 경우도 드물지 않다. 그 와중에 암컷에 대한 배려라곤 찾아볼 수 없다. 산란기가 시작되는 두 달여 동안에는 매달린 수컷들 때문에 익사하는 암컷들이 수백 마리에 달한다.

　물론 동물들의 행동을 인간의 잣대로 판단해서는 안 된다. 그래도 암컷의 목덜미와 등갑 아래 부드러운 살갗에서 수컷들에게 물리고 뜯긴 상처를 발견할 때면 녀석들을 붙들고 대체 무슨 생각으로 이러는지를 따지고 싶은 심정이 든다.

　하지만 수컷 바다거북의 짝짓기에 사나운 면만 있는 것은 아니다. 욕정의 대상을 너무 아무렇게나 고르는 녀석들 때문에 번번이 웃기는 상황이 벌어진다. 이 일을 하다 보면 바다 위를 떠다니는 나뭇가지와 교접을 시도하는 수컷을 수도 없이 많이 본다. 다이버들이 짝짓기를 하려고 공격적으로 달려드는 바다거북을 피하느라 곤욕을 치렀다는 이야기도 가끔씩 들린다. 그래서 딱딱한 등갑을 가진 바다거북들 사이에서는 종을 넘나드는 짝짓기가 빈발한다. 이종 교배의 결과는 혈통이 섞인 후손, 속된 말로 '잡종'이다. 말과 당나귀의 교배종인 노새 혹은 버새와 마찬가지로 교배종 바다거북에게서도 부모 양쪽의 특성이 고루 나타난다. 하지만 노새와 달리 교배종 바다거북들에겐 번식력이 있다. 그것은 아마도 바다거북 종 사이는 말과 당나귀만큼 유전적 차이가 크지 않기 때문으로 보인다.

올리브바다거북과 켐프바다거북의 독일어 이름에 포함되는 'Bastardschildkröte'에는 아예 '잡종Bastard'이라는 단어가 들어가 있다. 영어 명칭에서 공통되는 부분인 '리들리 터틀ridley turtle'에는 '수수께끼riddle'가 들어간다. 올리브바다거북과 켐프바다거북이 아주 오래전부터 과학계의 풀기 힘든 숙제였음을 짐작케 한다. '대서양 바다거북'이라고도 불리는 켐프바다거북의 이름은 상인이자 열정적인 자연 연구자였던 리처드 켐프Richard Kemp에게서 따왔다. 플로리다의 키웨스트 지역을 방문한 그는 현지인들이 '리들리'라고 부르는 종류의 바다거북에 관심을 갖게 되면서 이들이 그가 바하마에서 익히 보았던 바다거북과는 전혀 다른 낯선 동물이라는 사실을 알아챘다. 그래서 새로운 바다거북에 대한 설명과 표본을 하버드에 보냈고, 그 덕에 1880년 새로운 종으로 분류된 바다거북에게 자신의 이름을 붙이는 영예를 얻게 되었다.

하지만 20세기까지만 해도 켐프바다거북이 어디서 산란하는지를 아는 사람들이 없었으므로 과학자들에겐 풀리지 않은 수수께끼로 남아 있었다. 그래서 1938년 바다거북 생물학의 아버지, 아치 카 박사는 키웨스트로 직접 넘어와 이 독특한 외양의 거북에 대해 현지인들의 설명을 청취했다. 하지만 어부들조차 녀석들의 산란지에 관해 아는 바가 없었다. 그들은 켐프바다거북이 푸른바다거북과 매부리바다거북의 이종 교배로 태어난 종이리라 짐작했다.

하지만 카 박사는 그들과 달리 켐프바다거북이 순종일 가능성에 무게를 두었고 이후 20여 년간 플로리다와 바하마, 카리브와 멕시코만의 북쪽을 누비며 산란지를 찾았지만 큰 결실을 얻진 못했다. 그 무렵이던 1947년에 한 비행기 조종사가 공중에서 경이로운 영상을 찍었다. 멕시코 란초 누에보Rancho Nuevo의 작은 해변에서 약 4만 마리의 켐프바다거북이 동시에 집단 산란을 하는 장면, 즉 아리바다였다. 이 진귀한 영상이 학계에 공개된 것은 1961년이었다. 멕시코를 방문한 생물학자 헨리 힐데브랜드Henry Hildebrand가 우연히 손에 넣은 이 자료 덕분에 켐프바다거북에 대한 두 가지 수수께끼가 동시에 풀렸다. 그들은 교배종이 아니라 혈통을 이어 번식하는 순종이며 멕시코에서 집단으로 산란한다는 사실이었다. 올리브바다거북속에 해당하는 두 종, 즉 켐프바다거북과 올리브바다거북은 대규모의 개체가 한곳에서 동시에 산란하는 단 둘뿐인 바다거북이다.

올리브바다거북속에 관해서는 다양한 속설이 존재한다. 누구는 심술궂은 거북이라고 하고, 누구는 녀석들을 뒤집어 놓으면 너무 격렬히 저항하는 나머지 심장이 터져서 죽는다고도 한다. 후자와 같은 소문은 '심장이 터지는 거북heartbreak turtle'이란 별칭으로 이어졌다. 나도 그 격렬한 성정을 직접 경험한 적이 있다. 다행히 녀석의 심장은 터지지 않았지만 내게는 엄청난 고통을 안겨 주었다.

그때 나는 연구 조사를 위한 항해 중이었다. 첫 포획에 성공한 나는 기진맥진한 채로 보트 난간을 잡고 올라왔는데, 하필이면 눈에 수건을 덮은 채 타이어 위에 뒤집혀서 조사를 기다리던 암컷 바다거북의 코앞에 착지하고 말았다. 아마도 보조 직원들도 지쳐서 잠시 정신이 멍했던 모양이다. 녀석의 머리를 난간이 아니라 배 안쪽으로 돌려놓았다면 별 탈이 없었을 것이다. 녀석은 내가 혹시 위험할 지도 모른다는 생각을 하기도 전에 눈앞에 놓인 내 정강이를 물어 버렸다. 그러고선 한 움큼의 살점을 입에 문 채 버텼다. 정말이지 끔찍하게 아팠다. 앙다문 녀석의 주둥이를 보면서 나는 무심결에 다리를 빼지 않으려고 노력했다. 그랬다간 녀석 입 안에 있는 살점과는 꼼짝없이 헤어져야 한다. 어금니를 꽉 깨물고 고통을 참는 수밖에 없었다.

고개를 들자 하얗게 질린 보조 직원들의 얼굴이 보인다. 선장 산티아고가 거북의 주둥이를 열 물건을 들고 배 후미로 정신없이 뛰어오는 것도. 이 모든 것이 슬로 모션처럼 느껴졌다. 더 이상은 참을 수 없을 것만 같았다. 일단은 다리를 빼내고 병원으로 달려가 상처를 봉합하면 되지 않을까 하는 유혹이 밀려왔다. 그 와중에도 다른 직원이 아니라 내게 이런 일이 일어나 다행이란 생각이 든다. 영원 같았던 몇 초가 흐르고 다행히 녀석이 주둥이를 몇 밀리미터가량 벌리는 게 느껴졌다. 나는 기회를 놓치지 않고 번개처럼 움직여 다리를 빼냈다. 다리가 피범벅일 줄 알았는데 불행 중 다행으로 녀석은 눈을 덮었던 두꺼운 수건과 나를 한꺼번에 물었다. 그 무시무시한 치악력 때문에 살점이 움푹 패기는 했으나 갈가리 찢기진 않았다.

그래도 상처는 상처였다. 바다거북의 날카로운 주둥이 끝은 수건을 뚫고서 내 정강이를 피와 멍으로 물들였다. 앞으로 며칠은 상처가 현란한 색으로 빛날 것이다. 성품이 온화한 마르쿠스가 눈을 크게 뜨며 괜찮은지를 물었다. 나는 크게 주목받는 걸 좋아하지 않고, 배 위에는 자료 수집을 해야 할 거북이 두 마리 남았으므로 평소대로 별일 아니니 하던 일 계속하자고 답했다. 두 마리를 모두 바다로 돌려보낸 후에야 내게도 숨을 돌릴 여유가 생겼다. 선간에 기대앉아 시리얼바를 하나 입에 문다. 충격과 스트레스로 혈당이 떨어져서 온몸이 떨리고 다리는 계속 욱신거렸다. 특히 험한 꼴을 당한 부위가 무척이나 쑤셨다. 우리 모두에게 잊지 못할 공포의 순간이었다. 하지만 나쁘기만 한 경험은 아니었다. 그 광경을 목격한 모두가 바다거북을 사람 곁에 둘 때에는 조심 또 조심해야 한다는 교훈을 마음속 깊은 곳에 새겼을 것이다.

배 난간에 앉아 시리얼바로 고통을 달래다 보면 대체 내가 여기서 무엇을 하고 있는 건지 한탄하게 되었다. 모든 것은 처음으로 코스타리카에 왔었던 학부생 시절에서 시작된다.

바다거북의 교미 방식이 궁금해졌는데 현지인들에게 물어봐도, 전공 서적을 뒤져 봐도 해결이 되지 않았다. 시간이 지나 코스타리카에서 석사 논문을 써 보지 않겠냐는 제안이 왔을 때는 두 번 고민할 것도 없이 내 오랜 궁금증을 주제로 삼았다. 나는 기필코 장수거북의 교미 습성을 밝혀내리라고 마음먹었다. 그중에서도 한 번의 산란기에 암수가 얼마나 자주, 얼마나 많은 상대와 교미하는지를 알아내고 싶었다. 몇 년 전까지만 해도 사람들은 선착순으로 상대를 만나는 바다거북이 여러 상대와 교미할 것이라고 추측했지만 그게 암컷과 수컷 모두에게 해당하는지에 관해서는 아는 바가 없었.

나는 독일 뷔르츠부르크 대학의 하이케 펠트하르Heike Feldhaar 박사의 연구팀에 들어갔다. 펠트하르 박사는 저명한 개미 연구자로, 분자 유전학을 활용해 개미 왕국의 친족 관계와 혈통을 연구한다. 그녀의 연구법이 유성 생식을 하는 다른 유기체에도 적용될 수 있으리라 판단한 나는 그녀의 도움을 받아 그란도카에 서식하는 장수거북 개체군의 유전적 혈통을 연구하기로 결정했다.

석사 논문을 통해 질문에 대한 답을 찾는 것은 어린 시절 좋아했던 수수께끼 풀기와 비슷하다. 그때는 책 뒷면에서 답을 찾았고 이제는 정확한 정보 수집과 실험 분석, 결과 평가를 통해 내가 직접 답을 구해야 한다는 점만 다를 뿐이다. 유전학이란 막강한 무기로 무장한 나는 코스타리카에서 부화한 새끼 장수거북의 혈통 관계를 찾아내고 짝짓기에 관한 기존 정보의 빈 곳을 채우는 작업에 들어갔다. 특히 내가 초점을 맞춘 부분은 개별 개체가 자신이 속한 집단 안에서 짝짓기를 할 때 양성 모두 여러 상대와 교미를 하는지(복혼), 아니면 암컷만 여러 수컷과 교미하는지(일처다부), 혹은 수컷만 여러 암컷과 교미하는지(일부다처)에 관한 것이다. 나는 유전학을 활용해 한 암컷이 낳은 둥지에 얼마나 많은 수컷이 관련되는지 알아낼 수 있기를 기대했다. 그러면 당연히 해당 암컷이 얼마나 많은 수컷과 교미했는지를 파악할 수 있을 것이다.

부자 혹은 부녀 관계를 분석하는 원칙은 비교적 간단하다. 학교에서 들은 생물학 수업 내용 중 특히 그레고르 멘델Gregor Mendel을 기억하는 사람이라면 우리 인간을 비롯해 유성 생식을 통해 태어난 모든 동물은 DNA의 50%를 어머니로부터, 다른 50%를 아버지로부터 물려받았다는 사실을 이미 알 것이다. 그래서 일반적으로 유전자마다 두 가지 존재 형태를 가진다. 우리의 신체적 특성을 부호화한 이 한 쌍의 유전자를 전문 용어로는 대립 유전자allele라고 부른다. 우리의 정확한 유전 조합, 즉 유전 정보의 총합은 유전형genotype이라고 한다. 가령 우리 눈동자 색에 관한 대립 유전자 중 하나는 푸른색을, 다른 하나는 갈색을 띨 수 있다. 이 두 대립 유전자 중 결국 무엇이 우리의 눈동자 색이 될지, 즉 무엇이 우리의 형질형phenotype이 될지는 일정한 법칙에 따라 결정된다.

우리는 부계를 분석하기 위해 모체와 그 새끼의 유전형만 있으면 된다. 그를 위해서는 몇 가지 미세 부수체에서 얻어낸 유전형만으로도 충분하다. 미세 부수체는 부호화되지 않은 DNA 서열로 그 물리적 자리, 즉 유전자좌locus를 통해 설명되고 식별된다. 만약 내가 선택한 두 개의 유전자좌에서 어미의 대립 유전자 두 개를 그 새끼의 대립 유전자와 비교해 본다면 어떤 대립 유전자가 모체로부터 유전되었는지를 알 수 있다. 멘델의 이론에 따르면 어미로부터 유전되지 않은 나머지 하나는 자동적으로 아비로부터 유래한 것이어야 한다. 수컷 또한 유전자좌마다 두 개의 대립 유전자만을 가지므로 내가 한 둥지에서 두 개 이상의 부계 대립 유전자를 찾는다면 그것은 곧 생식에 관여한 수컷이 한 마리 이상이고 새끼들 중 일부는 이부형제란 뜻이 된다.

하지만 이 결과만으로 부자 관계를 확증하기는 어렵다. 가령 암컷 체내에 들어간 수컷의 정자가 얼마나 오래 생식력을 유지하느냐에 관한 의문이 함께 해소돼야 한다. 우리는 한번 암컷의 체내로 들어간 정자가 적어도 산란기 몇 달 동안에는 살아남을 수 있다는 사실을 이미 알고 있다. 산란기 동안 암컷이 둥지를 한 번만 짓는 게 아니라 종에 따라 올리브바다거북은 평균 두 번, 장수거북의 경우는 일곱 번까지 산란하기 때문이다. 하물며 몇 년간 수컷과 접촉 없이 수족관에서 살던 암컷이 유정란을 낳았다는 보고도 있다. 그렇다면 한 번의 산란에 관여한 제2 혹은 제3의 아빠가 과연 이번 산란기에 만난 상대인지, 아니면 예전 산란기에 만난 상대인지조차 불명확하다. 하지만 많은 학자들은 보통 가장 최근 교미에서 암컷의 몸에 들어간 정자가 수정에 활용될 가능성이 가장 높으리라 추정한다. 장기간 암컷의 체내에 머물렀던 정자들이 유전자 손상 등의 문제 없이 여전한 생명력을 유지하리라 기대하기 어렵기 때문이다.

이 연구를 진행하기 위해 나는 다수의 암컷과 그들의 새끼로부터 피부 표본을 채취할 계획을 세웠다. 한 암컷의 새끼라도 서로 다른 둥지에서 나온 것들끼리 비교할 수 있다면 그게 최선이었다. 실행이 그리 어려울 것 같지도 않았다. 실제로도 암컷에게서 표본을 채취하는 작업에는 큰 어려움이 없었다. 한밤중의 해변에서 어미가 산란을 끝내길 기다렸다가 수술용 겸자로 뒷지느러미 가장자리 피부를 조금 들어 올린 다음, 날카로운 메스로 표피 6밀리미터가량을 잘라 내면 됐다. 그러고선 표본에 모래가 닿지 않도록 조심하며 미리 준비해 둔 시료병에 넣었다. 99% 에탄올이 채워진 병에는 미리 매겨 놓은 번호표가 달려 있었다. 잘라 낸 표피가 매우 소량이라 어미들은 별 반응을 보이지 않았다. 부화한 새끼들의 표본 수집도 비슷하게 진행되었다. 부화장에서 둥지 하나가 부화하면 그중 새끼 열 마리를 상자에 담아 좀 더 밝은 불빛과 책상이 있는 기지로 데려왔다. 그리고 어미와 같은 방식이되 좀 더 작게 표본을 채취했다. 시료병에 넣으면 보이지 않을 정도로 작은 표본이면 충분했다.

진짜 어려움은 표본 채취가 아니라 표본 채취를 마친 암컷이 낳은 다수의 둥지를 부화할 때까지 감시하는 것이었다. 나는 표본을 모은 암컷의 번호를 목록으로 만들어 동료들이 순찰할 때 메고 다니는 배낭에 집어넣었다. 그리고 그 번호에 해당하는 암컷이 또 산란을 하면 반드시 그 알들을 인공 부화장으로 옮겨 와야 한다고 당부했다. 암컷들이 여러 번에 걸쳐 산란을 하는 60일 동안 나는 모든 둥지의 알들이 문제없이 부화하길, 그리고 자원봉사자들이 한눈파는 새에 새끼들이 부화해서 표본을 남기지 않고 곧장 바다로 들어가는 일이 없길 두 손 모아 기도했다.

만사가 계획대로였다면 삶이 너무 지루했을까. 생각지도 못한 문제가 터졌다. 그간 바다거북 보호 프로젝트를 진행하는 단체들과 그란도카 주민들 사이에 갈등이 격화되었고, 이에 지역 정부는 주요 산란기 동안 해변을 반으로 나누어 주민과 단체가 각각 관할하도록 결정했다. 좋게 보자면 솔로몬의 판결이었지만 내게는 날벼락이었다. 내가 석사 논문을 쓰려고 수집해 놓은 둥지 30개가 주민 관할이 된 부화장에 놓여 있었기 때문이다. 힘들게 수집한 둥지를 속절없이 내줄 수는 없는 노릇이었다. 나는 주민과 지역 정부에 끈질기게 매달렸고 격하게 논쟁했다. 결국 그들은 내게 부화장을 감시하고 부화한 새끼를 조사한 다음 방사하는 것을 허용했다. 단, 새로운 둥지를 수집해 부화장에 옮기지 않는 조건이었다. 나는 연구 대상을 몽땅 잃지 않은 것을 다행으로 여겼다.

이후로는 그럭저럭 순탄하게 상황이 흘러갔다. 하지만 6월이 되자마자 폭풍우가 휘몰아쳤다. 우기의 시작을 알리는 폭우와 함께 높은 파도가 해변을 뒤덮었다. 우리는 부화장이 휩쓸려 가지 않도록 모래로 방파제를 쌓았다. 하지만 높은 파도 한 번에 방파제는 흔적도 없이 사라졌다. 전쟁이었다. 부화장에는 내가 관찰 중이던 둥지를 포함해 부화를 앞둔 둥지가 70개나 남아 있었다. 그 알들을 구하기 위해 우리는 할 수 있는 모든 일을 했다. 이른 아침이면 주머니에 새로 모래를 채워서 방파제를 다시 쌓았다. 굵은 나뭇가지를 구해서 바리케이드도 쳤다. 하지만 밤이 되어 폭풍우가 몰아치면 우리의 바리케이드는 눈 깜짝할 새 무너졌다.

우리는 최후의 수단으로 둥지들을 옮기기로 결정했다. 직원과 연구원, 보조 직원과 자원봉사자들 할 것 없이 모두 다 함께 해변으로 갔다. 우리는 세 팀으로 나누어 일을 분담했다. 첫 번째 팀은 둥지를 하나씩 파서 그 안의 알들을 모래가 채워진 상자에 옮기는 일을 맡았다. 나는 그들에게 비가 쏟아지는 컴컴한 밤이라 혼란스럽겠지만 절대 알을 위아래로 뒤집어 놓아서는 안 된다고 신신당부했다. 또한 둥지 주인이 바뀌지 않도록 상자의 번호와 둥지의 번호를 이중으로 확인해 달라고도 요청했다. 두 번째 팀은 상자를 받아 1킬로미터를 걸어서 파도가 미치지 않는 지점까지 운반하는 역할을 맡았다. 그곳에선 세 번째 팀이 부지런히 새 둥지를 파고 있을 예정이었다. 어느 팀 하나 가벼운 역할이 없었고 팀 간에도 손발이 잘 맞아야 성공할 수 있었다.

내게는 무엇보다 알의 안전이 중요했다. 일단은 첫 번째 팀에서 둥지가 정확한 상자에 잘 들어가는지를 내 두 눈으로 확인했다. 밤이 깊어지자 둥지를 파고 알을 담는 손길이 능숙해지는 게 보였다. 나는 세 번째 팀으로 넘어가서 새 둥지 파는 일을 돕고 내 손으로 알들을 안전하게 묻었다. 몇 시간 동안 쏟아지는 비를 맞으며 땅을 파는 중노동이 이어졌다. 겉옷은 물론 속옷까지 물에 푹 젖었고 눈 주위에는 머리카락이 들러붙어 앞이 잘 보이지 않았다. 머리부터 발끝까지 모래가 묻지 않은 곳이 없었다. 비는 그칠 줄을 몰랐다. 상자에서 알을 꺼내 난실에 묻을 때는 몸으로 둥지를 덮어서 빗방울을 막아 보았지만 부질없는 노력이었다. 온몸이 쑤시고 아팠고 갈증을 달랠 식수마저 바닥났다. 그래도 우리는 귀신 들린 사람들처럼 하던 일을 계속했다. 마침내 마지막 둥지를 묻었음을 확인했을 때 저 멀리서 동이 트는 게 눈에 들어왔다.

이른 햇살 아래 드러난 광경은 서글프기 그지없었다. 둥지를 묻은 구역은 지뢰밭처럼 보였다. 이전 부화장으로 돌아가는 길에 우리는 다른 팀 전우들을 만났다. 녹초가 된 그들의 몰골도 비에 젖고 모래로 까무잡잡해져 있었다. 부화장은 쓰나미가 훑고 지나간 것 같았다. 울타리는 반 토막이 났고 그늘막은 갈가리 찢어진 채 대나무 기둥에 걸려 있었다. 장비를 보관하던 오두막도 주저앉았다. 우리는 잠시 그 주위를 거닐며 지난밤 일을 찬찬히 되짚었다. 점차 비참했던 기분이 환희로 바뀌었다. 우리 힘으로 둥지를 구해 냈으니 이보다 더 큰 성공이 어디 있으랴. 이제 새끼들이 부화하길 기다리기만 하면 된다. 그때까지 우리에겐 찬물로라도 샤워를 하고 밀린 잠을 잘 시간이 있다. 냉수에 적응한 지 오래된 나조차도 그날만은 뜨거운 샤워가 간절하게 그리웠다.

다행히도 우리 둥지의 부화율은 예상을 벗어나지 않았고, 나는 무사히 유전 연구에 필요한 표본을 수집할 수 있었다. 그 결과 극소수의 암컷만이 여러 수컷과 짝짓기를 하는 것으로 확인되었다. 아마도 내가 위태로운 상황에 있는 개체군을 연구 대상으로 삼았기 때문이 아닐까 추측한다. 다른 연구들에서는 큰 개체군에 속한 암컷일수록 여러 수컷과 짝짓기를 하는 비율이 높은 것으로 나타났다. 개체군의 전체 규모가 클수록 생식력을 갖춘 수컷의 수도 많으니 암컷 입장에서 훨씬 수월하게 교미할 상대를 찾을 수 있다. 그래서 나는 내가 연구한 장수거북 개체군이 처한 상황이 무척이나 염려스러워졌다. 여러 번 교미할 상대를 찾지 못할 정도로 개체 수가 줄어 버린 것이다. 겨우 멸종되지 않을 만큼의 숫자를 유지하는 정도로는 부족하다. 지속적으로 생존하기 위해서는 일정 수준의 규모가 유지돼야 한다. 한 개체군의 미래를 위해서는 그들이 환경 적응력을 구성하는 기본 자재인 유전적 다양성이 중요하기 때문이다.

석사 논문을 쓰는 동안 나는 바다거북의 짝짓기 체계와 습성에 대해 점점 더 많은 사실을 알게 되었다. 하지만 동시에 계속 새로운 질문이 솟아났다. 암수가 서로를 찾는 기준은 무엇일까? 이 드넓은 바다에서 교미를 원하는 상대를 어떻게 찾아낼까? 그들만의 만남의 장소가 있을까? 아니면 후각으로 추적하는 걸까? 그런데 바다거북은 친족을 구분할 수 있을까? 자신이 부화한 해변으로 돌아오는 바다거북의 특성상 모두가 한 지역에서 짝짓기를 할 텐데 그 와중에 자기 부모, 혹은 누나나 오빠, 동생, 삼촌이나 이모, 할아버지 혹은 할머니와 짝이 되는 상황을 어떻게 피할까?

이후 몇 년간 나는 바다거북 보호와 연구를 위한 다른 과제에 매진하느라 이 질문에 집중할 수 없었다. 하지만 내 머릿속 한편에서는 짝짓기에 관한 질문들이 사라지지 않았다. 그러니 마침내 박사 논문을 쓰기로 결심했을 때 제일 먼저 떠오른 주제가 무엇이었는지는 굳이 설명하지 않아도 될 것 같다. 나는 쌓아 놓은 궁금증을 마음껏 펼쳐서 박사 과정 지원서를 쓴 다음, 미국의 여러 대학 연구팀에 제출했다. 그렇게 지도 교수인 패멀라 플로트킨Pamela Plotkin 박사를 만났다. 그녀는 내가 제기한 문제들에 큰 관심을 보였다. 그리해 나는 지금 고기잡이배를 타고 태평양 한가운데로 나와 짝짓기를 한 바다거북들을 조사 중이다. 하지만 안타깝게도 이번 산란기가 지나면 목표 설정 자체를 바꾸어야 할 형편이다. 내겐 논문을 제출해야 할 시한이 정해져 있다. 논문 심사 위원회는 그 시한 안에 내가 제기한 모든 질문에 답을 찾기는 어려워 보인다는 우려를 표명했다. 어쩌면 그들이 옳을지도 모른다.

이제껏 내 삶의 여정을 되돌아볼 때 나는 바다거북이 있어서, 그리고 그들을 사랑할 수 있어서 감사하다. 지식을 얻고 흥미진진한 질문들의 답을 찾을 수 있었기 때문만은 아니다. 나는 모험심과 스릴을 즐기는 태도를 타고 났다. 내 삶에 바다거북이 없었다면 그런 천성들이 전혀 다른 방향으로 뻗어 나갔을지 모른다. 다행히 바다와 바다거북을 향한 사랑이 내 삶의 북극성이 되어 주었고, 나는 그 별의 인도를 따라 발걸음을 옮겨 여기에 이르렀다. 바다거북과 그들을 보호하는 일은 내가 아침에 일어나는 이유이자 내가 이 일을 결코 포기할 수 없는 근거가 되었다. 사람이 왜 사는지를 한마디로 정의해 사명이라고 부른다면 이 일이 바로 내 사명이다.

나는 그 사명 때문에 이미 어렸을 때부터 동년배 친구들과는 다른 삶을 그렸다. 나는 세상과 고래를 구하고 모험을 경험하길 원했다. 친구들은 장래 희망을 말할 때 두둑한 연봉이나 자가 주택, 혹은 멋진 차를 들먹였다. 어쩌면 월급이 보장된 삶에는 걱정이 덜할지 모르겠다. 하지만 돈을 더 많이 번다고 해서 자동으로 행복이 찾아오는 것은 아니다. 여러 해 전부터 내 프로젝트에는 사회적 기준에서 출세한 사람들이 끊임없이 찾아온다. 자신이 이룬 모든 성공이 도대체 무엇을 위함인지 의문이 든 나머지 다른 길을 찾아 나선 사람들이다. 그리고 그들은 삶의 우선순위가 완전히 뒤바뀌는 대변혁을 겪는다. 한 사람의 인생에서 바다거북 보호 프로젝트에 참여하는 경험은 그저 색다른 관점을 체험하는 차원을 넘어선다.

그들을 보면서 나는 내 삶에 일찍 찾아와 준 북극성에 더욱 감사하게 된다. 그 덕분에 고난과 좌절을 감내할 수 있었고, 그럼에도 동기를 잃지 않을 수 있었다. 그래서 나는 모든 사람들이 자신만의 열정과 사명을 찾길 간절히 바란다. 기꺼이 할 일을 찾은 사람은 평생 '일'하지 않아도 된다. 사명은 삶을 자기 힘으로 결정한 사람만이 누릴 수 있는 특권이다. 모두가 맛볼 수 있는 사치는 아니다. 나는 바다에 둥둥 떠서 바다거북 한 쌍이 사랑을 나누는 장면을 지켜볼 때 진심으로 행복하다. 수정처럼 맑은 물 위에 뜬 내 몸은 공중을 나는 새처럼 가볍다. 지금 내게 이곳보다 더 좋은 곳은 없을 것이다. 그래서 나는 내 삶에 무한히 감사한다.

# 붉은바다거북

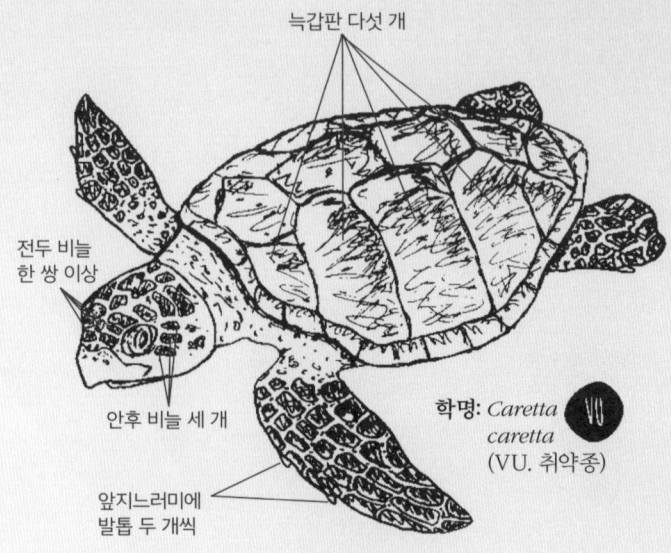

늑갑판 다섯 개

전두 비늘
한 쌍 이상

안후 비늘 세 개

앞지느러미에
발톱 두 개씩

학명: *Caretta caretta* (VU. 취약종)

- 위험도 등급(IUCN): 취약
- 등갑 길이: 80~110cm
- 무게: 70~170kg
- 주식: 딱딱한 껍질의 무척추동물
- 생식 연령: 28~33세
- 이주 간격: 2~4년
- 산란 간격: 15일
- 산란기별 산란 횟수: 4~7회
- 산란별 알의 개수: 50~60개
- 부화 기간: 50~60일
- 특이 사항: 커다란 머리에 엄청나게 힘이 센(측정값: 214킬로그램) 턱을 갖고 있다. 온대 바다에서도 서식하는 유일한 종이다.

## 고향 가는 길

바다거북의 산란을 관찰하는 일은 인간이 야생에서 할 수 있는 가장 아름다운 경험 중 하나다. 야생 동물을 그렇게 가까이서, 그렇게 오랫동안 지켜볼 수 있는 기회는 흔치 않다. 하물며 처음으로 장수거북이 산란하는 장면을 본 순간이 이후의 내 삶을 결정했다. 야심한 밤, 만조의 바다에서 어두운 그림자처럼 나타난 바다거북이 무거운 몸을 끌고 묵묵히 해변을 올라가는 모습을 보노라면 이 동물에게 이 행위가 얼마나 중요한 과업인지를 금세 깨달을 수 있다. 육지에 도착한 순간부터 중력과 사투를 벌이는 바다거북의 모습에서 평소엔 드러나지 않는 자연의 놀라운 힘을 실감한다. 몇 초 전만 해도 자기 무게를 느끼지 못한 채 물속을 종횡무진하던 거구의 생물이 해변에서는 고작 20~30미터를 나아가기 위해 안간힘을 써야 한다. 그들의 목표는 오직 하나, 따뜻한 열대의 모래 위에 알을 낳는 것이다.

바다거북의 산란은 마치 7막으로 구성된 연극 같다. 종이나 개체에 따른 차이는 거의 없다. 한번 시작되면 미리 설정된 진도에 맞춰 순차적으로 실행되는 컴퓨터 프로그램처럼 항상 같은 순서로 진행된다. 암컷 거북의 몸에서 자연의 섭리가 낳은 리듬이 느껴지는 순간이 찾아오면 아무도 그 프로그램을 중단하지 못한다. 지느러미가 떨어져 나가도, 온몸에 폐그물이 휘감겨도 거북은 정해진 계획을 멈추지 않는다.

오늘 밤도 나는 동료이자 남편인 안드레이, 그리고 실습생 킴과 함께 올리브바다거북을 찾아 해안을 순찰 중이다. 산란과 부화가 진행되는 대여섯 달간 우리 팀은 일주일에 엿새 밤을 순찰하고 교대로 낮 한 번, 밤 한 번씩을 쉰다. 안타깝게도 밤 순찰을 했다고 이튿날 낮에 잠을 보충할 수는 없다. 행정 업무와 해변 정화, 둥지 조사 등 낮에도 할 일이 많을뿐더러 에어컨 없는 숙소는 너무 더워서 낮엔 잠을 이룰 수가 없다. 그래도 이 정도면 괜찮은 편이다. 코스타리카에 온 첫 해에 나는 두 개체군의 산란기를 잇달아 관찰한 적이 있다. 카리브해에서 서식하는 장수거북의 산란기가 끝나기 무섭게 태평양에서 서식하는 장수거북을 쫓아다닌 것이다.

그때는 몸과 마음이 속된 말로 '탈탈 털렸다.' 하루에 한두 시간씩밖에 자지 못한 데다가 팀과 거북들에 대한 막중한 책임감에 시달렸다. 그러다 보니 나도 모르는 새 성격이 까칠해졌다. 일이 몰리는 며칠간은 너무 피곤해서 조금만 짬이 나면 선 채로도 졸았다. 다른 팀원들은 여간 중요한 일이 아니면 그런 나를 깨우지 않았다. 무심코 깨웠다가 내가 미친 듯이 날뛰며 짜증 부리는 꼴을 몇 번 겪었기 때문이다. 다행히 그들도 수면 부족이 인간성에 미치는 영향을 이해하고 있었다. 격무에 시달리는 산란기 동안에는 서로에게 친절해질 여유가 없었다.

지금 나는 칠흑 같은 어둠이 깔린 해변을 걸으며 어스름한 그림자가 바다에서 올라오길 기다리고 있다. 이제는 멀리서 기어 오는 모습만 봐도 어떤 종인지를 알아내는 경지에 올랐다. 보통 앞지느러미 한 쌍으로 동시에 땅을 짚어 앞으로 나아가는 장수거북과 푸른바다거북은 움직임이 둔한 편이다. 그 외 다른 종들은 양쪽 지느러미를 번갈아 쓰므로 움직임이 한결 수월하고 경쾌하다. 기어 오는 동안에도 암컷들은 계속 주위를 돌아보며 냄새를 맡는다. 근처에서 천적이 감지되면 당장이라도 도망칠 태세다. 그럴 때 우리가 섣불리 움직이거나 불빛을 비추면 녀석들은 위협을 느끼고 물속으로 도로 들어가 버릴 것이다. 우리는 바다거북들이 모래의 화학적 구성을 후각으로 판단해 자신이 부화한 해변과 알을 낳기에 가장 적합한 장소를 찾아내는 것으로 추측한다.

해안선을 따라 걷는 동안 바다거북이 모래 위를 기어갈 때 생기는 흔적을 살폈다. 그 흔적이 있다는 것은 주변에 암컷이 있다는 첫 번째 표시가 된다. 그리고 마침내 달빛이 비친 모래사장 위에서 물에서부터 숲까지 이어지는 검은 선 하나가 발견됐다. 나는 바다거북의 흔적을 발견할 때마다 몸 안에서 아드레날린이 솟구치는 걸 느낀다. 몇 초 전까지만 해도 기진맥진이었지만 이제 피로는 어디론가 날아가 버리고 머릿속이 환해졌다. 나는 어둠 속에서 정확하게 보려고 실눈을 뜨고 그 흔적을 살폈다. 선이 하나라면 암컷은 아직 해변에 있다는 뜻이다. 선이 두 줄이면 우리가 녀석을 놓쳤다는 뜻이다. 다행히도 한 줄이다. 눈으로 선을 따라가니 그 끝에 숲으로 향하는 올리브바다거북의 울퉁불퉁한 그림자가 보였다. 내 얼굴에 함박웃음이 번진다. 우리는 암컷에게 몇 미터를 더 다가가서 걸음을 멈췄다. 적어도 20미터 간격은 유지해야 한다. 이 정도 거리에서도 우리는 산란의 모든 단계를 파악하고 관찰할 수 있다. 더 가까이 갔다가는 최적의 장소를 찾는 암컷에게 방해가 될지도 모른다.

마침내 '우리 거북'이 적당한 장소를 찾은 것 같다. 이제 녀석은 앞뒤 지느러미를 모두 동원해 자기 몸이 푹 잠길 만큼 큰 굴을 파기 시작했다. 뱅글뱅글 돌아가며 굴을 파느라 온몸은 모래투성이가 된다. 현지인들은 이를 두고 '침대를 만든다'고 말한다. 침대가 만족스럽게 완성되면 이번엔 뒷지느러미로 둥지의 한 부분을 납작하게 다진 다음, 지느러미를 번갈아 써서 깊게 난실을 판다. 이 무렵이면 거북의 주변 경계가 느슨해진다. 우리는 녀석이 혹여나 도망칠까, 반쯤 남은 둥지 공사가 끝날 때까지 잠자코 기다렸다. 이제 둥지가 얼추 다 지어진 것 같다. 우리는 미리 준비한 장비를 들고 거북의 꼬리 쪽에 엎드리거나 쪼그려 앉아 산란을 관찰했다. 빛은 비추지 않는다. 거북의 눈에 띄게 얼쩡거리지도 않는다. 둥지에 앉은 바다거북을 놀라게 할 행동은 절대 하지 않는다. 당연히 손전등을 얼굴에 직접 비추는 짓 따위는 상상도 할 수 없다.

거북은 이제 뒷지느러미를 둥지 밖으로 내밀어 둥지 양 가장자리에 걸치고 앉는 자세를 취한다. 우리가 기다려온 바로 그 신호, 즉 산란을 알리는 몸짓이다. 종에 따라서는 뒷지느러미 중 하나로 꼬리를 덮는 것으로 산란을 알리는 녀석들도 있다. 암컷에게 산통이 찾아왔는지 낑낑대는 신음이 들렸다. 두 개의 나팔관에서 알들을 짜내어 배설강으로 옮기느라 겪는 진통이다. 그리고 마침내 알이 둥지로 떨어졌다. 녀석은 처음으로 알 세 개를 낳는 것을 시작으로 20여 분에 걸쳐 알을 모두 낳았다. 그리고 잠시 최면에 걸린 듯 멍하게 앉은 채, 고통을 삭이는지 연거푸 긴 숨을 내뱉었다.

사람들은 암컷 바다거북이 산란 중에는 일종의 '마취 상태'에 빠지므로 주변을 전혀 인식하지 못한다고 믿는다. 신빙성이 있는 믿음이고 나 또한 이 책 초반에 비슷한 설명을 한 적이 있다. 하지만 모든 암컷에게 해당되는 얘기는 아니다. 산란 중인 암컷 대부분이 얼이 빠지고 감각이 무뎌지긴 하지만, 여전히 외부 자극으로 산란을 중단할 가능성이 있다. 장수거북이나 올리브바다거북의 둥지를 수집할 때 우리는 마취 상태에 빠지기를 기다렸다가 배설강 아래에 봉지를 달아 맨다. 혈액 표본이 필요하면 조심스럽게 채혈도 하고, 운이 좋아서 녀석의 마취가 길어지면 마이크로칩까지 주사할 수도 있다. 하지만 심약하기로 유명한 매부리바다거북을 만났을 때는 녀석이 알을 완전히 다 낳을 때까지 조용히 기다리는 편이 낫다. 사람의 손이 너무 많이 닿다 보면 위협을 느낀 암컷이 알을 낳던 도중에라도 바다로 돌아가 물속에서 나머지 알을 낳을 수 있다.

산란으로 인한 마취 상태는 밀렵꾼들에게도 좋은 기회를 제공한다. 육지 환경에 익숙하지 않고 날카로운 이빨도 없는 녀석들은 얼이 빠진 상태에서 속절없이 희생된다. 사실 이렇다 할 방어 기제가 없는 바다거북은 밀렵꾼들의 눈에 띄는 순간 잡혀갈 수밖에 없는 처지다. 그중에서도 밀렵꾼이 가장 많이 노리는 종은 푸른바다거북이다. 그들의 고기는 카리브해 인근에서 식재료로 인기가 높다. 지금도 크고 작은 현지 음식점들의 메뉴판을 열어 보면 바다거북 살점 위에 코코넛소스를 얹은 사진이 버젓이 올라가 있다.

바다거북의 알로 만든 요리 또한 코스타리카의 전통 음식으로 사랑을 받는다. 색다른 식감과 더불어 정력에 좋다는 속설이 인기의 비결이다. 비단 코스타리카 남자들뿐 아니라 세계 각지의 늙은 남자들이 몸보신을 위해 바다거북 알을 먹는다.

물론 그들의 믿음에는 정확한 근거가 없다. 코뿔소의 뿔이나 게의 집게발과 마찬가지로 바다거북의 알에도 성욕을 끌어 올리거나 다른 기능 장애를 치유하는 효능 따위는 없다. 하지만 여전히 많은 술집에서 토마토주스와 후추, 레몬주스, 소금, 칠리, 오렌지주스를 섞은 상그리타Sangrita 칵테일에 거북알을 곁들여 보양식으로 판매한다. 코스타리카에서도 바다거북 알의 판매나 섭취는 불법이다. 하지만 암시장에서는 한 알에 1달러 안팎으로 불티나게 팔린다. 바다거북 암컷 한 마리가 한 번 둥지를 틀어 낳는 알의 개수는 종에 따라 많게는 200개, 적게는 60개가량이다. 한 번의 산란기에 마리당 2개에서 7개까지의 둥지를 튼다. 밀렵꾼들이 하룻밤만 해변을 돌아다녀도 여러 개의 둥지를 약탈할 수 있다는 뜻이다. 코스타리카는 농촌에 일당 15달러가 넘는 일자리가 흔치 않다. 노동자의 평균 월급이 960달러에 불과한 이 나라에서 밀렵은 꽤 쏠쏠한 돈벌이다.

바다거북이 희생당하는 또 다른 이유는 등갑을 가공해 만든 '대모갑' 제품 때문이다. 특히 매부리바다거북은 등갑 때문에 멸종 위기에까지 몰렸다. 거북 등갑의 케라틴을 세척하고 광을 내면 호박색 얼룩이 환상적인 무늬처럼 보인다. 이 독특한 무늬는 가공하기에 따라 여러모로 변형이 가능해서 합성 플라스틱보다 훨씬 고급 재료로 팔린다. 일본에서는 거북의 등갑을 가공해 브로치나 목걸이, 빗, 머리핀, 안경테, 기타 피크, 작은 장식품 등을 만드는 '벳코鼈甲'가 수백 년 역사의 전통 공예 대접을 받는다. 그래서 지난 100년간 일본은 대모갑 제품의 최대 시장이었고 그 때문에 수백만 마리의 매부리바다거북이 목숨을 잃었다. 일본 정부 집계에 따르면, 1950년에서 1992년 사이에 일본은 130만 마리의 매부리바다거북 성체와 57만 5천 마리의 새끼를 수입했다.

일본만이 아니라 유럽에도 거북의 등갑을 사고 판 역사가 있다. 2천 년 전으로 거슬러 올라가면 알렉산드리아에 온 율리우스 카이사르가 최고급 거북 등갑으로 가득 채워진 창고들을 보고 놀라움을 금치 못했다는 기록이 있다. 모두 로마군이 이집트를 격파하고 획득한 전리품이었다. 그리고 식민지 시대를 기점으로 바다거북수프와 마찬가지로 등갑 무역도 활발해졌다. 등갑의 수요가 늘어나자 17세기 중반부터 유럽의 어선들은 카리브해에서 바다거북을 포획하기 시작했다. 당시 중미 바다엔 매부리바다거북이 거대한 군집을 이루고 살았지만, 유럽 어선이 나타난 지 3년 만에 씨가 말랐다. 한 수역의 개체군이 초토화되어 더 이상 잡을 바다거북이 없어지면 어선들은 다른 수역으로 이동하면 그만이었다.

이처럼 지난 100년간 전 세계적으로 바다거북 개체가 감소하고 심지어 멸종 위기에 다다른 상황에는 분명 등갑 무역에 일정한 책임이 있다. 최근에는 군집지라고 해도 한 해에 산란을 하는 암컷이 1,000마리를 넘는 곳이 드물다. 2008년 국제자연보전연맹IUCN의 최근 보고서는 지난 100년 동안 전 세계에서 바다거북의 개체 수가 80% 이상 감소했다고 발표했다. 태평양과 대서양, 인도양에서 수집된 자료를 바탕으로 한 2019년의 발표에 따르면 1844년부터 1992년까지 약 900만 마리의 바다거북이 등갑 때문에 죽은 것으로 추정된다. 그러나 이 비극의 실제 규모는 추정치보다 훨씬 크고 광범위할 가능성이 높다. 대서양과 인도양에 사는 매부리바다거북에 대한 정보에는 빈 구멍이 많기 때문이다.

1977년 멸종 위기에 처한 야생 동식물 종의 국제거래에 관한 협약CITES이 발효되면서 국제적으로 멸종 위기종의 거래가 규제 또는 금지되었다. 그러나 여전히 국경을 뛰어넘는 불법적 거래는 근절되지 않고 있다. 1977년 이전에는 45개국 이상이 바다거북 등갑을 수출하고 수입하는 데 관여해 왔으나, 이제는 주요 무역국 중 상당수가 CITES에 가입된 상태다. 1990년에 이르러서는 등갑 매매를 공식적으로 허용하는 나라가 다섯 손가락에 꼽힐 정도다. 하지만 CITES 조약이 발효된 이후로도 일본은 여전히 거북의 등갑 거래를 허용했고 수년간 파나마, 쿠바, 인도네시아 등지에서 수입을 계속했다. 다만 1992년부터는 신규 수입은 중단키로 결정한 바, 현재는 국내 수요를 재고로만 채우는 것으로 알려진다.

이제는 플라스틱으로도 똑같은 상품을 만들 수 있지만 여전히 열대 지방에서는 전통 시장이나 길거리 상점에서 거북 등갑으로 만들어진 장신구를 심심찮게 볼 수 있다. 그런 상품들은 종종 다른 이름으로 둔갑해 팔리기 때문에 등갑인 줄 모르고 샀던 관광객들이 공항 세관에서 곤욕을 치르기도 한다. 대규모 불법 거래는 여전히 매부리바다거북의 생존을 위협하는 주요 원인이다. 그래서 '거북을 보라 SEE Turtles'라는 단체는 지구상 모든 불법 등갑 거래를 감시하기 위해 '등갑을 보라 SEE Shell'라는 이름의 어플리케이션을 개발했다. 스마트폰 카메라로 거북 등갑을 식별하고 필요한 경우 단속 당국에 신고할 수 있는 기능을 갖춘 효율적인 도구다.

세계자연기금 WWF의 보고서에 따르면 상아나 코뿔소 뿔처럼 바다거북과 관련된 불법 매매도 야생 동물을 거래하는 다국적 조직에 의해 이뤄지며, 2012년 한 해에만도 그 거래의 규모가 200억 달러에 달한다. 이는 마약과 인신, 그리고 총기에 이어 네 번째로 수익률이 높은 불법 거래 시장이다. 그 많은 돈 중에서 현지 밀렵꾼에게 떨어지는 몫은 크지 않다. 돈을 버는 건 밀렵꾼들에게 헐값으로 물건을 사서 비싸게 되파는 중개상들이다. 사람들은 대부분 당장 먹고 살 돈이 없어서 밀렵을 한다. 제대로 된 일자리는 부족하고 바다거북은 흔하기 때문이다. 그러므로 바다거북 보호 활동이 성공하려면 현지인들의 필요부터 돌봐야 한다. 동물과 생태계를 보호한다는 명목으로 그곳에 사는 사람들의 생계를 위협하는 것은 올바른 해결책이 아니다. 환경 보호 운동을 할 때도 모든 인간은 존엄한 삶과 그에 적절한 생계 수단을 가질 권리가 있다는 사실을 잊어선 안 된다.

내가 아는 사람들 중에서도 밀렵꾼이 있다. 그들은 대부분 착한 사람들이다. 그들도 아이를 키우고 일요일이면 친구들과 모여 공을 찬다. 열에 아홉은 남성들이다. 변변찮은 교육을 받고 이렇다 할 직업은 없지만 먹여 살려야 할 가족은 있는 가장들이다. 그래서 내가 참여한 프로젝트에서는 지난 몇 년간 꾸준히 밀렵꾼들을 채용하고 있다. 그중 하나가 파블로다. 그는 단단한 체구를 지닌 40대 후반의 남성으로, 여러 해 동안 밀렵을 하고 바다거북의 알을 도둑질했다. 동네에선 유명한 푸른바다거북 도살자이기도 했다.

나는 밤바다 순찰 중에 여러 번 보았던 그를 장례식에서 우연히 만나 처음으로 대화를 나누었다. 그는 정중했고 함께 온 어린 딸을 자상하게 돌보았다. 나는 현지 직원이 필요해지자 행정 담당자와 상의해 파블로에게 채용을 제안했다. 해변을 순찰하고, 정보를 수집하고, 둥지를 옮기는 일을 해 주면서 동시에 알과 어미를 밀렵하거나 다른 야생 동물을 불법 포획하지 않는 대가로 산란기 8개월 간 고정 급여와 함께 산업 재해 보험, 본인과 가족에 대한 사회 보장과 건강 보험 혜택을 주기로 했다. 그런데 이 과정에서 격렬하게 저항한 것은 다름 아닌 다른 현지 직원들이었다. 그들은 내 계획이 분명 실패할 것이라고 장담했다. 하지만 우려와 달리 파블로는 최고의 직원이었다. 술을 마시지 않았고 시간을 엄수했으며, 예의가 발랐고 바다거북에 대한 해박한 지식으로 우리의 현장 작업을 지원했다. 이제 나는 그의 문제는 단 하나, 아무도 기회를 주지 않은 것이라고 확신한다. 우리가 기회를 주었을 때 그는 기꺼이 그것을 받아들였다.

나는 이것이 진정한 의미의 변화라고 생각한다. 그리고 이러한 변화는 바다거북만이 아니라 그들과 함께 살아가는 사람들을 위해서도 필요하다. 알이나 심지어는 성체 바다거북까지 불법으로 포획하는 밀렵꾼들을 야간 순찰만으로는 막을 수가 없다. 단속은 깊은 상처에 작은 반창고 하나 붙이는 게 끝이다. 구조적인 문제를 해결하기 위해서는 밀렵이 횡행할 수밖에 없는 원인을 고민해야 한다. 그 고민의 결과는 지역마다 다를 것이다. 코스타리카에서 일하는 우리는 그들을 위한 일자리를 만들었다. 그리고 1980~1990년대에 시작된 수많은 보호 운동들이 파블로와 같은 밀렵꾼들에게 정규 소득을 올릴 수 있는 일자리를 마련해 주는 전략을 취했다. 그 결과는 대부분 성공적인 협력 관계와 상호 이익으로 이어졌다. 밀렵을 하던 사람들이 일정한 소득을 얻게 되자 굳이 바다거북을 위협할 이유가 사라진 것이다. 보호 단체 입장에서는 현장 경험이 풍부한 직원을 얻을 수 있었다. 나 또한 전직 밀렵꾼들로부터 책에서 얻을 수 없는 놀라운 지식들을 많이 배웠다. 그들의 기여가 없었다면 나는 바다거북 생물학자로서 이만한 업적을 이루지 못했을 것이다.

하지만 이조차도 근본적인 해결책은 아니다. 밀렵꾼만이 아니라 지역 인구 전체가 바다거북이 처한 위기에 공감해야 문제를 해결할 수 있다. 바다거북의 개체 수를 유지하는 것이 해양 생태계 전체의 안녕을 위해 중요하며 그것이 자신의 생계와도 무관치 않다는 것을 다른 주민들도 이해해야 한다. 예를 들어, 해안 지역에서는 대부분 생선으로 동물성 단백질을 섭취하기에 그들은 전반적인 어획량 감소를 하루하루 몸으로 느낀다. 생태계는 유기체가 상호적으로 작용하고 의존해 정밀하게 조율하는 복합적 구조망이다. 작은 변화 하나에도 민감하게 반응하는 이 조밀한 관계에서 만약 종 하나가 통째로 사라진다면 생태계 전체가 몰락할 수도 있다. 환경에 대한 지역 사회 전체의 이해도를 높이기 위해 가장 중요한 일은 학교 차원의 환경 교육이다. 아이들은 세상에 대한 호기심으로 가득하고 새로운 지식에 마음이 열려 있으며, 어른들처럼 현실의 문제에 얽매여 있지 않다. 환경 보호의 지속 가능성이 어린이 교육에 달렸다고 해도 과언이 아니다. 바다거북 보호가 중요하다는 것을 배운 아이들이 시간이 흘러 결정권자가 되면 세상이 바뀔 수 있다. 밀렵꾼이 될지 모르는 아이들을 환경 보호 운동가로 만드는 것이 환경 교육이다.

이런 이유에서 환경 보호가 재정적 보상을 제공하는 것이 매우 중요하다. 지구상의 여러 나라에서는 사람들이 자연과 직접적으로 맞부딪치며 생계를 해결한다. 반면, 유럽과 북미에는 자신의 생활이 자연과 그리 밀접하지 않은 사람이 많다. 즉, 오늘 일어난 자연재해가 내일 우리 집 식탁에 올라오는 음식에 즉각적인 영향을 미치지 않는 삶이다. 돈만 있으면 마트에서 생활과 생존에 필요한 모든 것을 살 수 있다. 화장실 두루마리 화장지가 떨어질 일이 거의 없다. 그래서 유럽과 북미 사람들은 누군가에게는 환경 보호가 본질적이고 당연하지 않다는 것을 이해하기 어렵다. 하지만 일부 사람들이 자연을 보호해야 할 동기를 이해하는 특권을 누린다고 해서 지구에 사는 모든 다른 사람들에게 같은 규칙을 적용할 수는 없다. 서구적 가치를 모든 것의 기준으로 삼는 사고방식은 식민주의의 잔재일지 모른다.

식민주의는 과거의 역사지만, 유럽과 북미 기반의 단체와 직원들이 장악한 자연 보호 분야에서는 식민주의적 구조와 사고방식이 여전히 골칫거리로 남아 있다. 유럽인이자 백인인 나 역시 그 문제에서 자유롭지 못하다. 우리는 우리가 환경의 중요성에 대해 더 잘 안다고 자부한다. 그 감각에 사로잡힌 나머지 우리가 환경 파괴의 결과를 직접 경험했고 그로 인해 지식과 깨달음을 얻게 되었다는 사실은 망각한다. 열대 지역을 다니다 보면 과거 우리가 저질렀던 과오를 되풀이하는 사람들을 보게 된다. 그럴 때 나는 이미 본 연극을 다시 보는 관객이 된 기분을 느낀다. 환경 운동을 하는 우리는 다음 장면을 알고 있다. 그래서 직접 살아 있는 선례가 되어 다른 나라와 그곳의 사람들에게 더 나은 선택이 가능하다는 것을 알려 주려고 애쓴다. 하지만 그럴 때 우리의 가치만 앞세우며 현지인들의 필요는 무시할 때가 많다. 비록 '선의'라는 외피를 쓰고 있지만 우리가 자연 보호를 주도하려고 애쓰는 이면에는, 현지인들은 좋은 결정을 주체적으로 내리지 못하고 연구를 하거나 대책을 세우기 위한 준비도 부족하다고 업신여기는 마음이 숨어 있다. 그럴 때 우리는 스스로를 구원자로 착각한다. 우리라고 해서 모든 것을 알지는 못한다는 사실을 잊고, 누군가는 구원을 원하지 않을 수도 있다는 사실을 인정하지 않는다. 적절한 도움을 준다면 현지인들 스스로도 대책을 세울 수 있다는 사실을 망각하는 것이다.

자금력과 영향력을 갖춘 큰 규모의 단체가 내부 불평등을 정당화하는 모습을 마주할 때마다 나는 입맛이 쓰다. 그들은 주로 인력을 본국에서 수급하며 미국이나 유럽 기준에 맞춘 임금을 지급한다. 하지만 현지에서 전문 인력을 키울 생각은 하지 않는다. 지원은커녕 같은 일을 시켜 놓고서 현지 직원에게는 형편없는 임금을 지급한다. 이 문제의 다른 한 축에는 서구의 대학들이 있다. 수많은 연구자들과 학생들은 열대 지역을 여행하고, 다양한 종에 관한 정보를 얻고, 하물며 현지인들의 도움까지 받지만 어떤 답례도 하지 않는다. 이런 행태를 '낙하산 과학parachute science'이라고 부른다. 하늘에서 뚝 떨어진 과학자들이 표본과 정보를 모두 가져가 버리면 현지에는 아무것도 남지 않는 현실을 꼬집은 표현이다. 그들은 현지 대학과 정부 기관을 비롯한 인력을 총동원해 원하는 결과를 얻고선 달랑 악수 몇 번으로 감사를 표한다. 본국으로 돌아간 그들이 가끔 현지에서 도움을 준 사람들을 '우리 동료들'이라고 칭할 때는 경멸의 뉘앙스마저 느껴진다. 이따금씩 그런 이야기를 직접 들을 때면 화가 머리끝까지 솟구친다. 현지 학자들과 직원들은 당연히 무능력하다는 듯 말하는 배신자들의 목소리에 분노가 활활 타오른다.

서구의 사람들은 자신이 가진 특권을 의식하지 못한 채 살아간다. 군이 부유한 집에서 태어나지 않아도 우리는 특권층이다. 교육의 기회를 보장받고 전 세계 거의 모든 나라를 걸림돌 없이 여행할 수 있는 여권이 있다는 것만으로도 누군가는 가질 수 없는 특혜를 누리는 셈이다. 현지의 과학자들은 우리가 받는 연구 지원금이나 최신 장비는 물론, 국적이 가지는 강력한 힘은 꿈도 꾸지 못한다.

물론 그들이 열악한 환경에서 훌륭한 실력을 발휘할 때도 있다. 그들은 아주 단순한 장비만으로도 당황스러우리만치 정확한 정보를 얻어 내곤 한다. 하지만 우리는 그 사실마저도 종종 잊어버리곤 한다. 그렇다 보니 미국과 유럽 과학자들에 대한 현지 연구자들의 불신이 깊다. 과거의 나쁜 경험이 새로운 협력 관계를 가로막는 상황도 심심찮게 벌어진다. 안타까운 노릇이다. 하지만 내가 할 수 있는 일이라곤 현지인들의 독립과 역량 강화를 지원하는 것뿐이다. 사람은 스스로 자신의 운명을 결정해야 한다. 그 누구도 이 말을 반박하지 못할 것이다.

그래서 나는 가장 효과적이고 지속 가능한 환경 보호를 위해서는 그 방법론이 지역 공동체에 '의해' 혹은 '함께' 지역 중심으로 개발되어야 한다고 생각한다. 그래서 나는 현지에서 인력의 역량을 강화하는 한편, 자라나는 백인 자연생물학자들이 스스로 구원자가 되겠다는 신식민주의적 사고에서 벗어나 새로운 시각을 가질 수 있도록 돕고 있다. 그 일환으로 코스타리카 동료들과 함께 2014년에 설립한 단체가 바로 '바다거북 보호 및 연구를 위한 코스타리카인들의 동맹Costa Rican Alliance for Sea Turtle Conservation & Science', 약칭 COASTS이다. 이는 전 세계 학생들이 매년 두어 달씩 코스타리카에 머물면서 현지 과학자들과 직원들로 이뤄진 팀으로 연구 조사를 하는 프로젝트로, 새로운 세대의 과학자들에게 현지와 현지인을 바라보는 전혀 다른 관점을 제공한다.

오늘 나와 함께 순찰에 동행한 킴은 COASTS 프로그램에 참여한 미국 학생이다. 그녀는 지금 암컷 거북 뒤에 앉아서 떨어지는 알의 개수를 세는 중이다. 그 옆에 쪼그리고 앉은 안드레이는 그중 열 개의 알을 골라 무게를 측정한 뒤 킴에게 다시 둥지에 넣도록 지시했다. 그는 그녀에게 지금 알의 무게를 재는 이유와 모래 더미에서 알만 골라서 잡아 올릴 수 있는 기술을 알려 줬다. 난생 처음으로 거북의 산란을 목격 중인 킴은 완전히 흥분 상태다. 그 모습에 산란하는 거북과 처음 맞닥뜨렸던 예전의 내가 떠올라 입가에 슬며시 미소가 번졌다.

산란이 이제 막바지에 이르렀다고 속삭이는 안드레이의 조용한 목소리에 잠시 옛 추억에 빠졌던 나도 현실로 돌아왔다. 배설강을 빠져나오는 알의 속도가 점점 느려지는 것을 보니 나팔관은 이미 비었을 듯하다. 알을 다 낳은 암컷은 모래로 둥지를 채운 다음, 그 위를 꾹꾹 눌러 다진다. 다른 종들은 땅을 다질 때 뒷지느러미를 번갈아 사용하지만 올리브바다거북은 배딱지로 콩콩 뛰면서 땅을 누른다. 우리 해양 생물학자들은 이 귀여운 춤에 '리들리 댄스Ridley Dance'라는 별명을 붙였다. 이 진귀하고 유쾌한 광경을 볼 때마다 나는 한바탕 웃음이 터진다.

둥지를 덮는 것은 거북의 입장에선 산란의 모든 과정이 마무리되었다는 신호지만 우리에겐 남은 정보 수집 활동을 시작해야 한다는 출발 신호다. 제일 먼저 나는 녀석의 네 지느러미 중 하나에 금속 표식이 있는지를 확인해 그에 해당하는 개체 확인서를 찾아야 했다. 실제로 녀석에겐 표식이 있었고 나는 거기에 적힌 번호를 우리의 파일에서 찾았다. 만약 표식이 없는 암컷이었다면 지금이라도 집게를 꺼내 표식을 달아야 한다. 표식이 무엇보다 중요하다. 그래야만 둥지를 틀러 우리 해변에 올라오는 암컷들의 정확한 숫자를 알 수 있기 때문이다.

표식은 앞뒤 지느러미에 두 개의 금속으로 다는 것이 국제 표준이다. 비용 면에서도 가장 합리적으로 개체를 파악할 수 있는 방법이다. 소위 'PIT'라고 하는 무선 개체 식별 장치를 주사로 피하에 주입하면 분실 위험이 적을 뿐 아니라 작업 과정도 훨씬 우아하다. 하지만 그만큼 돈이 많이 든다. 금속 표식은 하나에 1달러가량이지만 PIT는 하나에 8달러다. 게다가 PIT의 정보를 읽는 스캐너가 한 대당 적게는 500달러, 많게는 2,000달러 정도 한다. 카리브해에서 우리는 장수거북 암컷 한 마리당 금속 표식 두 개와 PIT 하나를 이중으로 장착한다. 반면 태평양에서는 PIT 두 개만 주입하는 탓에 스캐너가 없으면 개체를 식별할 수 없다.

두 번째 임무로 암컷의 크기를 측정한다. 거북은 척추가 등갑의 일부이기 때문에 등의 해부학적 구조를 측정하기 위해서는 줄자로 '곡선 등갑 길이curved carapace length'를 잰다. 새끼의 경우는 너무 작으므로 공학용 자인 버니어캘리퍼스로 '직선 등갑 길이straight carapace length'를 잰다. 등갑의 길이가 급격한 증가세를 보일수록 먹이 지역에 먹잇감이 풍부하고 암컷이 충분히 영양을 섭취하고 있다는 증거로 해석된다.

마지막으로 암컷의 몸에 이상한 점이 없는지를 살핀다. 가령 선박 프로펠러나 어구에 휘말려 상처 입은 곳은 없는지, 상어의 습격으로 지느러미가 훼손된 곳은 없는지를 꼼꼼히 본다. 부상은 암컷들이 긴 여정 동안 어떤 위험 요소들을 맞닥뜨리는지 가늠하는 참고 자료다.

이제 우리는 둥지를 모래로 덮은 바다거북이 위장하는 모습을 지켜본다. 녀석은 10분가량이나 주변을 돌면서 모래를 지느러미로 파헤치며 돌아다닌다. 천적들이 냄새를 맡고 둥지를 찾아내지 못하도록 알 냄새를 넓고 옅게 퍼뜨리는 행동이다. 그렇게 녀석은 산란한 둥지로부터 조금씩 멀어진다. 어미의 눈물겨운 노력 덕분에 자연의 천적들은 둥지를 찾아내기 쉽지 않을 것이다. 하지만 인간 천적들은 다르다. 산란의 절차를 꿰뚫고 있는 인간 앞에선 어미 거북의 위장술이 무용지물이다. 오히려 밀렵꾼들은 어미가 냄새를 분산하기 위해 지느러미로 모래를 파헤친 흔적을 읽고 거꾸로 따라가 둥지를 찾아낸다. 그래서 우리는 둥지에서 바다로 돌아가는 어미의 뒤를 좇으며 모래 위에 남은 흔적을 지운다. 닳고 닳은 밀렵꾼들을 속이는 것이 우리의 마지막 임무다.

만약 어미가 판 둥지의 위치가 적당치 않다면 우리는 환경이 나은 해변에 둥지를 파서 알을 옮긴다. 그리고 어미가 산란할 때 분비한 점액과 함께 알을 난실에 차곡차곡 집어넣는다. 점액은 곰팡이나 박테리아가 알에 침투해 부패시키지 않도록 막는 천연 보습제다. 둥지를 파느라 가장자리에 쌓인 모래는 바다에 버려서 우리의 흔적도 모두 지운다.

부지런히 해변을 기어 바다에 도착한 어미는 마침내 파도 사이로 사라진다. 인공 조명이 없는 밤 해변은 깜깜하고 바다는 상대적으로 밝다. 조도에 민감한 바다거북들은 수면에 반사된 달과 별의 빛을 따라 바다를 찾는다. 해변의 주택가는 이 과정에 혼란을 야기한다. 골목의 환한 가로등과 주택 내외부의 조명이 바다거북의 방향 감각을 교란하기 때문이다. 그 결과 급기야 산란을 마친 암컷이 바다가 아닌 주택가로 들어가는 사고가 발생하기도 한다. 예컨대 대형 호텔과 고층 빌딩이 즐비한 플로리다 해안에는 밝은 조명의 파도가 모래사장 위로 일렁인다. 이에 바다거북 관리단 Sea Turtle Conservancy 이란 단체는 수년 전부터 바다거북에게 친화적인 간접 조명과 붉은 백열등을 설치하도록 건물주들을 설득해 왔고 좋은 성과를 거두고 있다. 코스타리카에서는 다행히 해안선 50미터 이내에는 건축 허가를 내

주지 않고, 200미터 이내에도 엄격한 규정이 적용된다. 덕분에 우리가 관리하는 산란지 해변들은 대부분 칠흑같이 어둡다. 그래도 길을 잃는 암컷들이 자꾸 나온다. 몇 년 전부터는 인근 비행장의 활주로에서 장수거북이 발견되었다는 신고가 들어오고 있다. 비행장 직원들이 퇴근 전에 유도등 끄는 것을 깜빡하면 바다거북들이 혼동을 일으키기 때문이다. 그럴 때면 소방차가 출동해 500킬로그램은 족히 나가는 거구를 활주로에서 바다로 운송한다.

    방파제 등 바닷물의 범람을 막기 위한 여러 건축물이 해변을 잠식하는 것도 문제다. 인간이 사는 건물을 높은 파도로부터 보호하기 위해 바다거북이 산란하는 해변을 빼앗는 노릇이다. 거북이 산란하는 해변에 파라솔과 의자를 펼쳐 놓고 몇 날 며칠씩 일광욕을 즐기는 관광객들도 바다거북에겐 위협적이다. 무심코 꽂은 파라솔 때문에 모래 표면 아래에서 부화 중이던 알들에 구멍이 뚫린다. 해변 승마도 상상만큼 낭만적이지만은 않다. 말이 걸음을 옮길 때마다 약한 모래 지반 아래 알들은 무참히 짓이겨진다. 하물며 순진무구한 아이들이 낮에 쌓은 모래성 때문에 새끼 거북들이 목숨을 잃을 때도 있다. 밤에 부화한 새끼들이 바다로 기어가다가 모래 구덩이에 빠지면 제 힘으로 빠져나오지 못한다. 그 상태로 해가 뜨면 그들은 갈매기의 손쉬운 먹잇감이 되거나 뜨거운 햇볕 아래 고통스럽게 익어서 죽는다. 그러므로 따뜻한 열대의 해변에서 휴가를 즐길 생각이라면 혹시 그곳이 바다거북의 산란지가 아닌지부터 알아보길 권한다. 만약 산란지라면 산란하는 어미와 부화 중인 알, 이제 막 태어난 새끼들의 안전을 위해 가능한 한 최선의 조치를 취해야 한다. 예를 들어,

저녁에는 쌓아 둔 모래성과 파헤친 구덩이를 원래대로 되돌린다. 숙소는 투숙객들이 바다거북에 유의할 수 있도록 안내하고, 밤에는 일광욕 의자를 거둬들이고, 산란기에 특수 조명을 사용하며 산란이 특히 잦은 해변에는 파라솔을 설치하지 않는 바다거북 친화적인 곳을 택한다. 우리의 작은 실천이 거북의 고단한 여정에 도움이 될 것이다. 수고를 기꺼이 감수하자.

올리브바다거북이 산란하는 데 소요되는 시간은 45분가량이다. 장수거북 암컷도 땅에 머무는 게 2시간이 채 되지 않는다. 그 정도 시간이면 산란 중인 암컷을 발견해 필요한 정보를 수집하기에 충분해 보일 수도 있다. 하지만 그건 우리가 감시해야 하는 구간이 짧을 때 이야기다. 우리는 적어도 1시간 안에는 순찰을 마칠 수 있도록 담당 구역을 나누었다. 그런데도 순찰 한 번에 여러 마리의 암컷과 맞닥뜨리는 경우가 드물지 않다.

그란도카에서 일을 막 시작했을 무렵 내게 그런 일이 닥쳤다. 당시 나는 자원봉사자 사비네와 함께 해변을 순찰하고 있었고, 첫 바퀴를 다 돌고 다음 바퀴 순찰을 시작하려던 참에 장수거북 한 마리를 발견했다. 마침 순찰 시작점이었고 거북은 이제 막 물에서 나오던 차라 우리는 서둘러 한 바퀴를 둘러보고 돌아와서 녀석의 산란을 지켜보기로 결정했다. 하지만 발걸음을 50미터도 더 옮기지 못하고 다른 거북의 흔적을 발견했다. 녀석은 이미 둥지를 파는 중이었다. 나는 사비네에게 봉지를 넘겨주고 그 자리에서 산란을 지켜보라고 지시했다. 물과 너무 가까운 곳이라 산란이 끝나면 알을 옮겨야 할 것 같았다.

나는 발걸음을 재촉했다. 하지만 겨우 70미터쯤 갔을 때 또 다른 흔적과 맞닥뜨렸다. 이번 장수거북도 이미 둥지 파기에 돌입해 있었다. 하지만 다행히도 수풀 인근이라 알들을 그대로 둬도 될 것 같았다. 몸 안의 아드레날린 분비가 최고치에 이르렀다. 나는 거의 달리다시피 했지만 이내 다음 거북을 발견했다. 녀석은 이미 난실을 만들고 있었다. 맙소사, 도대체 여기에 몇 마리가 더 있는 걸까?

과연 몇 발자국 못 가서 나는 벌써 산란을 시작한 암컷 한 마리를 발견했다. 스캐너를 들어서 PIT를 확인하려 했지만 아무것도 감지되지 않았다. 나는 주사기를 들어 녀석에게 마이크로칩을 이식했다. 다행히 지느러미에 금속 표식은 달려 있었고 둥지의 위치도 괜찮았다. 일단은 녀석을 내버려둔 채 가방에서 워키토키를 꺼내 들고 몇 킬로미터 남은 순찰 구역을 달리기 시작했다. 바로 옆 구간 순찰을 맡은 동료 윌버트에게 헐떡거리면서 무전을 했다.

"윌, 윌, 내 말 들려요?"

"말해요!"

반대편 무전기에서 응답이 왔다. 나는 숨이 넘어갈 듯한 목소리로 외쳤다.

"다섯 마리를 봤어요."

"우와, 다들 뭘 하고 있었죠?"

윌이 되물었다. 내가 그에게서 산란 과정을 단계별로 배운 것이 불과 며칠 전이었다.

"한 마리는 이제 막 물에서 나왔고, 두 마리는 둥지를 파기 시작했고, 한 마리는 난실까지 팠고, 한 마리는 알을 낳고 있었어요."

나는 흥분에 겨워 큰 소리로 외쳤다.

"대단하군요!"

월은 내게 맞장구를 쳐 주고선 자기 구역의 자원봉사자를 내 쪽으로 보내 주겠노라고 했다. 반환점을 돌고 왔던 길을 되짚어 오면서 나는 네 번째 거북을 찾아 PIT를 확인했다. 녀석은 그새 난실을 완성하고 산란하는 중이었다. 지느러미에 금속 표식은 없었지만 그건 차후에 달면 될 일이었다. 나는 스캐너로 읽은 PIT 번호를 받아 적고는 다시 걸음을 재촉했다. 세 번째 거북은 난실을 짓는 중이었고 지느러미에 금속 표식이 달려 있었다. 번호를 확인하고 기록했다. 녀석에겐 더 이상 해 줄 게 없었으므로 나는 사비네에게로 달려갔다. 사비네는 땅에 배를 깔고 엎드려 거북이 낳은 알을 봉지에 받고 있었다. 나는 스캐너를 꺼내어 거북의 어깨에 갖다 댔다. PIT 없음. 나는 녀석에게 마이크로칩을 이식하고 곧장 첫 번째 거북에게 달려갔다. 녀석이 둥지를 짓기로 마음먹은 자리는 안타깝게도 물에 너무 바짝 붙어 있었다. 어쨌건 땅을 파기 시작했으므로 내가 무언가를 할 수 있을 때까지는 기다리는 수밖에 없었다. 나는 몇백 미터를 되돌아가 그새 산란을 끝낸 네 번째 거북에게로 가서 번개 같은 속도로 녀석 지느러미에 금속 표식 두 개를 달고 등갑 길이를 측정한 다음, 다섯 번째 거북도 길이를 재고 다시금 세 번째 거북을 찾아 PIT를 확인하고…….

어느새 내 몸은 땀으로 흠뻑 젖었지만 정보 하나, 알 하나도 잃어버리지 않으려면 이 거북에게서 저 거북으로 뛰어다니는 일을 멈출 수가 없었다. 마침내 월이 보낸 자원봉사자가 도착해서 첫 번째 바다거북의 알 모으는 일을 도왔다. 모든 거북의 신원을 파악하고, 크기를 측정하고, PIT가 없는 녀석에겐 마이크로칩을 이식하고, 떨어진 금속 표식을 다시 달고, 다섯 마리 모두가 다시 물로 돌아가는 걸 확인하기까지 꼬박 2시간이 걸렸다. 나는 이동이 필요했던 둥지 두 개를 숲과 가까운 은밀한 장소로 옮겼고, 자원봉사자 두 명은 그동안 순찰 구역을 한 번 더 돌아보도록 보냈다. 다행히 우리 구역에 다른 거북은 보이지 않았다. 우리는 땀범벅에 녹초가 된 채로 교대 시간이 되기를 기다렸다. 무슨 일이 있었는지 알 리가 없는 교대 팀은 "별일 없었죠?" 하고 의례적인 인사를 건넸다. 우리는 히스테릭한 웃음을 터뜨리며 장비와 기록지가 든 배낭을 그들에게 넘겼다. 여전히 아드레날린에 취해 있던 우리는 씩씩하게 마을로 돌아와 밤새 우리에게 일어난 일들을 반추했다. 초코바를 안주 삼아 맥주를 마시며.

바다거북 생물학자인 나는 코스타리카에서 매일 밤 평균 12~20킬로미터를 걷는다. 헬스장에서 러닝머신을 뛸 필요가 없다. 미국과 멕시코에서는 해변 순찰에 사륜 오토바이를 이용하기 때문에 긴 구간을 돌아보기가 한결 수월하다. 하지만 코스타리카 해변에서는 사륜 오토바이가 금지되었고 나는 그 편이 낫다고 생각한다. 엔진이 달린 이동 수단은 해변 생태계에 엄청난 피해를 초래할 수 있기 때문이다. 또한 카리브 해변에는 제대로 된 길조차 없어서 사륜 오토바이가 별 도움이 되지 않을 것이다. 길인 줄 알고 따라가다 보면 갑자기 강이 나타나서 걷거나 헤엄을 쳐서 건너야 하기 일쑤고, 모래사장 위에도 표류물이 가득하다. 우리가 꾸준히 치우고는 있지만 끊임없이 새로운 물건들을 뭍으로 실어 나르는 바다의 속도를 따라잡을 방도가 없다. 무엇보다 이곳은 조수간만의 차가 아주 적어서 순찰 내내 나뭇가지와 바위에 발이 걸려 넘어진다. 작은 모래 언덕을 수없이 오르내리며 발이 푹푹 빠지는 부드러운 모래 지반을 걸어야 한다. 카리브해에서 산란기를 관찰하는 몇 달간 나는 젖은 바지를 입고 마라톤을 한다. 카리브해에 비하면 태평양 해안은 양반이다. 밀물로 다져진 평평하고 단단한 해변은 몇 킬로미터를 걸어도 큰 힘이 들지 않는다.

일부 카리브 해변 모래사장의 침식은 그곳에서 산란을 하는 바다거북들이 맞닥뜨린 가장 큰 문제 중 하나다. 내가 그란도카에서 일을 시작한 2007년 이래로 해변 모래사장이 60미터 이상 줄어들었다. 불과 15년 전만 해도 모래사장은 드넓었고 부화장을 건설하고 산란기 내내 안전하게 알들을 보호하기에 충분했다. 하지만 요즈음 일부 구역에선 모래사장이 다 쓸려 가서 파도가 곧장 숲으로 들이친다. 이런 구역이 점점 늘어나고 모래사장은 점점 줄어든다. 이처럼 심각한 해변 침식의 유력한 원인은 코스타리카가 끊임없이 움직이는 두 개의 대륙판 바로 위에 놓여 있기 때문이다. 거기에 기후 변화로 인한 해수면 상승이 추가되었다. 오늘날의 해수면은 1900년 대비 평균 13~20센티미터 더 높고 매년 조금씩 더 높아지고 있다. 카리브해는 수심이 특별히 깊은 편이 아니라서 연간 1~2밀리미터만 수위가 높아져도 수면의 면적이 엄청나게 넓어지는 효과가 나타난다. 이러한 변화가 바다거북의 장래에 긍정적일 리 없다. 바다거북 생물학자인 우리들도 드넓은 모래사장을 원한다. 우리가 걸어 다니기에 훨씬 편하다는 이유도 있지만 그것이 전부는 아니다.

무엇보다 올리브바다거북속의 거북들이 그들 특유의 집단 산란 방식인 아리바다를 실행하려면 해변이 넓을수록 좋기 때문이다. 거의 매달, 특정한 며칠 동안 동시에 둥지를 지으러 뭍으로 올라오는 수천 마리의 암컷들과 그들이 낳는 알들을 위해서는 충분한 자리가 필요하다. 다행히도 아리바다가 일어나는 해변 대부분에서는 침식으로 인한 문제가 관찰된 적이 없다. 그런데도 아리바다 초기 몇 시간 동안에는 집단 산란이라는 특이한 번식 전략 그 자체에서 기인한 비극이 일어난다. 뒤에 올라온 암컷들이 앞에 온 암컷들의 둥지를 파헤쳐 버린다. 알이 부화하는 데 소요되는 45일 동안 올리브바다거북의 알들은 28일 주기로 일어나는 아리바다를 적어도 한 번, 많게는 두 번까지도 견뎌야 한다. 그 무렵에는 해변에 동이 트면 검은 모래 위에 흩어진 수백만 개의 알 껍질이 하얗게 빛난다. 적어도 오스티오날 해변은 예외 없는 아수라장이 펼쳐진다. 몰려온 동네 개들이 사방에 널린 알들로 잔치를 벌인다. 그 곁에서 검은 대머리독수리들이 무리를 짓고 앉아 자기 차례를 기다린다. 아리바다를 담은 감동적인 사진과 영상에 이런 장면들은 포함되지 않는다. 진귀한 광경에 감탄하는 다큐멘터리의 시청자들은 썩은 알과 얇은 막처럼 해변 전체를 뒤덮은 새똥에서 풍기는 비릿하고 역겨운 악취를 상상하기 어려울 것이다. 하지만 나는 그 냄새 없이는 오스티오날을 떠올릴 수가 없다.

대대적인 산란으로 해변 1제곱미터당 평균 3~4개의 둥지가 묻힌다. 둥지 하나, 알 하나를 두고 볼 때 썩 쾌적한 환경은 아니다. 그 결과 온전히 유지되는 둥지의 수가 매우 적고 둥지당 부화율, 즉 둥지에서 실제로 새끼가 부화할 확률 또한 매우 낮다. 산란기에 따라 둥지당 부화율은 0~32% 정도이고 그마저도 해가 갈수록 줄어드는 추세다. 썩은 알로 난장판이 된 해변은 모래사장이라기보다는 거대한 거름 무더기에 가깝다. 온도가 높아지면 부패 속도가 빨라지는데 그 와중에 살아남은 알들조차 발달에 필요한 산소를 모래 속 미생물들에게 빼앗긴다. 이는 같은 장소에서 부화하는 동태평양 장수거북의 둥지에까지 부정적인 영향을 미친다. 그래서 몇 년 전부터 우리는 장수거북의 알들은 모두 채집해 깨끗하고 신선한 모래로 채워 넣은 인공 부화장으로 옮긴다.

아리바다의 이유를 정확하게 아는 사람은 아무도 없다. 이러한 번식 전략은 올리브바다거북속의 거북들과 그 새끼들의 생존에 분명 유리하게 작용했을 것이고, 어쩌면 이 전략이 없었다면 그들은 지금까지 살아남지 못했을 수도 있다. 그러나 이 전략이 유전적으로 규정된 것인지, 아니면 암컷의 선택에 달린 것인지도 명확치 않다. 아리바다가 일어나는 해변의 조건에 관해서도 알려진 바가 없다. 어떤 주기에 따라 장소가 선택되리라 추측만 할 뿐이다. 오스티오날 주민들의 증언에 따르면 100년 전에는 아리바다 현상이 없었다고 한다. 우리는 장소 이동을 직접 경험하는 중이다. 한두 해 전부터 코로잘리토Corozalito 해변에서 소규모의 아리바다가 관찰되기 시작했는데 최근 들어 그 빈도가 잦아지고 규모도 커지는 양상이다. 대규모 아리바다가 잦을수록 둥지의 밀도는 높아지고 그로 인해 부화율이 낮아진다. 그 정도가 한계에 이른 해변은 산란지로서의 역할을 상실하고 새로운 장소가 그 역할을 대체하는 것으로 보인다.

아리바다와 그로 인해 매달 해변에 묻히는 수백만 개의 알 때문에 한때 오스티오날은 무분별한 알 포획으로 골치를 앓았다. 인근 주민들은 돼지 떼를 해변으로 몰고 와 거북 알을 무작위로 먹어치우게 했고, 거리가 좀 떨어진 마을에서까지 수백 명의 사람들이 알을 주우러 몰려왔다. 그 과정에서 동네 주민들 사이 혹은 동네 주민과 외부 사람들 사이에 주먹다짐이 벌어지기도 했다. 결국 1980년대에 마을은 해변 일대를 공식적인 보호 구역으로 선포하고 보안관에게 감시를 맡겼다. 더불어 지역 정부는 합법적인 알 채집을 유도하기 위해 마을 주민에 한해 아리바다가 일어난 지 72시간 내에 자연 폐사한 것으로 판별되는 알들은 주워 갈 수 있도록 허락했다. 채집된 알은 일단 마을 내에서 소비하고 남은 것만 판매가 가능하다. 아리바다 초기에 산란된 알들은 어차피 부화에 성공할 확률이 희박하다는 판단으로 이런 조치를 내린 것이다. 알 판매로 얻은 경제적 이익으로 보안관을 고용하면 해변을 보호하고 허락 없이 알을 훔쳐가지 못하도록 감시할 수 있다는 장점도 있다. 이 두 가지 이점을 동시에 취한 오스티오날 지역 정부의 조치는 지난 수십 년간 '지역 공동체 기반의 자연 보호'의 모범 사례로 여겨졌다.

나 또한 이 노력의 가치를 높이 평가한다. 바다거북이 보호해야 할 대상으로 대우받지 못하던 시절 만들어진 조치이기 때문이다. 하지만 그 이후로 본래의 의도를 퇴색시키는 달갑지 않은 변화가 몇 가지 있었다. 근본적으로는 지역 주민이 채집할 수 있는 알과 둥지의 수 혹은 비율에 제한이 없는 것이 문제다. 채집되는 둥지의 수는 72시간이라는 시간과 마을 주민이란 조건을 통해 간접적으로 통제

될 뿐이다. 지난 수십 년간 마을의 규모가 커졌고, 따라서 채집되는 알의 수도 확연히 증가했다. 그런데도 얼마나 많은 알이 채집되는지에 관한 공식적인 집계가 발표되지 않는다. 또한 지난 40년간 오스티오날에서 산란하는 올리브바다거북의 개체 수의 증감에 대한 정보도 불투명하다. 즉, 지역 정부의 보호 조치가 개체 수 보전에 미치는 효과에 대해 파악된 바가 전혀 없다는 뜻이다. 정부는 회의나 보도 자료를 통해 채집되는 알이 전체의 1% 미만이라고 확언한다. 하지만 실제로는 매번 몇백에서 많게는 몇천에 이르는 둥지들이 주민들의 손에 채집되는 것으로 추정된다. 또한 최근 학계의 발표에 따르면, 1월에서 5월 사이에 관찰된 아리바다는 모두 암컷 천 마리 남짓의 소규모였던 것으로 알려진다. 예전에 비하면 산란하는 개체 수가 절반 수준으로 급감한 것이다.

나는 지구상에서 생존과 재생산을 위협받고 있는 종인 바다거북에게 인간이 어떤 방식으로든 영향을 미쳐서는 안 된다고 생각한다. 인간의 욕구를 위해 바다거북을 착취해서는 안 될 뿐 아니라 우리 후손에게 그런 본을 보여서도 안 된다. 적어도 21세기에는. 오스티오날 정부는 지역에서 합법적으로 채집된 알만 판매될 수 있도록 인증 시스템을 마련했다고 자부한다. 하지만 대부분의 코스타리카인들은 그런 게 있다는 사실도, 그 인증이 오스타오날 지역에서 채집된 올리브바다거북의 알에만 해당된다는 사실도 모른다. 암시장의 장사꾼들이 그 점을 노렸다. 코스타리카 전국에서 판매되는 바다거북 알은 대부분 오스티오날 지역 정부의 인장이 찍힌 비닐봉지 안에 들어 있다. 하지만 막상 안을 열어 보면 올리브바다거북이 아닌 다른 종의 알인 경우가 허다하다. 상인들에게 원산지를 물으면 하나같이 '오스티오날'이라고 대답하지만 그들 중엔 올리브바다거북의 알을 판 적이 한 번도 없는 사기꾼들도 많다. 이런 부작용을 많이 보았기에 나는 그 어떤 종이든 바다거북 상품의 판매와 소비가 공식적으로 홍보되는 일은 아예 일어나지 않는 편이 훨씬 낫다고 확신한다.

다행히도 오스티오날 여론에도 변화의 기류가 느껴진다. 단지 돈 때문에 바다거북의 알을 판매하는 일은 없어야 한다는 의견이 주민들 사이에서 공감을 얻고 있다. 그 일환으로 아리바다 시기와 새끼들이 집단 부화하는 몇 주 동안은 관광객 투어가 전면 금지됐다. 대신 자원봉사 프로그램이 생겨서 전 세계 젊은이들이 바다거북과 아리바다 현상에 대한 정보 수집을 돕기 위해 모여든다. 개체 보전을 위해 폐사할 기미가 보이는 알들도 판매하는 대신 인공 부화장으로 옮겨서 부화율을 높여 보자는 의견도 논의 중이다. 앞으로 이런 대안들이 알의 채집과 판매를 대체해 멸종 위기의 종을 착취하는 행위가 마침내 역사의 뒤안길로 사라지기를 기대한다.

굳이 인간이 거들지 않아도 바다거북의 산란은 지난한 과정이다. 산란이 막바지에 이르러 숨마저 헐떡이는 어미를 보면 알을 낳는 행위가 그 자체로 얼마나 고난인지를 짐작할 수 있다. 온몸의 에너지를 바쳐 알을 생산하고, 먹이 지역에서 산란지로 험난한 여정을 감행하고, 수컷과 진 빠지는 교미를 하고, 최대 7번까지 둥지를 만드는 동안 살집이 두툼했던 암컷은 깡말라 뼈만 남는다. 산란지 해변 앞은 먹이가 풍부하지 않아서 그곳에 머무는 동안 녀석들은 거의 혹은 아예 영양 공급을 받지 못한다. 산란을 앞두고 몇 년간 비축해 놓은 지방층의 에너지로 산란지로 갔다가 돌아오는 여정은 물론, 알을 생산하고 둥지를 짓는 모든 과정을 견뎌야만 한다.

　마침내 부드럽고 따뜻한 모래에 알을 낳은 어미가 검은 바닷속으로 사라지는 것으로 한 번의 산란기가 마무리된다. 암컷과 수컷들은 거북이 할 수 있는 모든 것을 다해 다음 세대에게 자신들과 다름없이 신비롭고, 하지만 동시에 위험한 삶을 선사했다. 그들이 이 해변으로 돌아온 것 또한 그 삶의 일부였다. 바다거북을 위해 우리 인간이 할 수 있는 일은 다음 세대가 제 삶을 찾아 이곳으로 돌아오기를 바라며 준비하는 것뿐이다. 모든 위험에도 불구하고 그들이 기필코 성공하기를 두 손 모아 기도한다.

# 바다거북 연구자의 삶

오늘은 우리가 난시테Nancite 해변에서 보내는 마지막 날이다. 끝이라고 순찰을 건너뛸 수야 없다. 우리는 파도의 가장자리를 따라 일렬 종대로 걷던 중, 모래 위에서 어떤 발자국을 발견한다. 손전등을 켜서 확인하니 커다란 고양이의 앞발처럼 보였다. 파도에 지워지지 않은 것으로 보아 녀석은 우리 바로 앞에 있었다.

"재규어군."

동료 윌버트가 무심하게 말했다. 나는 동그래진 눈으로 그를 바라본다.

"우리가 지금 재규어와 함께 해변을 걷고 있다는 뜻인가요?"

그는 고개를 끄덕이며 재규어가 불과 1~2분 전에 우리 앞을 지나갔다고 설명했다.

순간 온몸에 소름이 오소소 돋는다. 간이 쿵 하고 발 아래로 떨어지는 소리가 들린다. 며칠 전 우리는 해변의 나무 덤불 사이에서 재규어들에게 잡아먹힌 게 분명한 바다거북의 잔해를 보았다. 그리고 그때부터 나는 이 덩치 큰 고양이 녀석과는 절대 대면할 일이 없기를 빌고 또 빌었다. 달음박질을 시작한 심장을 진정시키려고 애쓰며 손전등의 반경을 넓혀 해변 이곳저곳을 살핀다. 혹시나 어둠 속에서 잠복 중일지 모를 재규어를 찾고 싶은 마음 반, 찾으면 어쩌나 두려운 마음 반으로. 우리는 모두 손전등을 켜서 주변을 환하게 비춰 가며 걸음을 옮겼다.

돌연 암흑 가운데 반짝이는 눈 한 쌍이 보인다. 의심할 여지없는 고양이 눈이다. 나는 그 자리에 얼어붙은 채 목이 멘 소리로 윌버트를 불렀다.

"저……기…… 앞에!"

그가 비춘 전등에 초록색 눈이 반짝 하고 빛을 낸다. 재규어가 틀림없어!

'어쩌면 우릴 보고 놀라서 도망칠지도 몰라.'

나는 속으로 터무니없는 기대를 품어 본다.

녀석은 천천히 어두움을 벗어나 우리가 비춘 불빛 아래로 우아한 몸매를 드러내더니 좀 더 바싹 다가온다. 아무래도 우리의 불빛이 재규어의 호기심을 자극한 것 같다. 윌버트의 팔뚝을 움켜쥔 나는 숨마저 멈추었다.

"침착해요."

그는 내게 낮은 목소리로 속삭인 뒤, 오히려 짐승에게 몇 걸음을 더 다가갔다.

"촬영할 수 있을까요?"

그가 묻는다. 나는 마치 집고양이처럼 우리를 향해 타박타박 걸어오는 재규어에게서 눈을 떼지 않은 채 손만 움직여서 카메라의 전원 버튼을 눌렀다.

우리와의 거리를 5미터 정도 남겨 놓고선 재규어가 돌연 접근을 멈춘다. 방금까지 호기심 가득했던 몸짓은 온데간데없고 갑자기 엄청난 의심에 휩싸인 듯 찬 밤공기를 킁킁대며 맡는다. 무언가 마음에 들지 않는 기색이다. 나는 이 순간, 이 장면을 뇌로 찍어 기억으로 저장한다. 녀석의 등장에 실금을 할 만큼 놀랐지만 그래도 직접 목격한 진귀한 동물의 작은 디테일 하나 놓치지 않으려 애쓴다. 바다에서 불어오는 바람에 살짝살짝 흩날리는 빛나는 털과 그 아래에서 돋보이는 단단한 근육, 그리고 긴 콧수염까지. 정말 믿을 수 없을 만큼 아름다워서 경외심마저 들었다.

윌버트가 상념에 빠진 나를 깨웠다.

"지금!"

그의 속삭임에 거의 반사적으로 셔터를 눌렀다. 조리개가 닫히며 '찰칵' 하는 소리가 나자 재규어가 깜짝 놀라는 게 느껴진다. 녀석은 한 순간에 수풀로 뛰어들더니 이내 자취를 감췄다. 그제야 내 두 다리가 후들거리고 있었음을 깨달았다. 일단은 크게 숨부터 내쉰다. 몇 번 심호흡을 하고 나자 환희의 감정이 나를 사로잡는다. 일생에 이런 순간은 다시 없을 것이다!

나는 이처럼 기이한 자연의 모습들을 자주 목격하는 편이다. 아무리 많이 봐도 볼 때마다 특별하다. 나는 다른 사람들이 내서널지

오그래픽에서나 볼 법한 형언할 수 없는 경이의 순간을 여러 차례 직접 경험했다. 그런 내 삶에 감사한다. 그리고 많은 어린이와 청소년들이 고래나 거북 같은 카리스마 넘치는 종을 다루는 직업을 꿈꾸는 이유를 누구보다 잘 이해한다. 하지만 내 직업의 현실은 대부분의 사람들이 상상하는 것과 판이할 때가 많다. 야자나무 아래 모래사장에 누워 있거나 바다거북과 장난치는 것이 해양 생물학자가 하는 일의 전부는 아니기 때문이다.

최근 들어 몇몇 형편이 나아지긴 했지만, 얼마 전까지만 해도 나는 고정된 거주지가 없었고 6개월에 한 번씩 바뀌는 프로젝트를 따라 거처를 옮겨 다녔다. 그럴 때는 보조 직원과 같은 방을 쓰기 일쑤였고, 경우에 따라서는 단기 자원봉사자들과 방을 공유해야 했다. 처음엔 그런 것도 재미있었다. 하지만 안드레이와 결혼한 이후로는 불편함이 커졌다. 우리는 같은 프로젝트에서 일하면서도 둘이서만 방을 쓰지 못했다. 더 정확히 말하자면, 우리는 결혼식을 마친 지 닷새 후부터 오스티오날의 보안관실에 딸린 방을 다른 네 명의 보조 직원과 함께 써야 했다. 지금은 어떻게 그런 일이 가능했을까 의아할 따름이지만 실제로 나와 안드레이는 2층 침대 중 아래층의 작은 침대를 같이 썼고, 침대에서 자세를 바꾸고 싶으면 마치 무용수들이 안무를 맞추듯 몸을 돌리는 타이밍을 맞춰야만 했다. 상대의 잠을 방해하거나 무심결에 공간을 빼앗지 않으려면 다른 수가 없었다. 그 산란기 몇 달 내내 그 형편을 견뎠다. 그리고 상관과 담판을 지어 다음번 산란기가 찾아오기 전에 마을에 집을 하나 세 얻어 살면서 기지에서는 업무와 식사만 할 수 있게 되었다. 개인 화장실, 개인 냉장고 그리고 타인이 없는 가족만의 공간은 내가 누릴 수 있는 최고의 호사였다.

보통 프로젝트에 들어가면 식사는 요리사가 준비해 주기 마련이다. 요리사라니 호화스럽게 들릴지도 모르나 실상은 삼시 세끼를 쌀과 콩으로 된 현지 음식을 먹어야 한다는 뜻이다. 음식의 맛은 요리사의 능력과 더불어 한 끼 식사에 책정된 예산에 비례한다. 그런데 지난 몇 년간은 다방면에서 예산이 삭감되었고 식사비도 그중 하나였다. 음식이 부족해지자 팀 분위기가 바닥으로 가라앉았고 지도부에 항의도 해 보았지만 번번이 묵살당했다. 급기야는 마지막 남은 팬케이크 한 장을 두고 팀원들이 볼썽사납게 다툼을 벌이는 일이 생겼다. 보고를 받은 본부는 그제야 식사비 예산을 늘려 주었다. 그렇다 한들 원래부터 쌀과 콩을 좋아하지 않는 나는 6개월 프로젝트의 막바지가 되면 현지 음식에 넌더리가 날 지경이다. 그래서 코스타리카에 머무는 몇 년 동안은 맛있는 음식과 좀 더 빠른 인터넷망을 찾아다니는 데 휴일을 다 바쳤다.

한두 해 전까지만 해도 프로젝트에 투입되면 인터넷과 휴대전화를 포기해야 했다. 이메일을 확인하려면 2주에 한 번씩 버스로 두세 시간은 족히 걸리는 인근 대도시로 나가야 했다. 시간당 이용 요금이 너무 비쌌으므로 한두 시간 안에 용무를 해치우고 다시 버스를 타서 돌아왔다. 대부분은 받은 메일을 읽고 재빨리 답장을 쓰거나 미리 써 둔 메일을 보내는 게 다였다. 그나마도 업무와 관련한 소통이 우선이었으므로 친구들과 소식을 나눌 시간은 절대적으로 부족했다. 어쩔 수 없이 나는 독일에 있는 지인들에게 단체 메일을 보내는 쪽을 택했다. 당시 내겐 일과 생활이 크게 다르지 않았으므로 요새 무슨 일을 하고 있는지를 간략하게 설명하는 일종의 소식지였다. 그런 내 방식이 유달리 마음에 들지 않았던지 공식적으로 내게 절교를 선언한 친구도 있었다. 마음은 아팠지만 친구의 사정도 이해됐다.

독일에 사는 사람들은 코스타리카 오지에 주로 머무는 내가 정기적으로 소식을 전하는 게 얼마나 어려운 일인지를 제대로 이해하지 못한다. 그래도 부모님은 두어 달에 한 번 내 소식을 듣는 상황에 적응하셨다. '무소식이 희소식'을 원칙으로 내게서 아무 소식이 없으면 잘 지내고 있겠거니 짐작하신다. 다행히 지난 몇 년 새 통신 기술이 발달해 프로젝트 중에도 인터넷을 사용할 수 있을 때가 많다. 속도는 느리지만 되는 게 어디인가. 마을에서 휴대전화 신호도 예전보다 훨씬 잘 잡힌다. 적어도 제일 큰 망고나무 뿌리를 밟고 올라가 팔을 뻗어 올리면 신호 강도 표시가 한두 칸은 들어온다.

우리의 상황이 힘든 이유 중 하나는 한번 들어오면 프로젝트 현장을 쉽사리 벗어날 수 없다는 점이다. 우리에겐 자가용이 없어서 대중교통을 이용해야만 했는데 그마저도 허락되지 않는 경우가 많다. 자연히 일단 프로젝트에 들어가면 6개월 이상을 외부 세계와 이렇다 할 접촉 없이 좁디좁은 현장 주위만 맴돌며 지내야 했다. 다음 산란기가 되면 장소가 바뀌지만 형편은 고만고만하다. 그래서 나는 몇 년간 어딘가에 단단히 묶여서 더 이상은 크고 넓은 세상으로 나가지 못할 것 같은 기분에 눌러 살았다.

상황이 이렇다 보니 1년 전에 구매한 오프로드 자동차 '헤라클레스'는 내게 엄청난 해방감을 가져다주었다. 그동안 몰랐던 기동성은 현재 내 삶에서 누릴 수 있는 완벽한 사치다. 나와 안드레이는 다음 사치를 위해 함께 돈을 모았고, 마당이 있는 작은 집 한 채를 샀다. 우리가 속한 COASTS가 3월부터 12월까지 바다거북 보호 프로젝트를 진행하는 곳과 인접한 마을에 있는 집이다. 이 집과 코로나 대유행 덕분에 나는 지금 조금 여유롭게 지내는 중이다. 비록 집과 창고에는 프로젝트 비품이 쌓여 있고 때론 우리 방에 보조 직원들이 묵으며 해변에서 수거된 쓰레기가 널브러져 있기 일쑤지만, 그래도 폭풍 같았던 지난 몇 년간 꿈도 꾸지 못한 안정된 생활이다.

이제는 일주일에 엿새 밤을 순찰로 보내지도 않는다. 그래도 현장 가까이에 상주하기 때문에 사건이 발생하면 금세 달려갈 수 있다. 낮에는 주로 컴퓨터 작업을 해야 하므로 사무가 없을 때 현장 일을 돌본다. 보통은 매주 두세 번 정도 우리 팀의 밤 순찰에 동행하지만 산란기가 되어 새로운 인력을 교육해야 할 때에는 그 횟수가 늘어난다. 이전과는 생활이 많이 달라졌다. 때론 예전처럼 순찰을 나가지 않는다는 것에 죄책감을 느끼기도 하지만 이제는 밤잠을 푹 자고 일에 집중할 수 있는 상황을 기쁘게 받아들이기로 했다. 그리고 솔직히 말하자면, 지난 14년간 내가 지켜 온 생활 방식을 더 이상은 견딜 자신이 없다. 신체적으로나 정신적으로나 이제는 무리다.

요즘 나는 아침 5시경에 일어나 반려견 피오나와 해변을 걸으면서 간밤의 순찰팀이 놓쳤거나 이제 막 부화한 바다거북 둥지가 없는지를 살핀다. 운동을 조금 한 다음에는 곧장 컴퓨터 앞에 앉아 두 가지 주요 업무에 돌입한다. 하나는 플라스틱 오염에 대응하는 미국 단체인 발자국 네트워크Footprint Network와 관련된 업무이고, 다른 하나는 내가 운영하는 단체와 프로젝트의 행정 업무다. 나는 이메일에 답장을 하고, 화상 회의에 참여하고, 정보를 저장하며 분석하고, 학술지 기고문을 쓰고, 사진을 보정하고, 소셜 미디어에 게시글을 올리고, 행사를 조직하고, 비용을 계산하고, 송금을 하고, 회계 장부를 작성하고, 새로운 자금줄을 물색한다. 시간이 허락하면 오후에는 해변 정화 작업에 참여하고, 부화를 시작한 둥지를 조사하는 일에도 빠지지 않으려 노력하는 편이다. 갓 태어난 새끼들을 보노라면 아직 바다거북 얼굴도 제대로 보지 못하던 신출내기 시절이 떠오르면서 내가 지금 이 일을 하는 이유를 되새길 수 있다. 아직까지 나만의 연구와 상담 프로젝트를 진행하고 있고 한 달에 한두 주는 현장에서 활동할 수 있어 다행이다. 바다거북을 직접 보면 계속 일할 활력을 얻는다.

예전엔 관계 때문에 힘들어했다. 누군가를 알아 갈 만하면 이별이 찾아왔기 때문이다. 나는 점점 혼자 놀기의 달인이 되었고 문제를 혼자서 해결하는 데에도 익숙해졌다. 어차피 내 친구와 가족들은 지구 반대편에 살고 있으니 어쩔 수 없는 일이라고 생각했다. 하지만 때때로 친구의 다정한 수다가 간절한 순간이 찾아왔다.

그런 면에서 내가 '거북 가족'이라는 애칭으로 부르는 나의 동료와 실습생, 자원봉사자들은 코스타리카에서 가장 소중한 지원군이다. 수개월간 가족과 배우자, 오랜 친구들과 떨어져 지내야 하는 형편은 매한가지이므로 우리는 서로에게 유사 가족이 되어 준다. 6개월에서 8개월 간 하루 24시간을 주 7일씩 한 방을 쓰고, 화장실을 공유하고, 함께 먹고, 얼마 안 되는 여가도 함께 계획한다. 함께 울고 웃으며 맛있는 게 생기면 나눠 먹고, 때론 바닥을 굴러다니는 꼬질꼬질한 양말이 누구 것인지를 두고 다툼을 벌이기도 한다. 최고와 최악의 순간을 함께하며 서로의 진짜 모습을 알아 간다. 그렇게 우리는 본인의 의지와 상관없이 하나로 똘똘 뭉쳐진다. 그래서 산란기가 끝나고 팀을 해산해야 할 때에는 가슴이 찢어질 듯 아프다. 우리 중 몇몇은 지구의 전혀 다른 구석에 살고 있어서 가까운 시일 내에 다시 만날 가능성이 희박하다는 것을 잘 알기 때문이다. 다행히 요즈음은 소셜 미디어가 있어서 아쉬움이 덜하다. 온라인상에서나마 우리는 공분하고, 메시지로나마 성공을 축하하고, 때론 친밀한 관계를 오래도록 유지한다.

그래서 우리 바다거북 생물학자와 보호 운동가들에게 가장 반가운 행사는 국제바다거북협회ISTS에서 주최하는 연례 심포지엄이다. 매년 장소를 바꿔 가며 열리는 심포지엄에서 반가운 얼굴들을 한꺼번에 만날 수 있다. 이 대형 회의는 학술 대회와 여름 캠프, 휴가와 파티가 한데 섞인 종합 행사다. 그곳에서 우리는 다양한 연구 분야의 사람들을 만나 바다거북에 대한 새로운 정보를 수집하고, 눈총을 받을까 하는 염려 없이 마음껏 전문적인 이야기를 나누며, 오랜 친구들과 협력 관계에 있는 파트너들을 만난다. 무엇보다 예전의 '거북 가족'들을 만나 반갑게 근황을 나누는 것이 즐겁다.

이렇게 변동이 많은 사회적 환경에서 나와 같은 일을 하는 동료를 배우자로 두고 있다는 것은 확실한 장점이다. 신혼 시절, 나는 안드레이와 몇 주 혹은 몇 달씩 떨어져 있다가 프로젝트에 들어가기 하루 전 혹은 하룻밤 전에 다시 만나 기지로 돌아가곤 했다. 하지만 두어 해 전부터는 프로젝트 기간이 아니더라도 함께 있을 때가 많다. 다른 점이 많지만 우리는 괜찮은 한 쌍이다. 지식 면에서나 성격 면에서 서로의 빈 곳을 잘 채워 주기 때문이다. 여전히 파란만장한 인생에서 서로의 불안한 상태와 바쁜 일상을 잘 이해한다. 더불어 나의 극단적이라 할 만큼 독립적인 성향을 안드레이가 받아들인 것도 고마운 일이다. 여느 상대였다면 워낙 특이한 일을 하고 사생활에서조차 거북과 분리되지 않는 나를 이해하지 못하고 이미 오래전에 이별을 고했을지도 모른다.

　배우자가 코스타리카 사람이라는 것 또한 외국인이자 여성으로 살아가는 데 많은 도움이 된다. 애국주의가 여전히 강고한 타국 생활은 특히 독일인에게 쉽지 않다. 코스타리카에 도착한 첫 날 나는 이미 내가 눈에 거슬릴 정도로 튄다는 사실을 눈치챘다. 자그마한 현지인들 사이에서 나는 거인처럼 느껴졌다. 볕에 많이 그을리긴 했어도 여전히 하얀 피부며 녹갈색 눈동자나 금발은 라틴계 동료들의 올리브색 피부, 어두운 눈동자, 쫑쫑 땋은 검은 머리카락과 극명한 대조를 이루었다. 코스타리카 남자들은 대놓고 내게 추파를 던졌고 처음에는 그게 불편해서 견딜 수 없었다. 독일 남성들은 상대가 마음에 들어도 일단은 한 발 물러서는 경향이 있다. 그래서 나는 그들의 노골적인 찬사에 적응이 되지 않았다. 심지어는 한 번도 본 적 없는 남성이 내게 다가와 사진을 같이 찍자고 청하기도 했고, 마트에서 외모가 특이하다는 이유로 내 모습을 촬영하는 사람도 있었다. 학부생 시절 현장 실습을 위해 이집트에 갔을 때도 비슷한 일이 생겼다. 내가 들어가는 가게마다 주인들이 사진을 찍어도 되는지를 물었다. 바다에서 잠수할 때에는 남자 직원들이 잠수복 입는 것을 도와주는 척하면서 슬쩍 몸을 더듬던 기억도 있다. 그래서 여전히 나는 내게 쏟아지는 관심에 매우 보수적으로 반응하려 한다.

이곳에서 여러 해를 보내면서 남성들이 아무 여성에게나 추파를 던지는 상황에는 어느 정도 적응이 되었다. 공사 현장에서 휘파람을 불거나 지나가는 차에서 소리 지르는 남성들은 가차 없이 무시해 버린다. 그들이 어떤 노력을 해도 내게서 얻을 수 있는 반응은 기껏해야 썩은 미소다. 보통 코스타리카 남성들은 강압적으로 신체 접촉을 하는 편이 아니다. 하지만 바다거북 프로젝트에서 종종 개인의 성적 결정권이 침해당하는 사례들이 발생한다는 사실을 이 자리에서 감추고 싶지는 않다. 분명 일어나선 안 될 일이지만, 여러 사람이 얽히는 곳에선 문제가 생기기 마련이다. 슬픈 현실은 그런 문제가 생겼을 때 대부분의 남성 리더들이 사건 자체를 무시하거나 별일 아니라는 식으로 넘어가 버린다는 데 있다. 우리가 살고 있는 세상이 여전히 남성들에게 지배당하고 있다는 사실을 일깨우는 현상이다.

일을 시작했을 무렵에는 나 또한 몇몇 동료들 때문에 인생이 고달팠다. 처음 몇 달 동안 그들은 내가 얼마나 더 버티느냐를 두고 내기를 벌였고, 그런 얘길 들을 때마다 나는 풀이 죽었다. 심지어는 스스로를 회의하기 시작했고 정말 내가 이 일을 잘할 수 있을지 의심했다. 그로부터 16년이 지난 이제는 그들의 말이 모두 틀렸다고 단언한다. 하지만 남성들에게 존중받기까지는 힘든 과정을 거쳐야 했다. 책임 소재를 두고 끝도 없이 토론을 했고, 남성들의 유치한 반항을 견뎌야 했으며, 그러다가 분노와 좌절감이 치밀어 오르는 날이면

욕조에 몸을 담그고 열을 식혀야 했다. 그런 시간이 쌓이면서 상황은 조금씩 수월해졌다. 일단은 내가 남성들의 반응에 내가 차차 둔감해지면서 사사건건 말싸움을 벌이지 않게 되었다. 그리고 나는 일을 아주 열심히 했다. 해가 갈수록 능력치가 쌓이니 마침내 내편이 아니었던 사람들도 내가 아무것도 모르는 철부지가 아니라는 사실을 인정할 수밖에 없었다. 다행히 점점 세대가 바뀌면서 이제는 대부분의 구성원들이 여성 지도자가 주도하는 상황을 거부감 없이 받아들이게 되었다.

물론 농촌 지역에서는 여성 지도자에 대한 호기심과 몰이해가 여전하다. 내 프로젝트의 대부분이 그런 환경에 뿌리를 두고 있다. 평생 작은 마을 울타리를 벗어나 본 적이 없는 주민들의 눈에 나는 보라색 코끼리처럼 별난 존재다. 그들은 고등 교육을 받았고, 직접 경제 활동을 하고, 그래서 남편에게 의존하지 않으며, 결혼을 했는데도 아이가 없는 여자를 무척이나 못마땅해한다. 하물며 내 남편은 나와 똑같이 집 안을 청소하고, 요리를 하고, 더러운 옷가지를 빨기 때문에 현지인들 사이에는 우리 둘을 둘러싼 희한한 소문이 나돌기까지 했다. 심지어 내 면전에다 대고 우리가 자녀를 낳지 않는 것은 남자와 여자를 향한 신의 계획을 무시하는 행위라고 설교를 늘어놓는 사람도 있다.

나라고 그런 말을 흘려듣기가 쉽기만 할까. 특히 가까운 사람이 그럴 때는 잠자코 듣고 있기가 거북하다. 아무 생각 없이 어른들의 얘길 따라 하는 아이들을 보노라면 웃음이 나오기도 한다. 남편의 조카 마릴린이 다섯 살 때 함께 놀던 친구가 내게 왜 아이가 없는지를 물은 적이 있다. 내가 답을 하려던 찰나에 마릴린이 나서서 똑 부러지게 대답했다.

"원래 백인 여자는 아이를 못 낳아."

토끼눈이 된 나를 신경 쓰지 않은 채, 마릴린은 반박할 수 없는 논리를 펼쳤다.

"나는 백인 여자에게 아이가 있는 걸 한 번도 본 적이 없어."

정말이었다. 실제로 마릴린의 동네에는 매년 다양한 연령대의 백인 여성 수백 명이 찾아오지만 아이를 데려온 사람은 한 명도 없었다. 아이는 자기 삶에서 체득한 경험을 통해 자신만의 결론을 도출한 것이었다.

내가 여성이었기 때문에 아무 잘못 없이도 맞닥뜨려야만 했던 불쾌하고 위험했던 상황을 열거하자면 이야기가 꽤 길어질 것이다. 나는 16년째 코스타리카에서 살고 있으므로 그런 경험은 대부분 이곳에서 일어난 일이다. 하지만 그것이 남미, 그것도 농촌 지역에서만 일어나는 예외적인 현상은 아니다. 비록 대놓고 드러나지는 않지만 학계 또한 여성을 향한 차별과 혐오로 가득하다. 그래서 나는 더욱이 학자가 되는 과정에서 강한 여성들로부터 물심 양면의 지원을 받을 수 있었음에 무한히 감사한다. 박사 과정 지도 교수님과 석사 과정을 지도해 준 선배는 내게 경험에서 우러난 지식을 아낌없이 나누어 주었다. 나는 그녀들에게서 결코 여성에게 호락호락하지 않은 연구 과정을 돌파하고, 입에 발린 칭찬에 넘어가지 않고, '별 뜻 없이' 여성 동료의 엉덩이에 손을 대는 것으로 유명한 나이 많은 동료들을 피하는 법 등을 배웠다. 그런 상황에 경솔하게 대응했다가는 장차

학자로서의 경력에 흠이 될 수도 있기 때문이다. 거기엔 회의 중에 무시당하거나 발언 기회를 얻더라도 계속 방해를 받고, 때론 공인된 전문가인 나보다 '더 잘 안다'고 자신하는 비전문가로부터 훈계를 들어야 하는 짜증 나는 일상도 포함된다. 우리는 금방 이러한 현실에 적응한 나머지 어느새 그런 것들을 차별로 느끼지 않는 경지에 이르렀다. 하지만 이런 사소한 것들이야말로 여성에 대한 불평등한 대우가 아직 그대로 존재한다는 사실을 나타내는 증거다.

나는 현장 생물학자들 사이에서 지배적인 '형님 문화 bro culture' 때문에 여성 학자들이 예외적인 존재로 분류되는 상황을 맞닥뜨릴 때면 화가 나서 견딜 수가 없다. 칠칠치 못하게 굴어도 아무 문제 없는 남자 동료들을 볼 때면 그들이 누리는 특권이 부럽고 샘난다. 그들에겐 자신의 소속에 대한 확신, 본인이 세계에 속하는 것이 자연스럽고 회의석에서 한 자리 차지하는 것이 당연하다는 믿음이 있다. 그런 자기 확신이 그저 눈속임인지 아닌지 나로서는 알 길이 없다. 다만, 그들이 유전적으로 그렇게 태어났다는 주장만은 수용하고 싶지 않다. 확신컨대 남성이 여성보다 자아가 강하다는 생각은 우리 사회가 만들어 퍼뜨린 것에 불과하다.

우리 여성들이 소외와 무시를 당하는 상황에 대해 남성들은 정말 무관심하다. 그들은 자신들이 대화를 장악하고 한통속으로 결탁하고 있다는 사실을 정말로 모를까? 나는 오랫동안 이런 상황을 어떻게 뒤집을 수 있을지를 고민해 왔다. 제일 간단한 해법은 받은 대로 되갚아 주는 것처럼 보인다. 그래서 많은 여성들이 자신들이 당한 것과 똑같은 무례함과 분노로 대응한다. 그들을 나무라고 싶진 않다.

하지만 나는 개인적으로 그런 부정성에서 만족을 얻지 못한다. 내게 페미니즘은 누구를 배제하는 것이 아니라 모두를 포함하는 개념이다. 나는 남성들을 싫어하지 않는다. 그저 여성들이 더 많은 인정과 존중을 받을 수 있길 바랄 뿐이다.

말은 이렇게 하지만 정작 동료 혹은 친구인 남성들과 여성 인권에 관련된 주제로 토론할 때면 나도 짜증이 난 나머지 눈알을 부라리게 될 때가 많다. 그들 중 다수가 성차별은 더 이상 이슈가 되지 않는다고 생각하기 때문이다. 여성들 사이에서는 남성들이 반기지 않는 사안이라면 그저 묵묵히 참고 견디려는 분위기가 지배적이다. 그렇게 일상 속 성차별이 점점 더 은근하게, 우리 삶 깊숙이 자리 잡는 것이 나는 못내 염려스럽다. 예나 지금이나 여성들은 일상에서 스스로를 지키는 법을 배워야 한다. 상황이 극단으로 치닫기 전에 대책을 강구하는 방법과, 심지어 성폭행을 당하는 최악의 상황에 대처하는 방법도 준비해야 한다. 나이가 들면서 나는 더 나쁜 일을 막기 위해서라면 '나댄다'는 비아냥거림 정도는 부끄러움 없이 받아들일 수 있게 되었다. 슬프지만 우리 여성들이 세상을 헤쳐 나가기 위해서는 어느 정도는 설치고 나댈 필요가 있다.

사회적으로 큰 성공을 거둔 많은 여성들이 현실과 타협하고, 심지어는 내면화된 여성 혐오의 모델이 된 것을 볼 때면 안타까움을 금할 수 없다. 아무 생각 없이 '다행히 나는 다른 여자들과는 달라요.' 같은 말을 일삼는 그들이 상황 악화의 주범이다. 나조차도 어릴 때는 그런 말을 한 적이 있다. 지금도 우리 사회에 여성 혐오가 팽배한 데는 그런 여성들의 책임이 작지 않다. 그들은 다른 여성들을 동료가 아니라 허락된 몇 안 되는 자리를 두고 다투는 경쟁자로 인식한다.

최근 들어 이런 문제를 깨닫고 적극적으로 대응에 나서는 여성과 남성들이 늘어나는 추세는 반가운 일이다. 남성과 여성, 엄마와 아빠들은 우리의 딸과 여성들이 더 안전한 세상을 살 수 있도록 각자 기여할 바를 다해야 한다. 그래서 나는 앞으로는 우리 여성들이 좀 더 강하게 결속할 수 있기를 소망한다. 우리가 서로 더 많이 지지하고, 보호하고, 여성을 향한 몰이해와 조롱과 공격에도 불구하고 두려움 없이 서로의 편에 서 주기를 기대한다.

내 부모님은 말할 것도 없고, 나를 아는 대부분의 사람들은 여성인 내가 인적이 드문 밤바다를 홀로 거닐며 바다거북을 찾아다니는 광경을 떠올리기만 해도 목덜미가 서늘해진다고 말한다. 그런 그들을 안심시키기 위해서라도 나는 항상 원주민들이 쓰는 긴 칼을 허리춤에 차고 반려견 피오나와 함께 순찰을 나간다. 하지만 솔직히 말하자면 나는 아무도 없는 밤 해변보다는 대도시의 밤거리를 걸을 때가 더 무섭다. 코스타리카에서 나를 힘들게 하는 모험과 응급 상황들은 오히려 불리한 기후 조건이나 지리적 고립, 그리고 열악한 도로 환경 때문에 일어난다. 현장 근처에는 의료 기관이 없을 때가 많고 제일 가까운 병원은 몇 시간 거리에 있을 때가 흔하다. 그래서 발을 동동 굴러야 했던 기억 중 특히 인상 깊게 남는 것은 코스타리카 남서부 오사Osa 반도에서 진행되는 프로젝트에 참여했을 때 일이다.

나는 우리 팀과 함께 내 박사 논문에 쓰일 정보를 수집하기 위해 그곳에 머무르던 중이었다. 어느 날 밤 순찰을 마치고 숙소로 들어

오는데 우리 팀 보조 직원인 데렉이 밖에서 큰 소리로 누군가를 부르는 게 들렸다.

"팀장님, 큰일 났어요!"

그 목소리에 실린 다급함에서 무언가 나쁜 일이 벌어졌음을 직감한 나는, 그에게 뛰어가기 전에 응급 처치 상자부터 챙겼다. 데렉의 목소리가 들린 곳은 부엌이었고 그 옆에는 자원봉사자 야스민이 앉아 있었다. 그녀의 한쪽 발이 서서히 부어오르는 중이었다. 이 젊은 스위스 여성은 저녁 식사를 마치고 손전등도, 딱딱한 신발도 없이 침실로 돌아가던 길에 무언가에 물렸다고 했다. 그녀는 침착하게 부엌에서 마저 식사 중이던 데렉을 불렀다. 노련한 파충류학자인 데렉은 그 즉시 주변을 수색했고, 길에서 몇 미터 떨어지지 않은 곳에서 살모사과 독사인 골든랜스헤드 새끼 한 마리를 찾아냈다.

뱀에 물린 자국을 보자마자 내 머릿속엔 위기 돌파용 자동 항법 장치가 켜졌다. 일단은 구급상자에서 사인펜을 꺼내 부은 자국을 표시한 뒤 그 옆에는 시각을 적었다. 그리고 깨끗한 붕대와 소독된 습포로 발을 감쌌다. 부종이 커질 경우를 대비해 필요하면 느슨하게 풀 수 있도록 매듭을 묶었다. 야스민은 놀라울 정도로 침착해 보였다. 나는 그녀에게 발을 심장 아래에 두고 무엇보다 평정을 유지해야 한다고 당부했다. 짧은 상의 끝에 데렉과 다른 보조 직원 한 명이 야스민을 차에 태웠고 프로젝트 리더가 항혈청이 있는 가장 가까운 병원으로 그녀를 데려갔다. 야스민은 운이 아주 좋았다. 새끼 독사에겐 독이 조금밖에 없어서 조직 손상이 가벼운 편이었고 다른 손상은 없었다.

변덕스러운 날씨와 부실한 도로 환경은 또 다른 난제다. 한번은 코스타리카 반도의 한쪽 끝에서 반대쪽으로 돌아오던 중이었는데, 폭풍우가 몰아치는 길을 내내 운전하느라 이미 진이 다 빠진 상태였다. 내가 사는 곳의 날씨가 얼마나 험하고 도로 조건이 얼마나 열악한지를 뼛속 깊이 실감하는 여정이었다. 따뜻한 저녁 식사와 부드러운 침대가 기다리고 있는 숙소에 거의 다 왔다 싶었던 순간, 눈앞에 다리가 끊긴 게 보였다. 몇백 번은 족히 건너 다녔던 다리가 하필 그날 황토색 물에 30센티미터가량 잠겨서 보이지 않았다. 어쩔 줄 몰라 하는 우리에게 트럭 운전사 한 명이 다가왔다. 그는 물이 그리 깊지는 않아서 건널 수 있을 것 같다고 말했다. 미심쩍었던 나는 차에서 내렸고 강물로 들어가 바닥이 짚히는 곳까지 손을 넣어 보았다. 과연 진흙탕 아래에 다리가 있는 게 느껴졌다. 그래서 안 보이는 다리를 차로 건너기로 결심했다.

헤라클레스의 구동 방식을 4륜으로 변환하고 다리 초입이라고 짐작되는 부분까지 차를 몰고 갔다. 바퀴 아래로 단단한 콘크리트 바닥이 느껴졌고 나는 할 수 있다는 확신에 찼다. 하지만 한 바퀴를 굴리기도 전에 오른쪽 앞바퀴가 다리 가장자리로 미끄러져서 물에 빠져 버렸다. 차체가 한쪽으로 심하게 기우뚱했고 왼쪽 뒷바퀴는 허공에 떴다. 나는 상황의 심각성을 인지하지 못한 채 구동 방식을 후륜으로 변환해 자동차를 다시 다리 위로 끌어 올리려 했다. 하지만 또 미끄러지면서 뒷바퀴가 커다란 콘크리트 배수구에 꽂혀 버렸다. 다른 바퀴들은 모두 헛바퀴를 돌았고 그제야 나는 덜컥 겁이 났다.

우리는 옴짝달싹 못 할 처지가 되었고 조수석 바닥에는 천천히

물이 찼다.

"뒤로 빠져나가 해요. 어서요. 서둘러야 합니다!"

나는 조수석에 앉은 동료 브리에게 소리쳤다. 그녀는 번개처럼 움직여서 뒷자리 사람들과 함께 차창 밖으로 빠져나가 물속으로 몸을 던졌다. 1초 정도 고민한 후 나도 그들을 따라 나갔다. 불행 중 다행으로 이 악조건에서 코스타리카인들이 두 팔을 걷고 우리를 도왔다. 모르는 사람 일에도 기꺼이 나서는 따뜻한 마음은 이 나라 사람들의 특징 중 내가 가장 사랑하는 부분이다. 오토바이를 타고 지나가다가 야단법석을 보게 된 남자 몇 명이 망설이지 않고 우리에게 다가왔다. 그들은 헤라클레스를 강에서 건져 낼 수 있는 방법을 두고 열띤 토론을 벌였고, 때마침 픽업트럭 한 대가 다가왔다. 차에 타 있던 남자 네 명은 만약 체인을 구해 올 수 있으면 헤라클레스를 건져 보겠다고 제안했다. 그 말을 들은 오토바이 운전자 하나가 눈 깜짝할 새 체인을 구하러 사라졌다. 그동안 나는 실습생들을 진정시키느라 진땀을 뺐다.

"호들갑 떨 것 없어. 이것 봐, 다들 우리를 도와주시잖아."

말은 그렇게 했지만 나조차도 내 말을 완전히 신뢰할 수 없었다. 각종 장비 및 개인 물품들과 함께 이미 헤라클레스는 물에 휩쓸려 가고 있었다.

마침내 체인이 도착했을 때, 나는 시동을 걸기 위해 운전석으로 기어들어 갔고 헤라클레스는 거뜬히 구조되었다. 하지만 안타깝게도 조수석 바닥의 기기판이 물에 젖은 탓에 용맹한 헤라클레스에 시동이 걸리지 않았다. 픽업트럭 남자들은 인근 마을의 정비 공장까지 데려다주겠다고 제안했고 나는 그들이 시키는 대로 트럭 옆자리에 탈 수밖에 없었다. 나를 떠나보내는 브리의 표정에 근심이 가득했다. 잔뜩 찡그린 그녀의 이마 위로 머릿속 염려가 보이는 것 같았다.

'제발 강간당한 뒤 비참하게 살해되어 으슥한 숲에 암매장되는 일이 없기를.'

하지만 알고 보니 아버지와 아들, 그리고 직원 사이였던 네 남자는 예의가 바르고 선량한 사람들이었다. 그들은 나를 정비소에 데려다주었을 뿐 아니라 돌아오는 길엔 우리 팀 모두에게 돌릴 맥주까지 사 주었다. 감사의 인사를 해야 할 쪽은 나였는데 말이다. 고마워서 어쩔 줄 몰라 하는 내게 아버지는 윙크를 하며 덧붙였다.

"급한 건 댁들이잖우."

그러고선 나를 동료들이 기다리는 강가에 다시 데려다주었다. 무사히 귀환한 나를 반기는 브리의 두 눈에서는 안도의 눈물이 흘렀다.

이 대목에서 나의 어머니께 인사를 전해야겠다. 나는 여러 해 동안 '무소식이 희소식' 원칙에 따라 살아왔고 당연히 부모님께 불필요한 염려를 일으킬 수 있는 이런 이야기들은 입 밖으로도 꺼내지 않았다. 하지만 이 책은 분명 엄마도 읽을 것이고 지금쯤 수도 없이 한숨을 내쉬셨을 것이다.

'죄송해요, 엄마. 그래도 나 아직 잘 살아 있잖아요.'

이 말이 위로가 될지는 모르겠다.

이처럼 내 일에는 부정과 긍정이 혼재한다. 가장 아름다운 순간과 가장 암담한 전망이 뒤섞이고, 세계의 운명과 개인의 비극이 한 줄로 엮여 있다. 장기적 안목에서 선을 위해 싸우긴 하지만 나 역시 걱정과 필요와 감정을 지닌 인간이다. 이 일을 하지 않았다면 마주치지 않고 살 수 있었던 악독한 상황들은 나의 정신세계를 사정없이 뒤흔든다. 인간 존재의 끝없는 심연과 거듭 맞닥뜨릴 때마다 나는 그 아래로 빨려 들어가지 않으려 발버둥 친다. 나는 바다거북은 물론 우리 인류와 다른 동물들에게 일어난 참상을 수도 없이 목격했지만 기억에 남겨 두지 않으려 애쓴다. 그런 것들에 대해 너무 많이 생각하다 보면 냉소적이게 되고 한 종으로서 인간이 존재할 권리를 심각하게 의심할 수밖에 없기 때문이다.

그중에서도 가장 큰 트라우마를 남겼던 비극적인 사건은 친구이자 동료였던 하이로의 죽음이었다. 2013년, 꽃다운 나이 26세였던 그는 코스타리카의 카리브 해변에서 밀렵꾼들에게 살해당했다. 하이로는 그란도카 출신이었다. 그란도카는 내 남편의 고향이자 내가 처음으로 바다거북에 대한 열정을 불태운 곳이었고 우리는 여러 해 동안 '거북 가족'으로 지냈다. 나는 남편을 통해 하이로를 알게 되었는데, 그는 2010년 우리와 함께 오스티오날로 이동해 여러 번의 산란기를 함께 보내며 바다거북에 대한 연구와 보호 활동을 진행했다.

가난한 가정에서 태어난 하이로에겐 여동생이 세 명 있었고 그의 아버지는 소를 키웠다. 그는 동물 보호에 대한 열정과 비상한 머리, 탐구심, 정교한 연구 능력 그리고 해변에서 바다거북과 함께 자란 현지인의 노하우를 두루 갖춘 인재였다. 그를 발견했을 때 나는 항상 찾아다녔지만 쉽사리 발견하지 못했던 유니콘을 만난 기분이었다. 비록 하이로는 대학 문턱도 밟아 보지 못했고 세상을 떠난 지 몇 달 후에야 겨우 고등학교 졸업장을 받았을 뿐이지만, 언젠가는 코스타리카의 바다거북 보호 운동 계통에서 지도적인 인물이 되겠다는 큰 꿈을 품고 있었다. 그 꿈을 이루지 못한 것이 너무나 안타깝다.

하이로가 살해된 날의 기억은 내 영혼 깊은 곳에 낙인으로 남았다. 나는 독일을 방문 중이었고 할머니 댁 거실에 앉아 마당에서 메추라기 가족이 새끼들에게 먹이 주는 광경을 하염없이 바라보고 있었다. 그때 전화가 울렸다. 코스타리카에 있는 내 상관이었다.

"좋지 않은 소식을 전하게 되었네. 지난 밤 해변에 나간 하이로가 집으로 돌아오지 않았다는군."

그와 함께 순찰을 나갔던 네 명의 젊은 여성들은 아침나절에 우왕좌왕하며 기지로 돌아왔지만 그들이 타고 나간 자동차와 하이로는 없어졌다고 했다. 그 즉시 경보가 발동되어 수색을 했으며 시신이 발견되었다고 했다. 통화 당시엔 그 시신이 정확히 누구의 것인지 규명되지 않았지만 상관은 아마도 하이로일 것 같아서 두렵다고 했다. 기지에 있던 안드레이의 형이 시신을 확인하러 갔다고 했다.

나는 충격에 휩싸여 그저 수화기에서 흘러나오는 말을 듣기만 했다. 상황을 이해할 수 없었고 무언가 오해가 있었던 게 분명하다는 생각이 들었다. 하지만 1시간 후 슬픈 소식이 전해졌다. 하늘이 무너지는 것 같았다. 더 큰 슬픔에 빠진 안드레이를 위로하려 애썼지만 나조차도 그 비보를 받아들이기 힘들었다. 이틀 전만 해도 우리는 영상 통화로 수다를 떨었다. 그는 독일에 오려고 비행기 표를 예약해 놓았다. 절대 이게 현실일 리 없다! 그 모든 모험과 위급 상황에도 불구하고 그때까지 나는 우리 일이 실제로 위험하거나 목숨을 위협할 수도 있다는 생각을 진지하게 해 본 적이 없었다. 원래 젊은이들은 스스로를 불멸이라고 여기는 법이다. 그 자신만만함은 어떤 일을 계기로 인생이 찰나에 불과하다는 사실을 깨닫게 될 때까지 유지된다.

하이로의 죽음은 전 세계적인 주목을 받았고, 그의 이름은 살해당한 자연 보호 운동가들의 길고 긴 명단에 한 줄을 더 보탰다. 대형 자연 보호 운동 기관과 관련자들 몇몇은 자신들의 의제를 추진하는 데 하이로의 죽음을 활용했다. 가령 코스타리카 정부와 담판을 짓거나 대중의 주목을 끌어야 할 때면 하이로의 이름을 들먹였다. 그의 죽음을 애도하던 가족과 진짜 친구들은 그런 광경을 지켜보면서 더욱 고통스러워했다.

부정적인 면을 부풀리는 언론의 태도는 지역 관광업은 물론 코스타리카 거북 보호 운동 전체에 좋지 않은 영향을 끼쳤다. 하이로가 살해당한 모잉Moín 해변은 다른 보호 지역과 다른 특수성이 있었다. 코스타리카 최대 선적항에 바로 붙은 해변이기 때문이었다. 대형 항구 도시들은 많은 범죄와 관련 조직을 끌어들이고 그 인근 지역들은 범죄의 온상이 되기 마련이다. 하지만 하이로의 죽음을 다룬 기사들은 마치 코스타리카의 모든 해변이 극도로 위험하고 그 인근 마을들은 인간 쓰레기들의 소굴인 것처럼 묘사했다. 그 지역과 주민들을 싸잡아 폄하하는 말도 안 되는 보도였다. 하지만 그런 기사를 읽은 관광객들은 코스타리카를 여행하는 데 두려움을 느꼈고, 바다거북 보호 프로젝트에도 참여하길 주저했다. 바다거북을 보호하는 대부분의 프로젝트는 이른바 자원봉사 여행volontourism을 주 수입원으로 삼는다. 휴가를 의미 있게 보내고 싶은 사람들이 자연 보호 프로젝트에 돈을 내고 자원봉사를 하러 오는 것이다. 그들이 낸 돈은 현지 직원들의 월급과 기타 경비로 쓰인다. 하지만 관광객들이 급감하면서 돌연 많은 프로젝트들이 사라질 위기에 처했다.

하이로를 마치 고난당한 예수처럼 여겨서 이참에 '사탄 같은' 밀렵꾼들과 그들의 AK47 자동 소총을 쓸어 버려야 한다고 생각하는 사람들 때문에 바다거북 보호지 인근에 자리한 마을과 그곳에서 프로젝트를 진행하는 보호 운동가 사이 감정의 골도 더욱 깊어졌다. 그런 운동가들 중에는 현지 주민들의 신뢰를 얻고 공동의 대책과 해법을 구하기 위해서 길게는 수십 년에 걸쳐 차근차근 준비해 온 인물들도 있다. 그들이 평생을 바쳐 쌓은 신뢰 관계는 그렇게 하루아침에 무너졌다. 완력으로라도 바다거북을 지켜서 하이로의 유지를 받들겠다는 카우보이들이 분노에 가득 차서 현장을 방문한 적도 있었다. 그들은 나타날 때만큼이나 홀연하게 자취를 감추었고, 뒤치다꺼리는 남겨진 단체들의 몫이었다.

하이로의 죽음에 책임이 있다고 알려진 일곱 명의 남자들은 허점투성이 재판을 거쳐 2016년에야 비로소 2년형의 징역을 선고받고 감옥에 들어갔다. 그들이 벌을 받았다고 하이로가 돌아오는 것은 아니었으므로 내 마음에는 그 어떤 안도나 기쁨도 없었다. 게다가 죽음의 배경을 두고서는 여전히 많은 의문이 남아 있다. 몇몇은 하이로를 죽인 범인들이 마약 밀매와 연관이 있다고 주장하고, 다른 몇몇은 그들이 모잉 지역에 새로 선적항을 지으려는 건설사로부터 살인을 청부받았다고 확언한다. 둘 중 어느 경우든 바다거북 프로젝트를 몰아내고 자신들의 계획을 마음대로 추진하려는 세력들과 연관이 있다. 하지만 그 무엇도 확실한 답은 아니다.

하이로가 세상을 떠난 뒤로 나는 바닥이 없는 구멍에 빠진 것 같았다. 내가 살아야 할 이유와 우주가 존재해야 할 의미를 잃었고 이전까지 느껴 보지 못한 무력감과 상실감이 찾아왔다. 몇 달간을 정처 없이 방황한 후에야 나는 어떻게 하면 망망대해를 거슬러 이곳 해변을 찾아온 바다거북들을 더 효율적으로 도울 수 있을까 하는 고민으로 돌아왔다. 이전 몇 년간 나는 외부 세계와 차단되어 코스타리카의 열대 우림 사이에 숨겨진 바다거북 산란지에 고립된 채 내 인생이 흘러가는 것 같은 기분에 사로잡혔고 그 느낌은 점점 더 커지고 있었다. 이렇게는 안 돼, 아니 이것보다 더 잘할 수 있어! 나는 어쩐지 바다거북과 하이로에게 미안한 마음이 들었다. 그래서 인맥을 넓히고 전문성을 강화하기 위해서 대학으로 돌아가 박사 학위를 따기로 결심했다. 박사가 되어 좀 더 독립적으로 움직일 수 있기를, 바다거북의 운명에 더 좋은 영향을 미칠 수 있기를 기대했다.

하지만 우주는 기대와는 다른 방법으로 나의 소원을 이루어 주었다. 2015년 올리브바다거북의 코에서 플라스틱 빨대를 꺼내는 장면을 촬영하게 된 것이다. 동영상을 찍을 당시에는 심란한 마음뿐이었다. 하지만 그 결과 나는 이전엔 감히 바랄 수 없었던 기회와 영향력, 인맥을 얻었다.

그 한 편의 동영상 덕분에 나는 저작권 지식이나 소셜 미디어 마케팅 기술, 비관습적인 자금 조달 방법 등 학문의 울타리를 넘어선 다양한 기술적 능력을 습득하게 되었다. 또한 익명 혹은 실명의 인물들로부터 노골적인 비판을 듣고 무례하면서 말도 안 되는 의견들에 부딪히길 거듭하다보니 마음에도 굳은살이 박였다. 익명성 뒤로 자기 존재를 감춘 댓글들과 위세가 당당한 로비스트들은 내 이름과 동영상에 똥칠을 하려 하려고 터무니없는 말들을 퍼뜨렸다.

하지만 이 경험을 통해 내가 깨달은 가장 중요한 교훈은, 우리 학자들이 학술지에만 새로운 발견을 알릴 게 아니라 대중을 이해시키고 대중과 가까워지기 위해 소셜 미디어와 언론을 활용하려 애써야 한다는 것이다. 하지만 안타깝게도 많은 학자들이 대중과의 소통에 능숙하지 못하고 때론 무관심하며, 일부는 소셜 미디어를 아예 외계로 여긴다. 또 다른 일부는 성급한 일반화와 거기에서 얻은 부정확한 결론을 근거로 대중 미디어를 엄청나게 불신하고 심지어는 불쾌하게 생각한다.

나 역시 불특정 다수와 소통하는 것을 즐기지 않고, 관련해 그 어떤 교육도 받은 적이 없다. 그럼에도 불구하고 지난 몇 년간은 과학 커뮤니케이션이란 영역에 점점 더 깊이 발을 담그게 되었다. 누군가와 반응을 주고받을 때마다 나는 자제력을 발휘하고 스트레스를 견뎌야 했다. 갑자기 쏟아지는 스포트라이트 앞에 서서 카메라에 내가 어떻게 비칠지를 고민해야 할 때엔 기분이 묘했다. 우리 현장 생물학자들은 장시간 더럽고 냄새나는 환경에서 연구할 때가 많다. 우리의 헝클어진 머리는 화려함과는 거리가 멀다. 방송인들과 인플루언서들 곁에 서야 할 때는 오면 안 될 곳에 온 기분이 들었고, 많은 학자들이 미디어를 싫어하는 이유를 충분히 이해할 수 있었다.

게다가 미디어와 과학은 기본 전제부터가 정반대다. 미디어는 감정을 먹고 살지만, 과학에서 감정은 금기다. 그래서 우리 과학자들은 냉정하고 지루해 보일 때가 많다. 카메라 앞에서 감성적인 언어를 읊다가 동료와 돈줄로부터 신뢰를 잃게 되리란 두려움 때문에 우리의 얼굴은 더욱더 차갑고 무표정하게 굳어 버린다. 그건 얼토당토않은 걱정이다. 자연과 동물이 처한 상황을 잘 아는 학자로서 우리에게 미디어가 기대하는 것은 개인적인 의견이 아니라 중립적인 입장이기 때문이다. 하지만 어쨌건 우리도 인간이고, 그래서 걱정을 피할 수는 없다.

일반적인 이해와는 달리, 과학과 행동주의는 완전히 별개의 영역이 아니다. 바다거북 생물학계에서 가장 유명한 두 인물, 니콜라스 므로소브스키Nicholas Mrosovsky 박사와 피터 프리처드Peter Pritchard 박사는 여러 해 전부터 자연 보호 문제를 해결하는 데 있어서 열정적인 운동주의가 매력적이기는 하지만 과학의 역할이 그에 묻혀서는 안 된다고 경고해 왔다. 나 역시 예나 지금이나 과학적 방법론에 감정이 개입되어선 안 되며, 자연 보호의 방향은 감정이 섞이지 않은 객관적인 자료와 정보를 따라야 한다는 데 동의한다. 하지만 과학자라면 또한 객관성을 명분으로 우리 삶의 기반과 다른 여러 생명체가 우리 손에 파괴당하는 상황을 잠자코 보고만 있어서는 안 된다고 생각한다. 우리는 대중이 보지 못하는 많은 것을 알고 이해하지 않는가.

행동주의와 과학은 협력할 때 효율성이 극대화된다. 우리의 행동주의는 과학적으로 정확한 정보를 기반으로 방향을 찾기 때문이다. 극적인 동영상은 관심을 주목시키기에 좋으나 그 뒤에 숨겨진 메시지는 엄격한 검토를 거쳐야 한다. 그러지 않으면 인기만 좇는 허풍쟁이로 낙인찍히기 십상이다. 나는 잘못된 해석과 정보를 예방하려면 경각심과 주의를 갖고 미디어를 다뤄야 한다는 것을 분명 알고 있다. 그럼에도 불구하고 지난 몇 년간 알게 된 새로운 사실은 정책 결정자들과 일반 시민들에게 중요한 정보를 전달해 그들을 일깨우고, 자연 보호를 통해 인류의 생존을 도모하자고 호소하는 데 감정적인 보도만큼 효과적인 방법이 없다는 것이다. 물론 나는 유명인이기에 앞서 과학자다. 무엇을 느끼든 정확한 정보를 이야기해야 한다. 다만 그 방식은 내가 정한다.

    2015년 이래 소셜 미디어는 나의 새로우면서도 가장 중요한 발언대가 되었다. 여론 형성에 관해서라면 가장 영향력이 크고 그 도달 범위가 넓은 매체이기 때문이다. 내겐 그곳에서 흥미로운 메시지를 확실하게 전달하기 위한 새로운 방법을 끊임없이 찾아내는 것이 커다란 도전인 동시에 창의력을 발산할 수 있는 통로다. 대중에게 나의 거북에 대해, 그리고 그들이 무심코 거북에게 가하는 위협에 대해 설명하는 것은 더없이 중요한 임무다. 나는 이 소중한 홍보 작업이 최종적으로는 구체적인 자연 보호 활동으로 이어지길 기대한다.

    바다거북 동영상이 화제를 모은 이후로 내겐 플랫폼이 생겼고 나는 그곳에서 내 작업을 알리고 바다거북과 관련된 메시지를 전달하고 있다. 학교나 마을에서 플라스틱을 줄이고 싶다며 이메일을 보낸 어린이들에게 일일이 답장을 한다. 게스트로 초대받아 팟캐스트에 출연하면 내게 무엇보다 중요한 바다거북과 그들이 처한 위기에 대해 마음껏 이야기한다. 다양한 플라스틱 제품 생산을 중단해 달라고 요구하는 캠페인과 다큐멘터리 작업에도 참여했다. 학교 강연과 컨퍼런스 등 각종 행사에도 여러 번 초청받았다. 그 절정은 미국 시사 주간지 《타임Time》이 뽑은 '차세대 리더'에 내가 포함됐다는 소식을 들었던 2018년이었다. 놀랍게도 정말 내 이름이 아리아나 그란데, BTS 같은 유명인들과 한 지면에 올랐다. 처음 전화로 그 소식을 들었을 때는 반사적으로 잡지사에서 무언가 착오를 일으켰다고 생각했다. 그래서 그 영광이 진짜 내 몫인지를 묻고 또 물었다. 세상이 어딘가 단단히 잘못됐다는 생각은 지울 수 없었지만 어쨌든 그 영예를 기꺼이 받아들이기로 했다.

시간이 흐르면서 이곳 코스타리카에도 변화가 생겼다. 코로나 대유행 덕분에 카리브해와 접한 이 남쪽의 오지 마을에까지 인터넷과 무선 전화 연결망이 설치되었다. 16년 전만 해도 이 동네에서 통화가 가능한 곳은 딱 하나 있는 공중전화 박스뿐이었고, 아니면 2주에 한 번씩 버스를 3시간 타고 인근 대도시인 푸에르토 비에호Puerto Vieho까지 나가는 수밖에 없었다. 하지만 이제는 집에 편안하게 앉아서 세계 곳곳의 사람들과 소통할 수 있다. 이것 하나만으로도 나는 더 이상 세상과 단절된 기분을 느끼지 않게 되었다.

내가 하는 일을 정확하게 파악하지 못해 이 일의 고됨과 힘듦을 모르는 사람들은 그저 따스한 햇볕과 푸른 바다, 이국적인 야자수와 귀여운 새끼 바다거북들만을 보고 내게 어떻게 그렇게 좋은 직업을 얻었냐고 묻는다. 어떤 이들은 내가 이토록 환상적으로 보이는 삶을 살게 된 건 그저 운이 좋았기 때문이라고 지레 짐작한다. 그런 얘길 들을 때면 나는 사나울 정도로 달려들어 반박에 열을 올린다. 내가 하는 일 중 쉬운 것은 하나도 없으며 이 자리까지 오기 위해 나는 누구보다 열심히 일했다고 말이다. 솔직히 말하자면, 어떻게 내가 내 꿈을 이루게 되었는지 나조차도 잘 모르겠다. 그래서 누구에게도 그 정확한 경로를 알려 줄 수가 없다. 나는 날마다, 주마다, 해마다 다른 목표를 세우고 다른 방식으로 성취했다.

분명 강인한 천성도 도움이 되었을 것이다. 오뚝이처럼 넘어져도 다시 일어난다는 점에서 나는 바다거북을 닮았다. 무언가가 잘못되어 가망 없어 보일 때조차 일단 하룻밤 자고 나면 다른 희망이 보이곤 했다. 나의 유연함, 적응력, 호기심 그리고 내 능력에 대한 확신 또한 내가 성공할 수 있었던 비결이다. 지나간 세월을 돌이켜보면 나는 항상 이곳저곳으로 옮겨 다녀야 했고, 새로운 장소와 사람들에 적응해야 했다. 새로운 지식을 습득해야 했고, 장애물을 뛰어넘어야 했으며, 때론 다른 사람들이나 나 자신과 힘겨운 투쟁을 벌여야 했고, 그 과정에서 만신창이가 되기도 했다. 하지만 그 과정에선 언제나, 정말 언제나 무언가 배울 점이 있었고 거기서부터 더 성장할 수 있었다.

나는 내 일 덕분에 엄청난 것을 보고 경험할 수 있었다. 오색 영롱하게 빛나는 일출과 일몰을 보았다. 다른 이들은 그저 화면으로만 접하는 동물들을 두 눈으로 보았다. 바다에서 아름다운 풍경을 질릴 만큼 보았고 현실이라 믿기 어려운 모험을 겪었다. 물론 결코 아름답지 않은 순간도 있었고 눈 뜨고 보기 힘든 잔인함과 견디기 힘든 좌절도 맛보았다. 정해진 주거지가 없었고 6개월에 한 번씩 거처를 옮겨 다녔다. 하지만 나는 내 삶에 주어진 선한 것에만 집중했다. 일이 잘 안 될 때에도 비관론자들의 입방아는 귓등으로 쳐 냈다. 그렇게 나는 내가 하고자 하는 대로 내 삶을 실현했다. 누군가의 눈에는 내 삶이 그리 성공적으로 보이지 않으리라는 것을 잘 안다. 나는 전공을 잘못 선택했고, 박사 학위는 너무 늦게 딴 탓에 교수가 되지 못했다. 신흥 부촌에 세워진 번듯한 집도, 비싼 스포츠카도 없다. 하지만 성공을 정의하는 다른 방식도 분명 존재한다. 죽음이 찾아왔을 때 내 삶이 세상에 긍정적인 영향을 미쳤다고 생각된다면 나는 만족스레 눈을 감을 것 같다. 할머니도 그러셨다. "어차피 돈은 가져갈 수도 없단다."

하지만 여기서 분명히 짚고 넘어가야 할 점은 내 일이 하루 8시간, 주 40시간 노동이 보장되는 직업은 아니라는 사실이다. 혹시 누군가 바다거북과 돌고래와 함께 놀고, 카리브해의 밤공기를 즐기면서도 넉넉한 보수를 받고 싶어서 자연 보호가가 되고자 한다면 나는 일단 뜯어말리고 볼 것이다. 이 일을 하면서 부득이하게 희생을 감내하거나 험하고 비참한 상황에 자꾸 노출되다 보면 마음이 무너질 때가 많다. 장기적으로 그런 부담을 견뎌 내려면 일에 대한 불타는 열정과 노력으로 무언가를 더 나아지게 만들겠다는 확신이 있어야 한다.

여기까지 읽은 여러분께 묻고 싶다. 혹시 마음이 이런 열정으로 불타오르는데, 더 높은 이상을 위해 싸우고 싶다는 확신이 드는데 주변의 반대로 주저하고 있지 않은가? 일단 부정적인 의견은 무시하는 게 상책이다. 그들은 꿈을 좇는 삶의 묘미를 모르는 사람들이다. 특히 젊은이들은 꿈을 실현하고 목표에 도달할 수 있는 다양한 기회에 눈을 뜨길 바란다. 자기의 바람대로 주거지를 선택할 수 있는 세상이다. 꼭 국적을 바꿀 필요는 없다. 행복을 발견할 수 있는 장소를 찾으면 된다. 우리는 반드시 우리를 행복하게 하는 것을, 우리 가슴을 뜨겁게 하는 것을, 우리의 사명을 찾아야 한다. 말만큼 간단한 일은 아니다. 하지만 돈 버는 시간을 아껴서 삶의 의미를 찾는 데 투자한다면 불가능하지 않다. 두려워하지 말라. 움츠러들지 말라. 자신만의 여행을 떠나라!

## 새로운 세대

지금 나는 새끼 바다거북의 부화를 지켜보는 중이다. 난치가 달린 앙증맞은 코가 제일 먼저 모래 위로 모습을 드러내고, 얼마 지나지 않아 수백 개의 작은 지느러미들이 파닥파닥 모래 이불을 걷어 낸다. 모래 위로 올라온 새끼들은 급하게 물가로 기어간 다음, 파도를 타고 새로운 삶을 향해 사라진다. 이 모든 과정을 다 보고 난 내 마음속에는 행복과 뿌듯함이 들어찬다. 온갖 위험에도 불구하고 새로운 세대가 태어났고, 적어도 물속에 들어가는 데까지는 성공했다.

1970년대에서 1980년대에 이르기까지 20년간 코스타리카의 카리브 해변에서 어미 거북이 산란한 둥지는 전부 강도가 들었다. 그 결과 극소수의 새끼만이 살아남았고, 그 세대는 전체 개체군에서 커다란 구멍으로 남았다. 거북은 한 세대의 주기가 워낙 긴 동물이다 보니 1990년대가 돼서야 그 구멍의 정체가 밝혀졌다. 다행히 지금은 법의 제정과 다양한 보호 프로젝트 덕분에 노략이 중단되었고, 바다거북의 새로운 세대에도 다시금 기회가 주어졌다.

다행히 지난 몇 년 혹은 지난 세기 동안 세계 곳곳에서도 희소식이 들려오고 있으며, 바다거북 보호 운동도 많은 발전을 이루었다. 예를 들어 켐프바다거북은 1960년대부터 그 수가 급감하기 시작해 1985년에는 최저점을 찍었다. 그해 켐프바다거북의 주요 산란지인 멕시코만 전체에서 발견된 둥지 수가 고작 702개에 불과했다. 개체 급감의 책임은 수십 년에 걸친 산란지 파괴와 둥지 약탈에 있었다. 산란기를 맞은 암컷의 90%가 같은 날 둥지를 트는 켐프바다거북은 그 어떤 종보다 약탈에 취약하다. 트롤링 선박으로 게잡이를 하는 어부들에게도 일말의 책임이 있었다. 이에 1978년 미국과 멕시코의 관련 부처와 환경 운동가들은 절망적인 상황에서 살아남기 위해 처절하게 노력하고 있는 이 바다거북을 구하기로 뜻을 모았다.

앞서 언급한 적이 있는 '켐프 리들리의 헤드스타트 프로젝트'의 핵심은 켐프바다거북의 주요 산란지이자 아리바다가 자주 일어나는 멕시코의 란초 누에보 지역에서 산란을 앞둔 암컷과 둥지, 그리고 부화된 새끼를 보호하는 동시에 텍사스에 제2의 산란지를 조성하는 것이다. 프로젝트는 매년 일정 기간 동안 란초 누에보에서 산란된 둥지를 모아 텍사스의 파드레 아일랜드 국립 해안으로 옮긴다. 둥지는 텍사스에 도착하자마자 통제된 환경에서 부화를 기다린다. 알에서 갓 부화한 새끼들은 제 힘으로 바다로 나가 파도에 몸을 던지지만, 찰나의 여행 후에는 다시 포획되어 생존율이 높아지는 크기가 될 때까지 멕시코 만의 수조에서 몇 년간 사육된다. 프로젝트 설립자들은 새끼 바다거북의 기억 속에 파드레 아일랜드 국립 해안이 새겨져서 성년이 된 후 짝짓기와 산란을 하러 그곳으로 돌아오길 기대하고 있다.

동시에 텍사스 해안을 비롯해 다른 지역의 게잡이 어선에는 실수로 거북을 포획하지 않도록 '거북 탈출 장치turtle excluding devices'의 설치를 의무화하는 법안이 발효되었다. 더불어 텍사스의 '공원과 야생동물 분과'는 2000년부터 텍사스 일대 해안에서의 게잡이를 12월 1일부터 5월 15일까지 아예 금지했다. 다년간의 강력한 보호 조치의 결실로 1997년부터 2009년까지 텍사스와 멕시코에서 발견된 올리브바다거북속 거북의 수가 엄청나게 증가했다. 특히 2009년에는 사상 최초로 거의 2만 개의 둥지가 발견되었다. 이는 공동의 목표를 위한 협력이 얼마나 소중하며 우리가 힘을 합하면 어떤 성과를 이룰 수 있는지를 보여 주는 많은 사례 중 하나로 기록되었다.

내가 진행하는 프로젝트의 대부분에서는 매 산란기마다 적게는 2만에서 많게는 5만의 새끼 바다거북들이 부화한다. 비록 그중 다수가 생식 연령에 다다르지 못할지라도 그들은 새로운 세대를 위한 기반이 된다. 그간 표식 작업에 공들인 결과, 처음으로 산란을 하러 오는 암컷의 수가 10%에서 20%가량 꾸준히 증가하고 있음을 확인했다. 그러나 아직까지 개체 수는 증가하지 않고 있다. 전체 개체 수가 증가하려면 산란의 증가가 사망의 증가를 상회해야 한다. 오히려 안타깝게도 전체 개체 수는 여전히 감소 추세다. 비록 산란지에 강력한 보호 조치가 내려지고 어획 장비에 대한 새 규제가 생겨 20년전보다는 그 추세가 훨씬 약해졌지만, 그럼에도 불구하고 바다거북들의 숫자는 줄어들고 있다. 그러나 나는 녀석들이 10년, 20년 후 혹은 50년 후에도 지구상에 존재하리라는 희망을 놓지 않는다. 우리가 새로운 세대에게 부화의 기회를 계속 제공한다면 내 희망은 충분히 실현될 수 있다.

이 일을 위해서 바다거북 운동계에도 새로운 세대가 필요하다. 우리의 일에는 여전히 부족한 것이 많지만 좋은 면도 아주 많다. 훌륭한 일에 동참할 수 있을 뿐만 아니라 숨 막히는 흥분을 경험할 수 있으며, 유대가 강한 전 세계 공동체의 일원이 될 수 있다는 것도 장점이다. 세계 곳곳에는 나처럼 바다거북을 사랑하는 사람들이 깜짝 놀랄 만큼 많다. 돌고래나 판다처럼 바다거북도 귀여운 데다가 사나운 인상이 덜하기 때문으로 짐작된다. 전문가들 사이에서 녀석들은 '매력적인 거대 동물'로 불린다. 반면 뱀이나 상어, 블롭피쉬 등 보호가 필요하지만 사람들이 좀처럼 애정을 가지기 어려워 점점 더 곤란한 상황에 처하는 동물들도 있다. 그런 면에서 특별한 신비로움과 범접하기 어려운 분위기로 인간들의 호기심을 자극하는 바다거북은 운이 좋은 편이다.

이러한 매력 덕분에 많은 젊은이들이 해변에서 일광욕을 하며 휴가를 보내는 대신 자원봉사자로 바다거북 보호 프로젝트에 참여하는 편을 택한다. 자원봉사자들의 국적과 민족은 다양하며 놀랍게도 생물학 전공자가 아닐 때도 많다. 오히려 그들 중 전업으로 환경 보호 운동에 투신하는 이들은 극소수에 불과하다. 하지만 자원봉사자들은 공통적으로 바다와 바다거북에 대한 열정과 그들의 보호 및 생존에 기여하고자 하는 의지를 갖고 있다. 우리 프로젝트에 참여한 이들은 살아 움직이는 바다거북을 보는 데서 보상을 얻는다. 그들은 새끼의 부화에서부터 시작해 성체가 된 암컷이 둥지를 트는 바다거북의 생애를 따라가며 피부로 직접 경험한다. 많은 이들에게 그런 경험은 일생에 한 번뿐일 것이다.

  내가 일하는 데 있어서도 자원봉사자들은 큰 역할을 담당하며, 내가 외부 세계와 접촉하는 유일한 통로가 그들뿐일 때도 허다하다. 코로나 대유행 전만 해도 내 프로젝트에는 산란기마다 수백 명의 자원봉사자들이 참여해 짧게는 일주일, 길게는 몇 달씩을 머물다 갔다. 그 여러 해 동안 나는 믿을 수 없을 만큼 멋지고 적극적인 사람들을 많이 알게 되었다. 그들은 이 지구상에 사는 바다거북의 미래를 위해, 그리고 궁극적으로는 우리 자신들을 위해 더 나은 세상을 만들고자 현실과 맞서 싸우는 투사들이었다. 그중엔 이제 막 삶의 여정을 시작한 청년들이 특히 많았다. 대학에 진학하기 전 잠시 휴지기를 가지는 고등학교 졸업생들이나 이제 막 대학에 입학한 신입생도 있었다. 소수지만 인생의 전환점에서 자신을 재정비하고 삶의 의미를 찾으려는 사람들도 있었다. 그리고 세계를 여행하면서 선행을 베풀려는 은퇴자들도 있었다. 프랑스에서 온 폴은 85세였고 몇 주 동안이나 우리와 해변 순찰을 함께했었다.

  이들 모두가 내게 자극과 영감을 주었고, 그중 몇몇은 오랫동안 지워지지 않을 강한 인상을 남겼다. 나는 그들과 함께 어른이 되었고 그들 중에서 평생의 친구를 찾기도 했다. 누군가 그 각각의 인물과 상황을 듣고 싶어 한다면 재미있는 일화를 수백 개는 늘어놓을 수 있다. 그 하나하나가 내 기억에 보물처럼 간직돼 있다.

그중엔 조수였던 코디에 관한 일화가 있다. 어느 날 급한 용무가 생겼는지 잠시 나무 그늘로 사라졌던 그가 갑자기 비명을 지르며 우리 쪽으로 급하게 다가왔다. 그런데 그가 가까이 다가올수록 정체불명의 악취가 풍겼다. 코디가 실수로 귀여운 스컹크 한 마리에게 오줌을 갈긴 것이다! 그것을 공격으로 여긴 스컹크는 당장 반격을 시도했다. 다행히 스컹크는 냄새나는 액체를 바지에만 분사했기에 코디가 그 바지를 벗어 버리는 것으로 상황은 해결되었다. 그렇지 않았다면 그는 그날 밤 숙소에서 쫓겨나 야외 취침을 해야만 했을 것이다.

또 다른 조수 시빌은 앞서 마라톤 대회에 몇 차례나 참가한 적 있는 노련한 장거리 주자였다. 그래서 모래사장에서 걷는 것을 힘들어하지 않았다. 4킬로미터 떨어진 해변 정반대 끄트머리에서 장수거북 한 마리가 이제 막 뭍으로 올라왔다는 무전을 들었을 때, 그녀는 속눈썹 한 번 깜짝하지 않고 태연하게 연구 장비를 등에 짊어지고 빠른 걸음으로 우리와 동행했다. 하지만 빠르게 걷느라 배낭의 지퍼가 열려서 장비 중 몇 개를 길에 흘렸다는 사실을 거북 옆에 다다라서야 비로소 깨달았다. 엄청나게 당황한 시빌은 거의 뛰다시피 왔던 길을 되짚어 갔고, 신기록에 가까운 속도로 장비들을 다시 모아 왔다.

제이슨이라는 자원봉사자와는 장수거북과 관련된 작업을 함께 했다. 나는 그에게 온도계가 달린 전선을 쥐여 주며 산란을 마친 장수거북이 모래로 둥지를 덮을 때까지 알들 사이에 끼워 놓은 온도계가 움직이지 않도록 꼭 붙잡고 있으라고 지시했다. 그날 밤은 대규모 관광객들이 함께 있었기 때문에 나는 그들의 시야를 가리지 않기 위해 잠시 뒤로 물러났다. 그러고선 가이드 중 한 명과 즐겁게 담소를 나누었다. 얼마쯤 지났을까, 다른 가이드가 내 어깨를 두드리며 말했다.

"자원봉사자 한 명이 계속 거북 뒤에 엎드려 있는데……. 알고 계신 거죠?"

아뿔싸. 완전히 까먹고 있었다. 서둘러 그에게 다가갔을 때, 나는 새어 나오는 웃음을 참을 수가 없었다. 끝까지 전선을 손에서 놓지 않은 제이슨의 책임감은 칭찬할 만했다. 다만, 암컷이 산란을 마치고 모래를 덮기 시작할 때에는 전선을 나뭇가지에 묶어 두고 자리를 떴어야 했다. 그렇게 하지 않은 결과, 그는 머리부터 발끝까지 모래투성이였고 심지어 정수리에는 작은 모래 고깔이 얹혀 있었다. 간혹 거북 뒤에 놓아두었던 우비나 손전등이 그런 식으로 사라지곤 한다.

이런 자원봉사자들이 없었다면 우리는 막대한 업무량을 소화할 엄두도 내지 못했을 것이다. 특히 하루 24시간, 주 7일 체제인 부화장과 하루도 쉴 수 없는 야간 해변 순찰은 필요한 인력이 공급되었기에 유지될 수 있었다. 그들은 산란기가 시작되기 전에는 우리와 함께 부화장 짓는 일을 도왔고, 정보 수집을 위해 해변을 정비했으며, 끊임없이 바다에서 밀려오는 플라스틱 쓰레기를 수거했다. 자원봉사자들이 없었다면 이 모든 일이 불가능했을 것이다. 좋은 자원봉사자 팀을 만나면 말 그대로 산도 옮길 수 있으며, 무엇보다 밝은 분위기에서 일할 수 있었다.

나는 보통 네다섯 시간씩 소요되는 야간 순찰을 항상 그들과 함께한다. 졸음을 피하기 위해서라도 우리는 그동안 긴 대화를 나눈다.

특히 산란 중인 바다거북이 없을 때면 대화는 더욱 길고 깊어진다. 어둠과 피로 덕분에 진지하거나 감상적인 주제에 대해 서슴없이 말할 수 있고, 때론 신이나 세계에 대한 자신만의 철학을 펼친다. 귀로는 밤이 내는 온갖 소리를 들으며 셀 수 없이 많은 별들이 펼쳐진 하늘 아래를 걷다가, 휴식 시간에는 그 자리에 주저앉아 파도 소리를 듣는 것은 비현실적이다 못해 마법에 가까운 경험이다. 그러는 동안 머릿속에는 온갖 생각이 자유롭게 떠다니고 세상은 한층 선명하게 보인다.

이런 밤을 나와 함께 보낸 많은 이들은 자연스레 미래에 대한 고민을 털어놓는다. 우리는 머리를 맞대고 사랑하는 바다거북의 미래는 물론 그들 자신, 그리고 인류 전체의 미래를 걱정한다. 그러다 보면 계획이 세워지고 아이디어가 늘어나며 무엇보다 자기 자신을 또렷이 보게 된다. 이렇게 코스타리카에서 몇 주 혹은 몇 달을 보내는 동안 많은 이들의 인생이 변하는 걸 볼 수 있다. 그 일화로 나는 2008년에 그란도카에서 석사 논문을 준비하는 동안 프리디와 손야, 그리고 티노와 친해졌다. 셋은 코스타리카에 석 달 동안 머물면서 스페인어를 배우고 그 나라와 사람들을 알아 가는 한편 무언가 가치 있는 일을 하고자 했다. 그리고 오늘날까지 그들은 서로 다른 환경 운동 단체에서 활발하게 활동 중이며, 2020년에는 독일에 프로마르Promar라는 협회를 설립해 코스타리카에서 진행되는 내 프로젝트들을 지원하고 있다.

물론 모든 면이 아름답고 평화롭고 달콤할 수는 없다. 사실 대부분의 프로젝트가 빈약한 재정으로 운영되다 보니 상근 인력은 항상 부족하고, 그 자리를 자원봉사자가 채워야 할 때도 많다. 그 결과 인력의 역량이나 숙련도가 천차만별이다. 자원봉사자는 무작위로 배치되므로 어떤 사람이 우리 팀에 오게 될지는 아무도 모른다. 보석처럼 귀중한 인재가 올 때도 있지만 나무늘보도 저리 가라 할 게으름뱅이가 올 때도 있다.

게으름뱅이들 때문에 생긴 사건을 수습하게 되면 매번 짜증이 치밀어 오른다. 그 정도가 심하면 광기에 사로잡히기까지 한다. 우리 전문가 입장에서는 숙련되지 않은 인력과 함께 일하는 셈이기 때문에 직접 바다거북을 만져야 하는 특정 업무는 자원봉사자들의 손에 맡기지 않는다는 원칙을 기본으로 삼는다. 하지만 반나절이면 배워서 혼자 할 수 있는 간단한 업무도 많은데 주의 사항을 어기거나, 다른 곳에 정신을 팔거나, 완전히 엉뚱한 짓을 해서 일을 그르치는 경우는 항상 일어난다.

나는 특히 휴가를 내서 온 자원봉사자들의 흥청망청한 분위기를 싫어한다. 다른 사람이 힘들게 일하는 곳에서 파티를 하려는 사람들이 꼭 있다. 때론 술집으로 몰려간 보조 인력들이 고주망태가 되어 돌아오거나, 심지어는 교대 시간에 나타나지 않을 때도 있다. 급하게 대체인력을 찾아 동분서주하거나 그마저도 안 되면 내 근무 시간이 끝나자마자 빈자리를 메꾸러 달려간 적이 얼마나 많은지, 일일이 셀 수 없을 정도다. 때론 거북에 대해 무관심하거나 아무 감정이 없는데도 자원봉사를 하러 오는 사람도 있다. 나는 그런 부분은 괜찮다고 생각한다. 하지만 이국에서 벌이는 술 파티나 새끼 거북과 셀카를 찍는 것이 주목적이고 일 자체는 안중에도 없는 자원봉사자들까지 참아 주긴 힘들다.

그중 압권은 부화장 근무 시간 중 그늘에 들어가 누워 자던 자원봉사자였다. 내가 둥지 안에 들어 있는 보호 바구니를 들추자 이미 알에서 깨어난 새끼 두 마리가 뜨거운 햇볕 아래 축 늘어져 있는 게 보였다. 나는 당장 바구니를 열어서 새끼들을 꺼내 그늘로 옮긴 뒤, 아이스박스에서 시원하고 축축한 모래를 퍼내 그들을 덮었다. 그런 다음 분노를 화염처럼 내뿜으며 자원봉사자에게 달려가 온갖 저주를 퍼부었다. 적어도 20분마다 부화한 새끼가 없는지 확인해 햇볕에 쪄 죽지 않도록 그늘 아래로 옮기는 것이 그녀의 임무였다. 더운 날씨에 그늘을 벗어나고 싶지 않았을 그녀는 족히 몇 시간은 둥지를 확인하지 않은 게 분명해 보였다. 그러는 새 바다거북들이 거의 죽을 뻔했다. 어떻게 그렇게 책임감이 없을 수 있는지, 어떻게 그렇게 공감 능력이 부족한지 나는 이해할 수가 없었다. 비록 그런 사람은 소수에 불과하지만 그런 경험을 하고 나면 나 같은 상근 인력들은 자원봉사자들에 대한 믿음을 잃게 되고, 한번 잃어버린 믿음은 몇 년이 지나도 회복되지 않는다.

자원봉사는 미래의 환경 운동가를 키우는 요람이자 많은 프로젝트의 중요한 자금원이다. 자원봉사자들이 낸 돈으로 연구 장비를 사고, 상근 인력에게 임금을 지불하며, 인근 지역 주민들은 자원봉사자들에게 숙소와 기타 서비스를 제공해 수익을 얻는다. 주민들에게 다른 수익원이 생기면 밀렵으로 인한 문제도 줄어든다.

자원봉사와 결합된 관광이 유행하기 시작한 1990년대에만 해도 관심이 있는 사람들이 프로젝트 진행자들에게 직접 연락을 취했다.

하지만 어느새 돈 냄새를 맡은 사람들이 모여서 전문 중개 회사를 차렸다. 검색 엔진을 활용해 마케팅을 하는 데 노하우가 쌓인 그들은 조직적으로 자원봉사 희망자와 기관 사이를 연결한다. 자원봉사자들은 환경 보호에 쓰일 거라 믿고 적지 않은 금액을 뿌듯하게 낸다. 하지만 그중 대부분은 중개 회사에게 돌아가므로 프로젝트들이 존속을 위해 허덕이는 상황은 계속된다. 프로젝트 입장에서는 자원봉사자들의 숙소를 비롯해 체류에 필요한 기본 서비스를 제공하고 나면 남는 돈이 얼마 없다. 그래서 질보다는 양에 중점을 두고 프로그램을 짜기 십상이며 가끔은 참가자들의 심기를 맞추기 위해 황당한 요구를 들어줘야 할 때도 있다. 때론 우선순위마저 뒤바뀌어서 바다거북의 안위나 과로에 시달리는 상근 직원의 편의보다 자원봉사자들의 기분이 우선될 때도 허다하다.

자신이 낸 돈이 어디로 가는지를 알고 나면 자원봉사자들 또한 중개 회사에 속았다는 기분을 느낀다. 지난 몇 년간 자원봉사를 콘셉트로 한 관광이 점점 더 많은 비판을 받게 된 까닭이 여기 있고 그 비판은 정당하다. 다행히도 얼마 전부터 이런 흐름을 거스르는 긍정적인 사례가 등장했다. 벌써 십여 년 전부터 멋진 자원봉사자들과 함께 다수의 프로젝트를 지원해 온 '거북을 보라'나 '해외에서 일하기 Working Abroad' 등의 단체가 대표적이다.

사람들이 자원봉사 관광에 대해 어떻게 생각하든 지금 이 순간 그들이 환경 보호 현장에서 중요한 몫을 담당하고 있다는 것은 부정할 수 없는 사실이다. 그 덕분에 많은 프로젝트들이 존속할 수 있었고, 전 세계 수천 명의 사람들이 자연과 동물뿐만 아니라 우리의 작업에 대해서도 새로운 시각을 가지게 되었다. 가끔은 그들과 협력하는 것이 절망스러울 정도로 힘들 때도 있지만, 그럼에도 불구하고 나는 현장을 보고 간 자원봉사자들 덕분에 전 세계적으로 막강한 '바다거북 비호 세력'이 형성될 수 있었다고 믿어 의심치 않는다. 그들은 우리를 신뢰하고 강력히 지지하며 필요할 때는 언제라도 적극적으로 행동할 태세를 갖추고 있다. 나는 자원봉사를 마치고 일상으로 돌아간 고등학교 졸업생들 혹은 대학생들과 여전히 연락을 주고받으며, 소셜 미디어를 통해 그들이 몇 년 새에 어른이 되어 가는 모습을 지켜본다. 가끔 코스타리카에서 바다거북과 함께 보낸 시간이 그들의 삶에 남긴 흔적을 발견할 때마다 심장이 요동친다. 비록 그들 모두가 직업 환경 운동가가 되는 것은 아니지만, 자원봉사자들이 이곳에서 내면화한 가치들은 그들의 직장 생활이나 일상에 스며들고 그들이 낳은 자녀에게도 대물림된다. 바다거북 보호 현장에서 매일같이 난제를 풀어야 하는 내게 있어서 그들은 일종의 비밀 결사대 같은 존재고, 그들 덕분에 나는 덜 외롭다. 그들의 감탄과 열정, 얼굴과 이력은 쓰러진 나를 일으켜 세우고 차가워진 내 마음을 따뜻하게 데운다. 이렇게 많은 사람들이 나와 내 일을 믿는다는 사실은 내게 계속할 힘과 용기를 준다.

혹 나처럼 환경 보호 분야에서 일하는 생물학자가 되고 싶은 사람이 있다면 나는 가능한 한 빨리 자원봉사를 경험하고 이 멋진 공동체의 일원이 될 것을 권한다. 자원봉사는 자신만의 상상을 현실에서 확인해 볼 기회를 제공한다. 본격적으로 경력을 쌓기 전에 환경 보호와 연구 프로젝트를 경험하다 보면 이 일의 민낯을 볼 수 있고,

때론 환상이 깨지기도 한다. 이런 경험이 없으면 몇 년을 공들인 후에야 자신이 이 일을 좋아하지 않는다는 사실을 깨달을 수도 있다. 비록 그들은 인정하지 않을지도 모르나, 내가 아는 동료 중 몇몇은 연구실에 앉아 모니터를 보며 바다거북을 탐구하는 편이 현장에서 뛰는 것보다 훨씬 나아 보인다.

이와 관련해 결코 잊지 말아야 할 것은, 꼭 현장 작업을 하지 않고도 바다거북 보호를 위해 굉장히 의미 있는 기여를 하는 과학자들이 많다는 사실이다. 실험실에서 혈액이나 조직 표본으로 바다거북의 유전학적 계보를 추적하는 것도, 컴퓨터 앞에서 각 종별 분포도나 시기별 개체의 이동을 조사하는 것도, 하나같이 바다거북을 보호하는 일이며 엄청나게 중요하다. 또한 연구는 어떤 형태로도 가능하다는 말을 덧붙이고 싶다. 사람들은 박사 학위나 교수 직위를 가지고 대학에서 이루어지는 연구만이 진짜라고 생각하는 경향이 있다. 나도 대학생 시절 그런 잘못된 생각을 주입받았다. 그리고 요즈음도 실습 온 학생들이 여전히 같은 질문을 내게 하곤 한다. 세상은 아주 크고 학문의 테두리 안팎에는 바다거북과 함께 일할 수 있는 가능성이 무궁무진하게 열려 있다. 그 가능성을 경험하기 위해서 때론 우리 사회가 미리 만들어 놓은 틀에서 벗어나 다른 영역을 탐험하고, 영감을 얻고, 완전히 다른 자기만의 길을 개척해야 한다. 그런 노력은 반드시 그만한 가치가 있을 것이며 우리의 바다거북들에겐 그 도움 하나하나가 소중하다.

생물학 혹은 비슷한 계통의 학문을 전공한 직업 환경 운동가 중에는 자원봉사 관광에 쌍심지를 켜는 사람들이 있다. 자원봉사자들이 자신의 생업을 침해한다고 생각하기 때문이다. 일반적으로 자원봉사자들은 무보수로 참여하며, 자원봉사 관광을 온 사람들은 심지어 비용을 지불한다. 그러니 그들의 생각이 전혀 틀렸다고 할 수는 없다. 하지만 자원봉사 관광은 직업 운동가들이 아니라, 사전 지식도 없고 전문 분야도 다르지만 휴가와 시간과 돈을 가치 있게 쓰고 싶은 사람들을 위해 고안된 것이다. 더불어 자원봉사 관광에 대한 비판은 주로 서구권에서 나오는데, 경제적으로 윤택한 국가에서는 최하층 출신이라 할 만한 젊은이들도 구조적으로 취약한 국가의 또래들과 비교하면 누릴 수 있는 특권이 상당하다. 그중 일부는 열대의 땅에서 일하면서 유럽이나 북미와 동등한 급여를 받길 기대하는데, 이는 자신들이 방문할 나라의 생활 수준을 진지하게 알아본 적이 없다는 증거나 다름없다. 그들이 받는 월급이 많아지면 현지인들에게 돌아갈 일자리는 물론 궁극적으로는 바다거북에게 돌아갈 유익 또한 줄어든다. 따라서 깊은 고민을 통해 계획된 프로젝트에서는 유급직에 항상 현지인을 우선 채용한다.

가슴에 손을 얹고 고백하건대, 이제 막 대학을 졸업한 생물학자들은 대부분 현장에 투입된 후에도 여전히 배워야 할 것이 많다. 우리 직종이 실제로 하는 일을 학생들에게 충분히 가르치는 대학은 거의 없다 해도 과언이 아니다. 그러니 생물학자로서 현장 연구에 참여하고 싶다면 자원봉사나 무급 인턴십 등 다른 방법을 통해 실습 경험과 현장 능력을 갖춰야 하는 게 안타까운 현실이다. 미국의 대학을 다녔다면 졸업장을 따는 데만 수천 달러가 들었을 텐데 무급으로 경험을 더 쌓아야 한다니 부당하게 들릴 수도 있다. 환경 보호 분야가 전반적으로 재정이 풍부하고 그 돈이 적절하게 분배된다면 아마 이런 문제는 발생하지 않았을 것이다. 또한 사람들을 팀으로 모아서 몇 년 동안 넉넉하게 배우고 훈련받도록 지원할 수도 있을 것이다. 하지만 아직 현실이 그렇지 않은 한, 나는 자원봉사자들이 낸 돈으로 현지 인력을 채용해 그들을 돕도록 하는 프로젝트들의 사정을 충분히 이해한다.

프로젝트 리더인 나는 그보다는 운영 자금의 대부분을 자원봉사자들의 참가비에서 조달하는 상황에 대한 걱정이 크다. 일반적으로 관광업은 매우 불안정하다. 나로서는 해당 프로젝트에 참여할 자원봉사자들이 몇 명일지 정확히 알 길이 없으므로 안정적인 계획을 세울 수가 없다. 이번 시즌에는 몇 명의 임금을 지불할 수 있을까? 시즌 내내 직원들에게 급여를 줄 수나 있을까? 하물며 코로나 대유행으로 자원봉사자의 입국 자체가 불허되면서 이런 고민마저도 무의미해졌다. 많은 프로젝트들이 길게는 2년씩이나 중단되었고 그중 몇몇은 회생이 불가능한 처지가 되었다.

나는 환경 보호가 전 인류를 위한 서비스로 인정받아 특히 재정적인 면에서도 충분히 존중받기를 바란다. 건전한 종 다양성과 건강한 생태계는 우리 삶의 기초이다. 큰 그림 안에서는 인간의 건강과도 연결된다. 대규모 전염병이 다시금 유행하는 것을 막으려면 야생동물 서식지 파괴를 멈추고, 이미 망가진 곳은 원상 복원해 녀석들이 방해받지 않고 충분히 공간을 누리게 해야 한다. 정부와 투자자들은 원유 채굴이나 관행적 농업에 보조금을 지불하는 대신 환경 보호에 더 많은 돈을 할애해야 한다. 그렇게 한다면 우리는 긴급히 필요한 재정적 지원을 받고 비용 걱정 없이 우리 일을 할 수 있을 것이다. 더 많은 유급직이 생길 것이고, 모든 전문가들에게 적절한 임금을 지불할 수 있을 것이며, 경제적 부담을 덜고 전업으로 환경 보호에 임할 수 있을 것이다.

하지만 상황이 그렇지 못한 까닭에 내 분야에는 서구의 백인들이 점점 더 많아지는 추세다. 그들은 다른 방식으로 마련한 재정으로 생활하거나 혹은 그저 소비를 아주 조금만 하기로 결심하거나 둘 중 하나의 경우다. 애석하게도 바로 이러한 점 때문에 환경 운동가들은 생계에 급급한 현지 주민들에게 공감하지 못하고 둘 사이에는 갈등과 오해가 빈발한다. 삶의 경험과 형편이 너무 다른 두 집단 사이에 공통된 기반이 없기 때문이다. 그래서 나는 지역 전문가를 육성해 양극단을 통합할 수 있도록 지원하는 것이 해결책이 되리라 생각한다. 환경 보호가 지속 가능하려면 현지 주민의 참여가 필요하다. 언젠가는 현실이 되리라 소망하는 아름다운 꿈이다.

우리의 '공동체 원조 및 환경 교육 프로젝트'는 현지인이 주도하는 환경 운동의 꿈을 실현하고 주민과 운동가 사이에 존재하는 간극을 좁히는 것을 목적으로 설계되었다. 그 일환으로 우리는 매주 현지 학교를 방문하고 주기적으로 이벤트를 연다. 또한 나는 정기적으로 어린 친구들에게 바다거북의 신비로움을 설명하고, 해양 생태계에서 이 동물이 담당하는 역할을 알리며 보호 활동의 영향력과 중요성을 전하려고 노력한다. 눈을 동그랗게 뜬 채 우리 이야기에 귀를 기울이고 호기심 가득한 질문을 던지며 준비된 게임과 활동에 열심히 참여하는 어린이들 사이에 장차 우리와 함께할 인재가 적어도 한 명은 있으리라 확신한다.

  나의 멘티이자 동료였던 아리아나 역시 카리브해 작은 마을 그란도카에서 초등학교를 다녔다. 그곳에서 그녀는 바다거북 프로젝트를 통해 일찌감치 동물과 동물 보호에 열정을 느꼈고 그녀 마을에서 최초로, 그리고 지금까지는 유일하게 대학에서 해양 생물학을 전공했다. 나는 그녀가 15살일 때 처음 만나 지금까지 16년간 그녀가 걷는 길에 동행했다. 이제 그녀는 능력 있는 과학자이자 멋진 여성, 과감한 지도자가 되었고 나는 그런 그녀가 말로 표현할 수 없을 만큼 자랑스럽다. 그녀가 우리 단체인 COASTS의 대표로서 보여 주는 공감 능력과 열정을 보노라면 심장이 기쁨으로 터져 버릴 것만 같다.

  아리아나를 통해 나는 새로운 세대가 자라고 있으며 그들에게 바통을 넘겨줄 수 있겠다는 희망을 품는다. 그새 나도 늙었기 때문이다. 몇 년 전부터는 망가진 무릎 탓에 푹푹 꺼지는 모래사장을 걷는 것이 힘겹게 느껴진다. 여러 해에 걸쳐 계속된 수면 부족은 내 몸 곳곳에 그 흔적을 남겼다. 하룻밤만 잠을 설쳐도 몇 달은 자지 못한 것처럼 몸이 늘어져서 이튿날 내내 기진맥진이 된다. 갈수록 젊은 자원봉사자들의 도움이 더 많이 필요하고 언젠가는 자리를 넘겨줄 후계자가 필요하다는 사실을 점점 더 확실하게 깨달아 간다. 환경 보호 운동은 지역 주민의 지속적인 참여 아래 수십 년간 장기적으로 추진될 때에 지속 가능한 최상의 결과를 낼 수 있다. 구조적인 변화를 이끌어 내기 위해서는 세대교체가 불가피할 때가 많다. 세대교체를 위해서는 일단 요구되는 희생을 감수할 수 있는 유능한 사람들과 끈기가 필요하다.

무엇보다 다음 세대는 다양해야 한다. 그래야 새롭고 창의적인 해결책을 찾고 다양한 구상들을 발전시킬 수 있다. 소수 계층 출신의 후계자가 필요하다. 그를 위해선 바다거북 보호를 비롯한 모든 환경 운동의 작업 현장에서 바뀌어야 할 것이 몇 가지 있다. 인종 차별과 성차별, 열악한 임금 구조 등 여러 문제점 때문에 많은 유능한 젊은이들이 경악하며 이 판을 떠난다. 그럴수록 현지인들의 목소리를 더 많이 반영해 신식민주의적 구조를 타파해야 한다. 더 많은 여성들이 연대하고 결탁해 가부장적 체제를 뒤엎어야 한다. 환경 운동에는 머리와 가슴을 동시에 활용할 인재가 필요하다. 부정적인 것에 좌절하지 않고 긍정적인 면에 집중하는 사람들이 이 분야에 늘어나길 바란다.

낙관주의는 결심이다. 나는 비판적 낙관주의자를 자칭한다. 더 나은 미래를 확신한다. 그게 아니라면 나는 살아갈 이유가 없다. 하지만 세상이 저절로 나아질 것이란 착각에 빠져 살진 않는다. 예나 지금이나 우리 일은 항상 고되다. 하지만 모든 것을 포기하지 않고 이 행성에서의 미래를 위해 싸울 의지를 가진 새로운 세대가 있었기에 우리는 지금까지 살아남을 수 있었다. 궁극적으로 이 일은 단지 바다거북이나 바다를 구하는 것에만 국한되지 않는다. 이는 전 인류의 생활 기반을 보호하는 동시에 우리 종의 생존과도 밀접하게 관련된다. 젊은이는 여전히 더 나은 세상이 실현 가능하다고 믿고 변화를 꿈꾸는 사람이다. 어른들의 염려와 조급함으로 시야가 흐려지지 않을 때에 미래가 선명히 보이기 때문이다.

비록 다음 세대가 어두운 터널 끝의 등불처럼 보일지라도 그들에게 모든 책임을 전가해선 안 된다. 인류 역사상 우리 모두는 이 행성의 미래를 위해 싸울 것인지 아니면 포기하고 아무것도 하지 않을 것인지를 선택해야만 하는 기로에 놓여 있다. 이제는 우리가 해결책의 일부가 될지 문제점의 일부가 될지를 택해야 한다. 나는 화성으로 이주하고 싶지 않다. 이 푸른 행성에서 영원히 머물고 싶다. 만약 우리가 화성에 식민지를 건설할 만큼 혁신적인 기술을 개발할 수 있다면, 고향 행성의 문제점들을 새로운 아이디어로 해결할 능력도 있지 않을까?

나는 전 세계의 멋진 사람들과 협력해 명실상부 해결책의 일부가 되었고 그것을 엄청난 행운으로 여긴다. 내 프로젝트에 참여한 젊은 이들을 맞아들여 가르치는 일을 통해 세계적인 환경 보호 커뮤니티를 형성하는 데 기여했다. 새로운 세대의 바다거북 보호 운동가들과 새로운 세대의 바다거북들은 장래에도 우리 바다에는 바다거북이 존재할 것이며, 우리 바다와 행성의 형편은 점점 더 나아질 것이라는 희망을 품게 한다. 우리는 우리가 원하는 바를 위해 그저 열심히 일하면 된다. 나는 분명 그렇게 확신한다.

## 에필로그
## 미래가 오는 소리

새벽 4시, 나는 단잠에서 무참히 끌려 나온다. 현관 앞에는 실습생 메간이 열대의 새벽이슬을 맞으며 서 있다. 장수거북 한 마리가 야간 순찰팀에게 발견되지 않은 채 둥지를 틀고 다시 바다로 돌아갔다고 한다. 알을 어디에 꽁꽁 숨겨 놓았는지 찾을 수가 없어서 해변에 남은 보조 직원들에게 나와 반려견 피오나의 도움이 필요하다고 말이다.

코로나 대유행이 시작되던 무렵 나는 한 살 된 피오나를 코스타리카 유기견 보호소에서 입양했다. 생후 한 달 만에 버림받은 녀석의 DNA를 분석해 보니 19개의 서로 다른 혈통이 섞인 환상적인 믹스견이었다. 4분의 1은 셰퍼드이고 거기에 치와와, 로트바일러, 차우차우, 콜리, 페루비안 잉카 오키드 등 18개의 다른 품종이 두루 섞여 있다.

피오나를 입양함으로써 나는 어린 시절 꿈을 또 하나 이루었다. 어릴 때 우리 집에는 여동생이 키우던 앵무새와 어항 속 물고기 외 다른 반려동물이 허락되지 않았다. 엄마에게 동물 공포증이 있었기 때문이다. 앵무새 정도 크기는 괜찮았는데 그마저도 주위를 날아다니는 건 무서워하셨다. 독립한 이후 내 삶에선 안정감이라곤 찾아볼 수 없었기에 오랫동안 개를 키우고 싶은 마음을 이성으로 억눌러야 했다. 하지만 어느 날 전염병이 시작됐고, 나만의 집을 갖게 되었으며, 그곳에서 삶의 대부분을 보내리라는 확신이 들었다. 마침내 네 발 달린 짐승을 내 집에 들일 수 있게 된 것이다. 나는 피오나를 보자마자 사랑에 빠졌다. 녀석은 이제 내 모험의 대부분을 함께하며 당연히 내가 하는 일에도 동행한다.

피오나에게 수색견으로서의 재능이 있다는 사실은 해변 산책 때 우연히 알게 되었다. 어느 날, 부화한 둥지가 없는지 둘러보던 중 피오나가 갑자기 나뭇가지가 잔뜩 쌓인 무더기 주변을 빙빙 돌기 시작했다. 킁킁대는 소리를 들어 보니 녀석은 뭔가 엄청나게 흥미로운 것을 찾은 듯했다. 얼마 전 허리케인이 불어닥친 탓에 해변에는 표류물이 무지막지하게 밀려들었고 까딱하면 우리 부화장까지 뒤덮일 뻔했다. 피오나가 관심을 보이는 곳을 자세히 들여다보자 나뭇가지 사이에 걸려서 허둥대는 작은 지느러미가 보였다. 새끼 매부리바다거북이었다! 거북은 바다로 기어가던 중 나뭇가지 더미에 갇힌 것 같았다. 나는 내가 미처 알아보지 못한 것을 찾아낸 피오나를 격하게 칭찬했다. 하지만 피오나는 칭찬에 만족하지 않고 다시 나뭇가지 더미 주변에 코를 대고선 킁킁거리더니 흥분에 겨워 앞발로 나뭇가지를 긁기 시작했다. 과연 거기에도 새끼 바다거북이 있었다! 감격에 찬 칭찬 세례를 받은 피오나는 수색을 거듭했고 그날 하루에만 나뭇가지 더미에서 새끼 바다거북 17마리와 사체 5구를 더 발견했다.

그날 집으로 돌아오는 우리의 발걸음은 환희에 차 있었고, 나는 몇 달 전 미국 컨퍼런스에서 만났던 크리스에게 연락해 보기로 마음먹었다. 그와 동행했던 수색 및 구조견인 사울은 바다거북 둥지를 찾는 훈련이 되어 있었다. 그가 피오나에게도 바다거북 새끼와 둥지를 찾는 후각 훈련을 해 준다면 피오나는 정식으로 내 일을 도울 수 있을 것 같았다. 그리고 내 바람은 이루어졌다. 일주일 후 크리스가 직접 코스타리카로 왔고 훈련을 시작했다. 피오나는 아주 영특한 학생이었고, 크리스가 떠날 무렵에는 후각 수색의 기술을 완벽히 이해했다.

그 이후로도 계속 기술을 연마한 결과, 이제는 보조 직원들이 둥지를 찾지 못할 때면 항상 피오나가 소환된다. 피오나는 마치 마지막 퍼즐 조각처럼 내 인생의 빈 부분을 채워 주었다. 내게 피오나는 치료견이다. 가끔 바다거북의 미래에 대한 걱정으로 가라앉은 기분이 좀처럼 되살아나지 않을 때가 있다. 그럴 때면 녀석은 귀신같이 내 심기를 읽고 다가와 지친 나를 일으켜 세운다.

내가 처음으로 장수거북이 산란하는 모습을 본 지 어느덧 16년이 지났다. 비록 변화무쌍한 삶을 살았지만 한 번도 바다거북 곁을 떠난 적은 없다. 그동안 많은 것이 변했고, 희소식도 없진 않았지만 여전히 바다거북은 줄어드는 추세다. 내가 처음으로 그란도카에서 맞이했던 산란기에는 장수거북 둥지가 800여 개 발견되었지만, 요즈음은 한 시즌에 50개가 될까 말까 한다. 이러한 감소 추세는 다른 카리브 해안에서도 비슷하게 나타난다. 그 까닭에 2012년 국제자연보전연맹의 레드 리스트에서 '위기'로 분류되었던 카리브해 장수거북은 2019년 '위급'으로 등급이 상향 조정되었다. 전 세계적으로 바다거북의 수는 계속 줄고 있으며 각 개체별 규모도 이전의 80~90% 수준으로 줄어들었다. 동태평양 장수거북 같은 개체군은 거의 멸종 직전으로, 머지않은 장래에 사랑하는 태평양 해변에서 위풍당당한 어미 장수거북을 못 볼지도 모른다는 생각을 하면 가슴이 미어지는 듯하다.

우리 바다에 살고 있는 주민 중 압도적으로 다수가 위기에 처했고 그 위기는 이미 걷잡을 수 없어 보인다. 그래서 환경 운동을 하는 우리 생물학자들은 마치 인류를 재앙으로 몰아넣는 4명의 기수에 대해 예언하는 묵시록처럼 자연에 압력을 가하는 대표적인 위험을 4가지로 나누어 심각성을 설명한다. 이 위험 요소들은 서로가 서로의 원인과 결과가 되어 치명적인 시너지 효과를 일으키는 다중 복합체다. 일반적으로 1) 서식지의 파괴, 2) 자원의 과도한 개발, 3) 환경 오염과 기후 변화를 포함한 다양한 환경적 스트레스, 4) 침입종이 바로 그 넷이다. 이 '묵시록의 4기사'는 자연 생태계에서 종의 다양성을 침해하고 멸종을 추동하는 주된 요인으로 여겨진다. 하지만 이런 단순한 요약으로 복잡다단한 생태계를 전부 설명하는 것은 무리이므로 바다거북이 처한 상황에만 한정해 간략하게 설명하고자 한다.

바다거북의 서식지는 해변에 지어진 건축물뿐 아니라 기후 변화에 의해서도 위협을 받는다. 해수면이 높아지면서 산란지 해변이 사라지고 있기 때문이다. 더불어 바다거북의 알과 고기와 등갑을 불법 채취하고 밀렵하는 행위는 지난 수십 년간 수많은 개체군을 멸종으로 몰아넣었다. 특히 알의 무분별한 채취는 세대 재생산을 방해해, 많은 열대 국가에서 바다거북의 개체 수가 이전 상태로 회복될 수 없는 지경이 되었다. 게다가 전 지구적 기온 상승으로 오늘날 대부분의 산란지에서 부화하는 새끼 거북은 대다수가 암컷이다.

지난 몇 세기 동안 어업이 산업화되면서 의도치 않게 섞여서 잡히는 바람에 고통스럽게 죽어 가는 바다거북의 수도 만만치 않다. 어업에 쓰였다가 버려진 유령 그물에 걸리면 바다거북은 꼼짝없이 목숨을 내놓아야 한다. 더군다나 어망의 대부분은 플라스틱이다. 이는 생산 과정에서 기후 위기를 초래할 뿐 아니라, 그 잔여물이 바다를 떠돌아다니면서 바다의 건강을 해치고 생물들에겐 고통을 안긴다. 농업에서 사용된 비료로 인한 보이지 않는 오염은 해양 탈산소화를 일으켜 바다를 더 이상 아무 생명체도 살 수 없는 '데드존dead zone'으로 만든다. 바닷물에 영양소가 과잉되면 해조류가 과성장하면서 다른 해양 생물과 나누어 써야 할 수중 산소를 소진해 버린다. 그뿐만 아니라 해조류와 바다 동물 체내에 비료 성분이 축적되면 섬유유두종과 같은 질병을 유발한다. 카리브해에서는 침입종 해조류 할로필라 스티풀라케아가 바다거북의 먹이가 되는 해조류를 몰아낸다. 이만하면 그 누구도 바다거북이 전 방향에서 공격받고 있음을 부정할 수 없을 것이다.

수많은 위험 요소들이 이처럼 서로 복잡하게 연결되고 뒤엉켜 있다. 우리 과학자들도 그 전모를 구체적으로 파악하지 못한 탓에 최근 몇 년간 학계에서는 특정 위협을 '주요 문제'로 따로 떼어 단순화하고 심지어는 다른 위협을 인정하지 않는 경향이 강해졌다. 그 결과 단지 '주요 문제'뿐 아니라 모든 다른 환경 문제들도 동시에 해결할 것으로 기대되는 만병통치약을 필사적으로 찾게 되었다. 세상을 더 작고 간단한 조각으로 나누어 이해하면 당장은 기분이 좋을지 모른다. 하지만 이처럼 단순화된 지식에는 결코 우리 행성과 해양에서 실제로 일어나는 현실이 반영되지 않는다.

점점 가까이 다가오는 전 지구적 환경 위기는 통제 가능해 보이며 우리가 넘어야 할 도전 과제 또한 예측 가능하고, 간단하고, 감당할 만하다고 느껴질 수도 있다. 전 세계와 사회가 안고 있는 커다란 문제 더미에 압도당할 것만 같은 기분도 어느새 많이 완화된 듯 보인다. 하지만 모두가 더 이상 생선을 먹지 않기로 결단하지 않는다면 우리는 바다를 구할 수 없을 것이다. 플라스틱을 끊임없이 만들어서 버리고, 에너지 수요를 맞추기 위해 화석 연료를 계속 태우고, 우유와 쇠고기를 위해 넘치도록 소를 기르고, 비료와 살충제에 의존해 한 가지 작물만 집중적으로 재배하는 산업화된 농업에 의존하는 한 우리 바다에는 희망이 없다. 우리가 플라스틱 빨대를 포기하지 않고 예전과 마찬가지로 쓰고 버리는 한 바다거북 또한 멸종의 위기에서 구해 낼 수 없을 것이다.

동시에 우리가 가진 시간과 에너지에는 한계가 있음을 인정해야 한다. 그래서 만사에 투쟁하기보다는 무엇과 맞서 싸울지를 잘 선택해야 한다. 관심을 갖고 열정을 불태우는 주제가 무엇이든 상관없다. 우리는 가치 있는 곳에 힘을 보탠다면 그것이 누구든, 어떤 단체와 어떤 분야이든 무엇이든 인정한다. 접근법과 논리가 달라도 괜찮다.

지구상의 허다한 문제들은 우리가, 과학자와 자연 보호 단체와 개개인이 다 함께 힘을 모을 때에만 해결 가능하기 때문이다. 다만 자기만 앞세우는 위대한 인물에게 내줄 자리는 없다. 이름을 알리는 데 급급하고 자금과 정보를 독점하려는 이기주의자는 곤란하다. 우리 개개인보다는 전체가 더 중요하다. 하지만 아쉽게도 여전히 힘을 합치기보다는 서로를 향해 돌을 던질 때가 있다. 그러나 혼자서 모든 바다거북을 구할 수 있는 사람은 없다. 기후 위기를 돌이키거나 플라스틱과의 싸움에서 이길 수도 없다. 모두 우리가 함께해야만 가능한 일이다.

당연히 기업과 정치인, 일정 수준 이상으로 오염 물질을 배출하는 개인에게는 책임을 물어야 한다. 하지만 그런 조치의 대부분은 우리의 직접적인 통제권을 넘어설 때가 많다. 우리 개인적인 행동으로도 기후 변화와 남획 어업, 서식지 파괴와 해양 오염이 진행되는 것을 막을 수 있다. 우리의 행동, 습관 그리고 소비 방식은 궁극적으로 시장의 공급을 결정하며 기업의 결정에 영향을 미친다. 그뿐만 아니라 우리가 직간접적으로 바다거북을 도울 수 있는 구체적인 방법은 여러 가지다.

- 우리는 각자의 탄소 배출량을 줄임으로써 기후 변화에 대응할 수 있다. 화석 연료를 사용하는 비행기와 자동차를 덜 타고 육류, 유제품, 플라스틱의 소비를 줄이면 된다. 전기 공급 회사를 소비자가 직접 선택할 수 있는 독일에서는 재생 에너지로 전기를 생산하는 회사를 택한다. 선거에서 기후 위기에 무관심하지 않은 정당과 인

물에게 투표할 수도 있다.
- 바다에서 이뤄지는 과도한 어업 행위와 그로 인한 무분별한 포획의 위험, 그리고 버려지는 어망 등의 문제를 해결하는 가장 좋은 방법은 우리가 바다 생선을 먹지 않는 것이다. 생선을 결코 포기할 수 없다면 직접 낚시를 해서 잡거나, 적어도 지금 먹고 있는 생선이 지속 가능한 방식으로 포획되었는지를 알아보려는 노력이 필요하다.
- 바다거북과 바다거북 알 밀렵은 주로 거북들이 먹이를 먹거나 산란하러 몰려드는 열대 해안 지역에서 일어난다. 우리가 열대 지역 작은 마을에 관광을 가거나 자원봉사를 하면 그들에게 다른 수입원이 생기므로 생계를 위한 밀렵을 막을 수 있다. 그리고 이국적인 체험을 해 보라는 유혹이 아무리 강해도 절대 바다거북 알과 고기를 먹어서는 안 된다.
- 매부리바다거북이 주로 산란을 하고 먹이를 먹는 지역의 재래시장에서는 정체가 모호한 재료로 만들어진 장신구를 사지 않는다. 바다거북 등갑으로 만들었을 가능성이 크기 때문이다. 등갑인지 아닌지는 라이터만 있으면 간단히 판가름된다. 플라스틱은 불에 녹아 버리지만 동물의 껍질은 머리카락 타는 냄새가 나면서 검게 그을린다. 재료의 칠이 매우 균일하다면 그것은 아마도 플라스틱일 것이다. 소의 뿔인지 거북의 등갑인지를 구별하려면 빛에 비춰 보면 된다. 등갑은 밝은 부분이 거의 투명하게 보이고, 소뿔은 오히려 불투명하다. 또한 소의 케라틴은 선형 섬유질이며 바다거북의 케라틴은 구불구불한 환형이다.

- 우리가 화석 연료의 사용을 지지하지 않으면 바다의 오염을 막을 수 있다. 대규모 농장 산업을 이용하기보다는 단일 농작물을 대규모로 재배하지 않고 바다에 비료와 살충제를 방류하지 않는 유기농 농장을 찾아 식료품을 구매하자. 또한 플라스틱에 대한 우리의 태도도 급진적으로 바꾸어야 한다. 일회용 플라스틱 사용은 엄격하게 금하고 플라스틱으로 만들어진 다른 물건들도 가급적 재사용해 그것들이 쓰레기가 되지 않도록 해야 한다. 환경 보호를 그저 마케팅 수단으로만 이용하지 않고, 자부심을 가지고 더 나은 포장재를 개발하는 기업들을 선택해 소비할 수 있다. 우리는 한 번 쓰고 버리는 선형 경제가 아니라 자원 절약과 재활용을 통해 지속적으로 자원을 순환시키는 순환 경제의 길을 찾아야 한다.
- 바다거북 산란지 근처 해변에 머물 때는 산란기에 특수 조명을 사용하는 호텔을 골라야 한다. 해변 구역에 건축 제한을 두지 않는 지역과 국가로 가는 휴가는 피하는 편이 좋다. 밤에는 산란지 해변에 백색광을 직접 사용하지 않고, 해가 질 무렵에는 일광욕 침대와 파라솔을 치우고 모래성과 구덩이를 원상 복원한다.
- 바다거북 보호를 위해 고군분투하는 개인은 언제나 지원을 기다리고 있다. 산란지에서 암컷과 둥지를 보호하는 일, 먹이 지역을 유지하거나 복원하는 일, 새로운 보호 구역을 설치하는 일에도 항상 도움이 필요하다.

다른 누군가가 이 일을 대신 해 주리라 기대해선 안 된다. 우리 모두가 팔을 걷고 나서야 한다. 이 책에서 여러분이 딱 한 가지만 기억할 수 있다면 나는 바다거북은 마땅히 우리의 보호를 받아야 하며, 누구나 그 일에 기여할 바가 분명히 있고 변화를 이끌어낼 수 있다는 사실을 기억해 주길 간곡히 바란다. 혹 가족이나 친구들이 함께하지 않아 외로움과 소외감을 느낄 이를 위해 이 한마디를 꼭 남기고 싶다. 지구 어디에나 우리가 있다!

## 감사의 말

책을 쓰는 것은 또 다른 내 유년의 꿈이었다. 심지어 나는 혼자서 책을 읽게 된 순간부터 작가가 되길 꿈꿨다. 하지만 다른 한편으로는 내 삶이나 내가 가진 지식에 대해 책을 쓰려면 아주 나이가 많고 지혜로워야 한다는 편견에 사로잡혀 있었다. 이런 굳은 생각을 바꿔 준 것은 편집자인 안 마리 미아였다. 나를 '발견'하고 내가 이 책을 쓸 수 있으리라 믿어 준 그녀에게 가슴 깊이 감사를 표한다. 그녀는 용암처럼 쏟아 낸 나의 상념들을 섬세하고 노련한 감각으로 엮어 제대로 된 문장으로 만들어 준 매우 노련하고 뛰어난 편집자다. 미아, 당신은 정말 최고예요! 그리고 이 자리를 빌려 팟캐스트 〈바다의 영웅들Helden der Meere〉의 진행자인 크리스티앙 바이간트에게도 감사를 전한다. 그가 나를 게스트로 초대해 주지 않았다면 미아가 나를 발견하지 못했을 것이다.

처음에 나는 가까운 몇몇에게만 책을 쓸 거란 얘길 했다. 그 결과 남편 안드레이와 오랜 친구인 엘리제, 그리고 반려견 피오나가 내 집필의 스트레스를 오롯이 견뎌야 했다. 정말 마음 가장 깊은 곳에서 우러나는 감사를 전한다. 이 셋이 없었다면 이 책도 없었을 것이다. 단어가 모여 맥락을 이루고 맥락이 모여서 얼추 본문이 구성되면서 나는 점점 더 많은 사람들을 끌어들였다. 책이 거의 완성 지점에 이르렀을 무렵부터 조언과 도움을 아끼지 않은 친구 도미니카에게 감사의 마음을 전하고 싶다. 결정을 앞두고 짜증을 부릴 때에도 항상 나를 응원해 준 자매, 캐롤린과 울리케 그리고 부모님께도 감사한다. 2022년 COASTS 바다거북 보호팀에게는 특별히 더 큰 감사 인사를 돌린다. 당시 나는 책을 쓰면서 발자국 재단 업무까지 병행하느라 그란도카 동료들은 그해 산란기 동안 나 없이 일을 처리해야 할 때가 많았는데 모두가 잘해 주었다. 당신들이 말할 수 없이 자랑스럽다!

말릭 출판사가 없었더라면 이 책은 존재하지 않았을 것이다. 내게 바다거북 이야기를 전하고 많은 사람과 감동을 나눌 기회를 준 출판사에, 특히 마지막까지 문장을 매끄럽게 다듬어 준 편집자 파비앙 베르그만에게 감사한다. 더불어 내 이야기를 영어판으로 출판해 준 캐나다의 그레이스톤 출판사와 제인 빌링허스트에게 감사 인사를 보낸다.

바다거북에 관한 지식 면에서는 아치 카 박사를 비롯해 이 놀라운 동물을 연구하고 그 지식을 전 세계와 공유해 온 과학자들에게 빚을 지고 있다. 특히 데이브 오웬스 박사와 케네스 로흐만 박사에게 감사의 말을 전하고 싶다. 그들 덕분에 나는 바다거북의 먹이, 송과선의 존재와 기능, 바다거북이 지구 자기장을 활용해 방향을 가늠하는 방식에 대한 지식을 갖게 되었다.

이 책과 관련해 특히 티노 슈크라바크, 프리데리케 노틀링, 손야 렌슐러가 보여 준 우정과 신뢰에 대한 감사를 전한다. 친구들이 프로마르 협회를 설립해 나를 지원하지 않았더라면 지난 몇 년간 많은 일을 해내지 못했을 것이다.

마지막으로 여러 해 동안 항상 곁에서 내게 용기를 주고 내 얘기에 귀를 기울여 준 모든 이들에게 감사하고 싶다. 특히 나의 뮌스터 친구들, 볼프강 브루너, 마리옹 셰너 그리고 요르그 펠트호프에게 감사 인사를 전한다. 그들이 없었더라면 나의 10대 시절은 완전히 달랐을 것이다. 내게 생물학을 공부하는 기쁨을 회복시켜 준 니코 미키엘스 교수님과 코스타리카에서의 현장 연구를 제안해 처음으로 바다거북에 대한 나만의 연구를 진행할 수 있게 해 주었던 하이케 펠트하르 박사에게도 감사한다. 요헨 드레셰 박사와 이나 하이딩어 박사가 없었더라면 나는 석사 논문을 마무리하지 못했을 것이다. 경력을 어떻게 이어 나가야 할지 몰라 방황할 때 내 하소연을 들어 주고 현명한 조언을 아끼지 않았던 게오르그 할레카스와 자신만의 긍정적 사고방식과 무한한 지원으로 나를 어두운 동굴에서 끌어내 준 레나 그네오, 코스타리카에서 내 정신적 지주가 되어 준 마갈리 마리온과 안나 유지니아 헤레라, 지난 몇 년간 실용적 낙관주의로 믿음직한 지원군이 되어 준 리처드와 로지벨 우드워드 박사 부부에게 감사한다. 그리고 텍사스 작은 마을에서의 삶을 견딜 만하게 해 주는 내 기지 동료들 로렌 레드모어 박사, 요르단 로간 박사, 디아나 솔리스, 브리 마이어 박사, 이시타 샨델 박사, 리 피츠제럴드 박사, 던컨 맥켄지 박사, 제니퍼 브래드포드에게 감사한다. 마지막으로 나의 박사 과정 지도 교수인 파벨라 플로트킨 박사와 죠세프 베르나르도 박사에게 감사 인사를 전한다. 그들은 지난 10년 동안 내 인생에 가장 큰 영향을 미친 인물들로 항상 내게 아낌없는 지지를 보내 주었다. 감사합니다!